21世纪应用型本科院校规划教材

线性代数

袁中阳　张云霞　主编

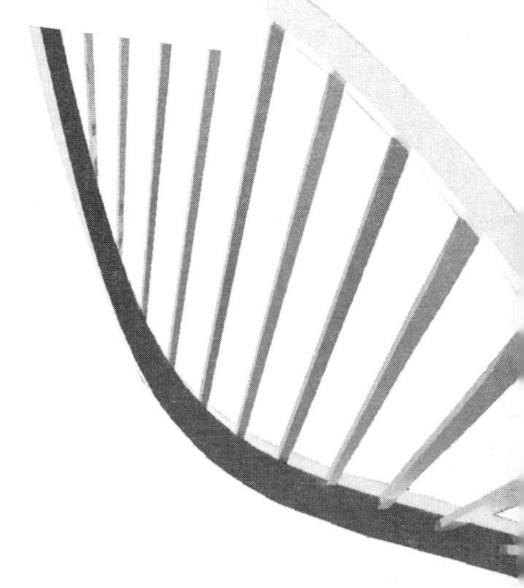

南京大学出版社

前　言

本书参照国家教育部高等学校工科数学教学指导委员会拟定的线性代数课程教学基本要求，及全国硕士研究生入学统一考试线性代数部分考试大纲编写而成.

本书主要包含行列式、矩阵及其运算、线性方程组与向量组的线性相关性、特征值、特征向量与矩阵的相似对角化，二次型、向量空间，共六章内容。教材涵盖了理、工、经、管的教学大纲要求，主要面向独立学院理（非数学专业）、工、经、管各专业（经、管专业，第六章不要求）；同时也可作为一般本科院校理、工、经、管各专业数学公共课的教材和教学参考书.

基于独立院校培养高级应用型人才的目标，结合独立院校学生特点，本教材在保留传统的知识体系的前提下，以降低难度、理论够用为尺度，淡化数学上抽象的理论和证明、注重具体和实用；主要以激发学生的学习兴趣、提高学生的学习热情、培养学生的学习方法为突破点，训练学生的抽象思维能力、逻辑思维能力、运算能力以及利用本课程知识解决实际问题的能力. 教材从概念的引入到具体的例子，从定理的证明到定理的应用，力求从实际背景进行介绍和论述，并给出详尽的计算方法和丰富的例题，力求体现内容的可读性，做到由浅到深，深入浅出，便于教学和学生自学.

本教材的书稿虽几经认真的修改及校对，但仍会存在一些错误或不足之处，我们衷心地希望能得到各位专家、同行和读者的批评、指正，使本书在使用过程中不断完善.

编　者

2015 年 4 月 10 日

目　录

第一章　行列式

行列式是常用的数学工具之一，本章主要介绍 n 阶行列式的定义、性质及其计算方法. 此外还要介绍用 n 阶行列式求解 n 元线性方程组的克拉默(Cramer)法则.

§1　二阶与三阶行列式

一、二阶行列式

用消元法解二元线性方程组

$$\begin{cases} a_{11}x_1+a_{12}x_2=b_1 \\ a_{21}x_1+a_{22}x_2=b_2 \end{cases} \tag{1.1.1}$$

可得等价方程组

$$\begin{cases} (a_{11}a_{22}-a_{12}a_{21})x_1=(b_1a_{22}-b_2a_{12}) \\ (a_{11}a_{22}-a_{12}a_{21})x_2=(a_{11}b_2-a_{21}b_1) \end{cases}$$

当 $a_{11}a_{22}-a_{12}a_{21}\neq 0$ 时，求得方程组(1.1.1)有唯一解：

$$\begin{cases} x_1=\dfrac{b_1a_{22}-b_2a_{12}}{a_{11}a_{22}-a_{12}a_{21}} \\ x_2=\dfrac{a_{11}b_2-a_{21}b_1}{a_{11}a_{22}-a_{12}a_{21}} \end{cases} \tag{1.1.2}$$

引进记号

$$\begin{vmatrix} a_{11} & a_{12} \\ a_{21} & a_{22} \end{vmatrix}=a_{11}a_{22}-a_{12}a_{21}$$

则线性方程组(1.1.1)的解可以表示为

$$x_1=\frac{\begin{vmatrix} b_1 & a_{12} \\ b_2 & a_{22} \end{vmatrix}}{\begin{vmatrix} a_{11} & a_{12} \\ a_{21} & a_{22} \end{vmatrix}}, x_2=\frac{\begin{vmatrix} a_{11} & b_1 \\ a_{21} & b_2 \end{vmatrix}}{\begin{vmatrix} a_{11} & a_{12} \\ a_{21} & a_{22} \end{vmatrix}}$$

定义 1.1.1　由 2^2 个元素 $a_{ij}(i,j=1,2)$ 排成一个 2 行 2 列的数表，即形如

$$\begin{vmatrix} a_{11} & a_{12} \\ a_{21} & a_{22} \end{vmatrix} \tag{1.1.3}$$

称(1.1.3)式为**二阶行列式**，而 $a_{11}a_{22}-a_{12}a_{21}$ 表示二阶行列式的值，也称为二阶行列式的**展开式**. 即

$$\begin{vmatrix} a_{11} & a_{12} \\ a_{21} & a_{22} \end{vmatrix}=a_{11}a_{22}-a_{12}a_{21} \tag{1.1.4}$$

其中 a_{ij} 称为二阶行列式的**元素**，a_{ij} 的下标表示其在行列式中的位置，第一个下标 i 称为**行标**，表明该元素位于第 i 行，第二个下标 j 称为**列标**，表明该元素位于第 j 列.

行列式的记号是由凯莱(Cayley)于 1841 年给出的：

$$\begin{vmatrix} a_{11} & a_{12} \\ a_{21} & a_{22} \end{vmatrix}$$

由 a_{11} 到 a_{22} 这条直线称为行列式的**主对角线**，由 a_{12} 到 a_{21} 这条直线称为**副对角线**. (1.1.3)式可以表述为二阶行列式等于主对角线上元素的乘积减去副对角线上元素的乘积，并称为二阶行列式的**对角线法则**.

例 1　求解二元线性方程组

$$\begin{cases} 2x_1-3x_2=1 \\ x_1+2x_2=-10 \end{cases}$$

解　由于

$$D=\begin{vmatrix} 2 & -3 \\ 1 & 2 \end{vmatrix}=2\times2-(-3)=7\neq0$$

$$D_1=\begin{vmatrix} 1 & -3 \\ -10 & 2 \end{vmatrix}=2-(-3)\times(-10)=-28$$

$$D_2=\begin{vmatrix} 2 & 1 \\ 1 & -10 \end{vmatrix}=2\times(-10)-1=-21$$

因此 $$x_1=\frac{D_1}{D}=\frac{-28}{7}=-4,x_2=\frac{D_2}{D}=\frac{-21}{7}=-3.$$

二、三阶行列式

类似于二阶行列式,可以定义三阶行列式.

定义 1.1.2 由 3^2 个元素 $a_{ij}(i,j=1,2,3)$ 排成一个 3 行 3 列的数表,形如

$$\begin{vmatrix} a_{11} & a_{12} & a_{13} \\ a_{21} & a_{22} & a_{23} \\ a_{31} & a_{32} & a_{33} \end{vmatrix} \tag{1.1.5}$$

则称(1.1.5)式为**三阶行列式**,表达式

$$a_{11}a_{22}a_{33}+a_{12}a_{23}a_{31}+a_{13}a_{21}a_{32}-a_{11}a_{23}a_{32}-a_{12}a_{21}a_{33}-a_{13}a_{22}a_{31}$$

表示三阶行列式的值,也称为三阶行列式的**展开式**,即

$$\begin{vmatrix} a_{11} & a_{12} & a_{13} \\ a_{21} & a_{22} & a_{23} \\ a_{31} & a_{32} & a_{33} \end{vmatrix}=a_{11}a_{22}a_{33}+a_{12}a_{23}a_{31}+a_{13}a_{21}a_{32}-a_{11}a_{23}a_{32}-a_{12}a_{21}a_{33}-a_{13}a_{22}a_{31} \tag{1.1.6}$$

上式表明三阶行列式含 6 项,每项均为不同行不同列的三个元素的乘积再冠以正负号,其规律遵循下列所示的对角线法则:其中有三条实线看作是平行于主对角线的连线,三条虚线看作是平行于副对角线的连线,实线上三元素之积冠以正号,虚线上三元素之积冠以负号.

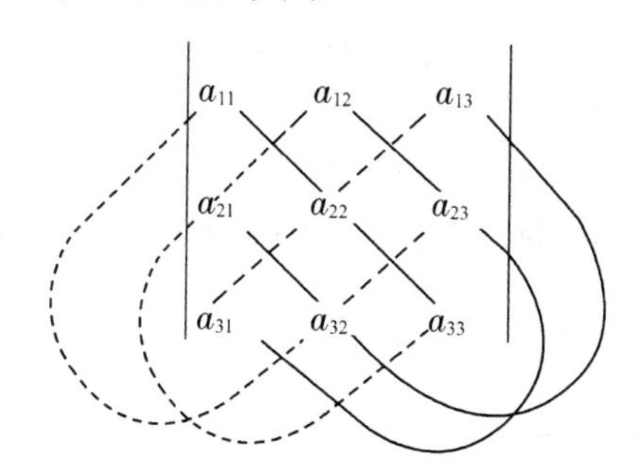

例 2 计算三阶行列式

$$\begin{vmatrix} 1 & 0 & 1 \\ 2 & 1 & 1 \\ 1 & 3 & 2 \end{vmatrix}.$$

解 由三阶行列式的对角线法则,有

$$\begin{vmatrix} 1 & 0 & 1 \\ 2 & 1 & 1 \\ 1 & 3 & 2 \end{vmatrix} = 1\times1\times2+0\times1\times1+1\times2\times3-1\times1\times3-0\times2\times2-1\times1\times1=4.$$

需要指出的是，只有二阶和三阶行列式具有对角线法则，四阶及以上的行列式不存在对角线法则. 为了把二阶和三阶行列式推广到 n 阶行列式，需要从另外的角度讨论二阶和三阶行列式结构，而这需要排列的相关知识.

§2　全排列及其逆序数

定义 1.2.1　n 个不同的元素排成一列，叫做这 n 个不同元素的**全排列**（简称**排列**）.

由排列组合的知识，n 个不同元素全排列的种数，记作 P_n，有

$$P_n = n\cdot(n-1)\cdot\cdots\cdot2\cdot1 = n!$$

这里只讨论由 $1,2,\cdots,n$ 这 n 个不同元素排列的相关知识. 由 $1,2,\cdots,n$ 这 n 个不同元素构成的排列，一般形式为 $p_1p_2\cdots p_n$，其中 $p_1,p_2,\cdots,p_n$ 是 $1,2,\cdots,n$ 中互不相等的数. 规定 $1,2,\cdots,n$ 各元素之间由小到大的顺序为标准次序.

定义 1.2.2　在 $1,2,\cdots,n$ 这 n 个元素的排列 $p_1p_2\cdots p_n$ 中，若某两个元素的先后次序与标准次序相反，称该排列产生一个**逆序**. 一个排列中逆序的总数称为该排列的**逆序数**，记作

$$\tau(p_1p_2\cdots p_n)\text{或}\tau$$

如在排列 132 中，3、2 产生一个逆序，则 $\tau(132)=1$；在排列 312 中，3、1；3、2 产生逆序，则 $\tau(312)=2$.

逆序数为奇数的排列称为**奇排列**，如排列 132；逆序数为偶数的排列称为**偶排列**，如排列 312.

为了确定排列的奇偶性，需要讨论排列逆序数 τ 的计算方法.

设 $1,2,\cdots,n$ 的任一排列为

$$p_1p_2\cdots p_{i-1}p_i\cdots p_n$$

对于 $p_i(i=1,2,\cdots,n)$，若排在 p_i 前且比 p_i 大的元素有 τ_i 个，称元素 p_i 的逆序数为 τ_i，则该排列的逆序数

$$\tau(p_1p_2\cdots p_i\cdots p_n) = \tau_1+\tau_2+\cdots+\tau_i+\cdots+\tau_n = \sum_{i=1}^{n}\tau_i.$$

例 1　求排列 3214 和 4213 的逆序数，并判断排列的奇偶性.

解 由上式,有

$\tau(3214)=0+1+2+0=3$,故排列 3214 为奇排列;

$\tau(4213)=0+1+2+1=4$,故排列 4213 为偶排列.

称排列 $12\cdots n$ 为**标准排列**,它的逆序数为零,是偶排列.

§3 对换及其性质

定义 1.3.1 在排列中,将某两个元素互换,其余元素不动,这种得到新排列的方式称为对换.

如排列 3214 将元素 3 与 4 互换得到排列 4213. 由 §2 例 1 知,它们改变了奇偶性,这种现象不是偶然的. 一般的有

定理 1.3.1 对换改变排列的奇偶性.

定理证明略.

推论 奇排列换成标准排列的对换次数为奇数;偶排列换成标准排列的对换次数为偶数.

证 注意标准排列为偶排列,由定理 1.3.1 知结论成立.

§4 *n* 阶行列式的定义

先讨论二阶行列式的结构. 二阶行列式

$$\begin{vmatrix} a_{11} & a_{12} \\ a_{21} & a_{22} \end{vmatrix}=a_{11}a_{22}+(-a_{12}a_{21})$$

仔细观察右边的两项,其共同点是:

1. 右边的每一项都是位于不同行不同列的两个元素的乘积,则每一项除正负号外均可写成 $a_{1p_1}a_{2p_2}$,其中行标排成标准排列 12,列标排成 p_1p_2,是 1、2 的某个排列. 该式右端共有 $P_2=2!=2$ 项,通项可以写成 $(-1)^s a_{1p_1}a_{2p_2}$ 的形式.

2. 右边带正号的列标排列是 12,它是偶排列;带负号的列标排列是 21,它是奇排列;即右边每项的正负号 $(-1)^s=(-1)^{\tau(p_1p_2)}$.

综上,二阶行列式可表示为

$$\begin{vmatrix} a_{11} & a_{12} \\ a_{21} & a_{22} \end{vmatrix}=\sum_{p_1p_2}(-1)^{\tau(p_1p_2)}a_{1p_1}a_{2p_2} \tag{1.4.1}$$

其中 p_1p_2 是 1、2 的任一排列，$\sum\limits_{p_1p_2}$ 是对 1、2 的所有排列求和，和式共含有 2! =2 项.

再讨论三阶行列式的结构. 三阶行列式

$$\begin{vmatrix} a_{11} & a_{12} & a_{13} \\ a_{21} & a_{22} & a_{23} \\ a_{31} & a_{32} & a_{33} \end{vmatrix} = a_{11}a_{22}a_{33} + a_{12}a_{23}a_{31} + a_{13}a_{21}a_{32} + (-a_{11}a_{23}a_{32}) + (-a_{12}a_{21}a_{33}) + (-a_{13}a_{22}a_{31})$$

显然也有

1. 右边的每一项都是位于不同行不同列的三个元素的乘积，每一项除正负号外均可写成 $a_{1p_1}a_{2p_2}a_{3p_3}$，其中行标排成标准排列 123，列标排成 $p_1p_2p_3$，是 1、2、3 的某个排列. 右边共有$P_3=3!=6$ 项，通项可以写成$(-1)^s a_{1p_1}a_{2p_2}\cdot a_{3p_3}$ 的形式.

2. 右边带正号的列标排列是 123、231、312，它们都是偶排列；带负号的列标排列是 132、213、321，它们为奇排列，即每项的正负号 $(-1)^s=(-1)^{\tau(p_1p_2p_3)}$.

综上，三阶行列式可表示为

$$\begin{vmatrix} a_{11} & a_{12} & a_{13} \\ a_{21} & a_{22} & a_{23} \\ a_{31} & a_{32} & a_{33} \end{vmatrix} = \sum_{p_1p_2p_3} (-1)^{\tau(p_1p_2p_3)} a_{1p_1}a_{2p_2}a_{3p_3} \tag{1.4.2}$$

其中 $p_1p_2p_3$ 是 1、2、3 的任一排列，$\sum\limits_{p_1p_2p_3}$ 是对 1、2、3 的所有排列求和，和式共含有 3! =6 项.

根据以上的规律，四阶行列式可表示为

$$\begin{vmatrix} a_{11} & a_{12} & a_{13} & a_{14} \\ a_{21} & a_{22} & a_{23} & a_{24} \\ a_{31} & a_{32} & a_{33} & a_{34} \\ a_{41} & a_{42} & a_{43} & a_{44} \end{vmatrix} = \sum_{p_1p_2p_3p_4} (-1)^{\tau(p_1p_2p_3p_4)} a_{1p_1}a_{2p_2}a_{3p_3}a_{4p_4} \tag{1.4.3}$$

其中 $p_1p_2p_3p_4$ 是 1、2、3、4 的任一排列，$\sum\limits_{p_1p_2p_3p_4}$ 是对 1、2、3、4 的所有排列求和，和式共含有 4! =24 项.

n 阶行列式与二、三、四阶行列式有共同的规律.

定义 1.4.1　由 n^2 个元素 $a_{ij}(i,j=1,2,\cdots,n)$ 排成一个 n 行 n 列的数表，即形如

$$\begin{vmatrix} a_{11} & a_{12} & \cdots & a_{1n} \\ a_{21} & a_{22} & \cdots & a_{2n} \\ \vdots & \vdots & & \vdots \\ a_{n1} & a_{n2} & \cdots & a_{nn} \end{vmatrix} \tag{1.4.4}$$

称(1.4.4)式为 n 阶行列式，它等于(1.4.4)中所有带符号的不同行不同列的 n 个元素的乘积项

$$(-1)^{\tau(p_1p_2\cdots p_n)}a_{1p_1}a_{2p_2}\cdots a_{np_n}$$

的和，即

$$\begin{vmatrix} a_{11} & a_{12} & \cdots & a_{1n} \\ a_{21} & a_{22} & \cdots & a_{2n} \\ \vdots & \vdots & & \vdots \\ a_{n1} & a_{n2} & \cdots & a_{nn} \end{vmatrix} = \sum_{p_1p_2\cdots p_n}(-1)^{\tau(p_1p_2\cdots p_n)}a_{1p_1}a_{2p_2}\cdots a_{np_n} \tag{1.4.5}$$

其中 $p_1p_2\cdots p_n$ 是 1、2、…、n 的任一排列，$\sum\limits_{p_1p_2\cdots p_n}$ 是对 1、2、…、n 的所有排列求和，和式共含有 $n!$ 项.

n 阶行列式简记为 D，D_n，$|a_{ij}|_n$ 或 $\det(a_{ij})$，数 a_{ij} 称为 n 阶行列式的第 i 行第 j 列的元素. 当 $n=1$ 时，规定一阶行列式 $|a_{11}|=a_{11}$.

在定义 1.4.1 中，我们把(1.4.5)中乘积项的行标排成标准排列，列标是 1、2、…、n 的任一排列. 从以上得到 n 阶行列式定义的过程可知，若把乘积项的列标排成标准排列，而行标是 1、2、…、n 的任一排列，则应得到 n 阶行列式的等价定义.

定义 1.4.2　n 阶行列式定义为

$$\begin{vmatrix} a_{11} & a_{12} & \cdots & a_{1n} \\ a_{21} & a_{22} & \cdots & a_{2n} \\ \vdots & \vdots & & \vdots \\ a_{n1} & a_{n2} & \cdots & a_{nn} \end{vmatrix} = \sum_{p_1p_2\cdots p_n}(-1)^{\tau(p_1p_2\cdots p_n)}a_{p_11}a_{p_22}\cdots a_{p_nn} \tag{1.4.6}$$

其中 $p_1p_2\cdots p_n$ 是 1、2、…、n 的任一排列，$\sum\limits_{p_1p_2\cdots p_n}$ 是对 1、2、…、n 的所有排列求和.

§5　几个特殊行列式

本章的主要内容是行列式的计算，而行列式的计算是非常灵活且复杂的. 为了解决行列式的计算问题，必须牢记一些常见的特殊的行列式的值.

定义 1.5.1 形如

$$\begin{vmatrix} a_{11} & 0 & \cdots & 0 \\ 0 & a_{22} & \cdots & 0 \\ \vdots & \vdots & \ddots & \vdots \\ 0 & 0 & \cdots & a_{nn} \end{vmatrix}$$

的 n 阶行列式,称为**主对角行列式**;形如

$$\begin{vmatrix} 0 & \cdots & 0 & a_{1n} \\ 0 & \cdots & a_{2,n-1} & 0 \\ \vdots & ⋰ & \vdots & \vdots \\ a_{n1} & \cdots & 0 & 0 \end{vmatrix}$$

的 n 阶行列式,称为**副对角行列式**.

根据 n 阶行列式的定义,可得

定理 1.5.1

(1)

$$D=\begin{vmatrix} a_{11} & 0 & \cdots & 0 \\ 0 & a_{22} & \cdots & 0 \\ \vdots & \vdots & \ddots & \vdots \\ 0 & 0 & \cdots & a_{nn} \end{vmatrix}=a_{11}a_{22}\cdots a_{nn}; \tag{1.5.1}$$

(2)

$$D=\begin{vmatrix} 0 & \cdots & 0 & a_{1n} \\ 0 & \cdots & a_{2,n-1} & 0 \\ \vdots & ⋰ & \vdots & \vdots \\ a_{n1} & \cdots & 0 & 0 \end{vmatrix}=(-1)^{\frac{n(n-1)}{2}}a_{1n}a_{2,n-1}\cdots a_{n1}. \tag{1.5.2}$$

定义 1.5.2 形如

$$\begin{vmatrix} a_{11} & 0 & \cdots & 0 \\ a_{21} & a_{22} & \cdots & 0 \\ \vdots & \vdots & \ddots & \vdots \\ a_{n1} & a_{n2} & \cdots & a_{nn} \end{vmatrix}$$

的 n 阶行列式,称为**下三角行列式**;形如

$$\begin{vmatrix} a_{11} & a_{12} & \cdots & a_{1n} \\ 0 & a_{22} & \cdots & a_{2n} \\ \vdots & \vdots & \ddots & \vdots \\ 0 & 0 & \cdots & a_{nn} \end{vmatrix}$$

的 n 阶行列式,称为**上三角行列式**.上、下三角行列式统称为**三角行列式**.

根据 n 阶行列式的定义,可得

定理 1.5.2　三角行列式的值等于其主对角线上元素的乘积,即

$$\begin{vmatrix} a_{11} & 0 & \cdots & 0 \\ a_{21} & a_{22} & \cdots & 0 \\ \vdots & \vdots & & \vdots \\ a_{n1} & a_{n2} & \cdots & a_{nn} \end{vmatrix} = \begin{vmatrix} a_{11} & a_{12} & \cdots & a_{1n} \\ 0 & a_{22} & \cdots & a_{2n} \\ \vdots & \vdots & & \vdots \\ 0 & 0 & \cdots & a_{nn} \end{vmatrix} = a_{11}a_{22}\cdots a_{nn} \quad (1.5.3)$$

§6　行列式的性质及展开定理

一、行列式的性质

从上节可知,当 n 较大时,由 n 阶行列式的定义计算行列式(除某些特殊行列式外)是非常繁琐的.本节将研究行列式的性质,在此基础上,介绍一些计算行列式的常用方法.

定义 1.6.1　设 n 阶行列式

$$D = \begin{vmatrix} a_{11} & a_{12} & \cdots & a_{1n} \\ a_{21} & a_{22} & \cdots & a_{2n} \\ \vdots & \vdots & & \vdots \\ a_{n1} & a_{n2} & \cdots & a_{nn} \end{vmatrix}$$

将 D 中的行与列互换,所得到的 n 阶行列式称为 D 的**转置行列式**,记为 D^{T},即

$$D^{\mathrm{T}} = \begin{vmatrix} a_{11} & a_{21} & \cdots & a_{n1} \\ a_{12} & a_{22} & \cdots & a_{n2} \\ \cdots & \cdots & \cdots & \cdots \\ a_{1n} & a_{2n} & \cdots & a_{nn} \end{vmatrix}$$

性质 1　行列式与其转置行列式的值相等,即 $D=D^{\mathrm{T}}$.

证　令 $D=|a_{ij}|_n$,设 $D^{\mathrm{T}}=|b_{ij}|_n$,则 $b_{ij}=a_{ji}(i,j=1,2,\cdots,n)$.由(1.4.5)式,得

$$D^{\mathrm{T}} = \sum_{p_1p_2\cdots p_n}(-1)^{\tau(p_1p_2\cdots p_n)}b_{1p_1}b_{2p_2}\cdots b_{np_n} = \sum_{p_1p_2\cdots p_n}(-1)^{\tau(p_1p_2\cdots p_n)}a_{p_11}a_{p_22}\cdots a_{p_nn}$$

由(1.4.6)式,上式的右端等于 D.

性质 1 表明,在行列式中行与列的地位是对等的,即凡是对行成立的性质

对列也成立,反之亦然.

性质 2 交换行列式的任意两行(或列),行列式的值变号,即设

$$D_1=\begin{vmatrix} a_{11} & a_{12} & \cdots & a_{1n} \\ \vdots & \vdots & & \vdots \\ a_{s1} & a_{s2} & \cdots & a_{sn} \\ \vdots & \vdots & & \vdots \\ a_{t1} & a_{t2} & \cdots & a_{tn} \\ \vdots & \vdots & & \vdots \\ a_{n1} & a_{n2} & \cdots & a_{nn} \end{vmatrix}\begin{matrix} \\ \\ \leftarrow 第\ s\ 行 \\ \\ \leftarrow 第\ t\ 行 \\ \\ \\ \end{matrix},D_2=\begin{vmatrix} a_{11} & a_{12} & \cdots & a_{1n} \\ \vdots & \vdots & & \vdots \\ a_{t1} & a_{t2} & \cdots & a_{tn} \\ \vdots & \vdots & & \vdots \\ a_{s1} & a_{s2} & \cdots & a_{sn} \\ \vdots & \vdots & & \vdots \\ a_{n1} & a_{n2} & \cdots & a_{nn} \end{vmatrix}\begin{matrix} \\ \\ \leftarrow 第\ s\ 行 \\ \\ \leftarrow 第\ t\ 行 \\ \\ \\ \end{matrix}$$

则 $D_2=-D_1$.

推论 若行列式中有两行(或列)对应元素相同,则该行列式的值为零.

证 设 $D=\begin{vmatrix} a_{11} & a_{12} & \cdots & a_{1n} \\ \vdots & \vdots & & \vdots \\ a_{s1} & a_{s2} & \cdots & a_{sn} \\ \vdots & \vdots & & \vdots \\ a_{s1} & a_{s2} & \cdots & a_{sn} \\ \vdots & \vdots & & \vdots \\ a_{n1} & a_{n2} & \cdots & a_{nn} \end{vmatrix}\begin{matrix} \\ \\ \leftarrow 第\ s\ 行 \\ \\ \leftarrow 第\ t\ 行 \\ \\ \\ \end{matrix}$,

则

$$D=\begin{vmatrix} a_{11} & a_{12} & \cdots & a_{1n} \\ \vdots & \vdots & & \vdots \\ a_{s1} & a_{s2} & \cdots & a_{sn} \\ \vdots & \vdots & & \vdots \\ a_{s1} & a_{s2} & \cdots & a_{sn} \\ \vdots & \vdots & & \vdots \\ a_{n1} & a_{n2} & \cdots & a_{nn} \end{vmatrix}\xlongequal{交换第s行与第t行}-\begin{vmatrix} a_{11} & a_{12} & \cdots & a_{1n} \\ \vdots & \vdots & & \vdots \\ a_{s1} & a_{s2} & \cdots & a_{sn} \\ \vdots & \vdots & & \vdots \\ a_{s1} & a_{s2} & \cdots & a_{sn} \\ \vdots & \vdots & & \vdots \\ a_{n1} & a_{n2} & \cdots & a_{nn} \end{vmatrix}=-D$$

所以 $D=0$.

性质 3　数 k 乘以行列式，相当于用数 k 乘以行列式的某一行(或列)中所有元素，

即
$$k\begin{vmatrix} a_{11} & a_{12} & \cdots & a_{1n} \\ \vdots & \vdots & & \vdots \\ a_{i1} & a_{i2} & \cdots & a_{in} \\ \vdots & \vdots & & \vdots \\ a_{n1} & a_{n2} & \cdots & a_{nn} \end{vmatrix} = \begin{vmatrix} a_{11} & a_{12} & \cdots & a_{1n} \\ \vdots & \vdots & & \vdots \\ ka_{i1} & ka_{i2} & \cdots & ka_{in} \\ \vdots & \vdots & & \vdots \\ a_{n1} & a_{n2} & \cdots & a_{nn} \end{vmatrix}$$

把上式从右往左看，有

推论 1　若行列式的某一行(或列)具有公因子 k，则公因子 k 可以提到行列式记号外.

推论 2　如果行列式中的某一行(或列)的元素全为零，则行列式的值等于零.

推论 3　如果行列式中有两行(或列)对应元素成比例，则此行列式的值为零.

值得注意的是：数 k 乘以行列式，仅仅是用数 k 去乘以行列式的某一行(或列)，而不是用数 k 去乘以行列式的所有行(或列)；同样，在提取公因子时，也只能一行一行(或列)地提取.

性质 4　如果行列式的某一行(或列)的元素等于两组数之和，

如
$$D=\begin{vmatrix} a_{11} & \cdots & a_{1,j-1} & a_{1j}+b_{1j} & a_{1,j+1} & \cdots & a_{1n} \\ a_{21} & \cdots & a_{2,j-1} & a_{2j}+b_{2j} & a_{2,j+1} & \cdots & a_{2n} \\ \vdots & & \vdots & \vdots & \vdots & & \vdots \\ a_{n1} & \cdots & a_{n,j-1} & a_{nj}+b_{nj} & a_{n,j+1} & \cdots & a_{nn} \end{vmatrix},$$

则 D 等于下列两个行列式之和：

$$D=\begin{vmatrix} a_{11} & \cdots & a_{1,j-1} & a_{1j} & a_{1,j+1} & \cdots & a_{1n} \\ a_{21} & \cdots & a_{2,j-1} & a_{2j} & a_{2,j+1} & \cdots & a_{2n} \\ \vdots & & \vdots & \vdots & \vdots & & \vdots \\ a_{n1} & \cdots & a_{n,j-1} & a_{nj} & a_{n,j+1} & \cdots & a_{nn} \end{vmatrix} + \begin{vmatrix} a_{11} & \cdots & a_{1,j-1} & b_{1j} & a_{1,j+1} & \cdots & a_{1n} \\ a_{21} & \cdots & a_{2,j-1} & b_{2j} & a_{2,j+1} & \cdots & a_{2n} \\ \vdots & & \vdots & \vdots & \vdots & & \vdots \\ a_{n1} & \cdots & a_{n,j-1} & b_{nj} & a_{n,j+1} & \cdots & a_{nn} \end{vmatrix}$$

值得注意的是:拆分行列式时,只能拆分行列式的某一行(或列),不能拆分多行(或列),而且其它的行(或列)是不改变的.如下面拆分是错误的:

$$\begin{vmatrix} 3 & 0 \\ 0 & 7 \end{vmatrix} = \begin{vmatrix} 1+2 & 0+0 \\ 0+0 & 3+4 \end{vmatrix} = \begin{vmatrix} 1 & 0 \\ 0 & 3 \end{vmatrix} + \begin{vmatrix} 2 & 0 \\ 0 & 4 \end{vmatrix} = 3+8=11.$$

性质 5　将行列式的某一行(或列)的元素乘以数 k,加到另一行(或列)对应的元素上去,行列式的值不变,

即

$$\begin{vmatrix} a_{11} & \cdots & a_{1i} & \cdots & a_{1j} & \cdots & a_{1n} \\ a_{21} & \cdots & a_{2i} & \cdots & a_{2j} & \cdots & a_{2n} \\ \vdots & & \vdots & & \vdots & & \vdots \\ a_{n1} & \cdots & a_{ni} & \cdots & a_{nj} & \cdots & a_{nn} \end{vmatrix} \xlongequal{\text{第}i\text{列乘以}k\text{加到第}j\text{列}}$$

$$\begin{vmatrix} a_{11} & \cdots & a_{1i} & \cdots & ka_{1i}+a_{1j} & \cdots & a_{1n} \\ a_{21} & \cdots & a_{2i} & \cdots & ka_{2i}+a_{2j} & \cdots & a_{2n} \\ \vdots & & \vdots & & \vdots & & \vdots \\ a_{n1} & \cdots & a_{ni} & \cdots & ka_{ni}+a_{nj} & \cdots & a_{nn} \end{vmatrix}$$

值得注意的是:其他的行(或列)不变,而改变的仅仅是加上去的行(或列).

为了表述方便,通常用 r_i 表示行列式的第 i 行,用 c_j 表示行列式的第 j 列;用 $r_i \leftrightarrow r_j$ 表示交换行列式的第 i 行与第 j 行,用 $c_i \leftrightarrow c_j$ 表示交换行列式的第 i 列与第 j 列;用 $r_i \times k$ 表示数 k 乘以行列式的第 i 行,用 $c_j \times k$ 表示数 k 乘以行列式的第 j 列;用 $r_j + kr_i$ 表示数 k 乘以行列式的第 i 行加到第 j 行上去,用 $c_j + kc_i$ 表示数 k 乘以行列式的第 i 列加到第 j 列上去.

利用行列式的性质可以简化行列式的计算.其基本思路是将行列式化成已知的特殊行列式,特别是三角行列式.

例 1　计算四阶行列式

$$D_4 = \begin{vmatrix} 2 & -5 & 1 & 2 \\ -3 & 7 & -1 & 4 \\ 5 & -9 & 2 & 7 \\ 4 & -6 & 1 & 2 \end{vmatrix}.$$

解　$$D_4 \underset{c_1 \leftrightarrow c_3}{=} \begin{vmatrix} 1 & -5 & 2 & 2 \\ -1 & 7 & -3 & 4 \\ 2 & -9 & 5 & 7 \\ 1 & -6 & 4 & 2 \end{vmatrix} \xlongequal[r_4 - r_1]{r_2 + r_1,\ r_3 - 2r_1} - \begin{vmatrix} 1 & -5 & 2 & 2 \\ 0 & 2 & -1 & 6 \\ 0 & 1 & 1 & 3 \\ 0 & -1 & 2 & 0 \end{vmatrix}$$

$$\xlongequal{r_2\leftrightarrow r_3}\begin{vmatrix}1&-5&2&2\\0&1&1&3\\0&2&-1&6\\0&-1&2&0\end{vmatrix}\xlongequal[r_4+r_2]{r_3-2r_2}\begin{vmatrix}1&-5&2&2\\0&1&1&3\\0&0&-3&0\\0&0&3&3\end{vmatrix}$$

$$\xlongequal{r_4+r_3}\begin{vmatrix}1&-5&2&2\\0&1&1&3\\0&0&-3&0\\0&0&0&3\end{vmatrix}=1\times1\times(-3)\times3=-9$$

例 2　计算三阶行列式

$$\begin{vmatrix}103&100&204\\199&200&395\\301&300&600\end{vmatrix}.$$

解　行列式的元素数值较大，先化简行列式，再计算.

$$\begin{vmatrix}103&100&204\\199&200&395\\301&300&600\end{vmatrix}\xlongequal[c_3-2c_2]{c_1-c_2}\begin{vmatrix}3&100&4\\-1&200&-5\\1&300&0\end{vmatrix}\xlongequal[c_2\div100]{}100\begin{vmatrix}3&1&4\\-1&2&-5\\1&3&0\end{vmatrix}$$

$$\xlongequal{r_1\leftrightarrow r_3}-100\begin{vmatrix}1&3&0\\-1&2&-5\\3&1&4\end{vmatrix}\xlongequal[c_2-3c_1]{}-100\begin{vmatrix}1&0&0\\-1&5&-5\\3&-8&4\end{vmatrix}$$

$$\xlongequal[c_3+c_2]{}-100\begin{vmatrix}1&0&0\\-1&5&0\\3&-8&-4\end{vmatrix}=-100\times1\times5\times(-4)=2000.$$

例 3　计算四阶行列式

$$D_4=\begin{vmatrix}1&-1&1&x-1\\1&-1&x+1&-1\\1&x-1&1&-1\\x+1&-1&1&-1\end{vmatrix}.$$

解　$D_4\xlongequal[\substack{c_1+c_2\\c_1+c_3\\c_1+c_4}]{}\begin{vmatrix}x&-1&1&x-1\\x&-1&x+1&-1\\x&x-1&1&-1\\x&-1&1&-1\end{vmatrix}=x\begin{vmatrix}1&-1&1&x-1\\1&-1&x+1&-1\\1&x-1&1&-1\\1&-1&1&-1\end{vmatrix}$

$$\xlongequal[c_4+c_1]{c_2+c_1 \atop c_3-c_1} x\begin{vmatrix} 1 & 0 & 0 & x \\ 1 & 0 & x & 0 \\ 1 & x & 0 & 0 \\ 1 & 0 & 0 & 0 \end{vmatrix}$$

由(1.5.2)式，得 $D_4=x(-1)^{\frac{4\times3}{2}}x^3=x^4$.

例 4 计算四阶行列式

$$D_4=\begin{vmatrix} 4 & 1 & 1 & 1 \\ 1 & 4 & 1 & 1 \\ 1 & 1 & 4 & 1 \\ 1 & 1 & 1 & 4 \end{vmatrix}.$$

解

方法一：$D_4 \xlongequal{r_1+r_2,\ r_1+r_3,\ r_1+r_4,\ r_1\div 7} 7\begin{vmatrix} 1 & 1 & 1 & 1 \\ 1 & 4 & 1 & 1 \\ 1 & 1 & 4 & 1 \\ 1 & 1 & 1 & 4 \end{vmatrix} \xlongequal{r_2-r_1,\ r_3-r_1,\ r_4-r_1} 7\begin{vmatrix} 1 & 1 & 1 & 1 \\ 0 & 3 & 0 & 0 \\ 0 & 0 & 3 & 0 \\ 0 & 0 & 0 & 3 \end{vmatrix}=189.$

方法二：$D_4 \xlongequal{r_2-r_1,\ r_3-r_1,\ r_4-r_1} \begin{vmatrix} 4 & 1 & 1 & 1 \\ -3 & 3 & 0 & 0 \\ -3 & 0 & 3 & 0 \\ -3 & 0 & 0 & 3 \end{vmatrix} \xlongequal[c_1+c_2,\ c_1+c_3,\ c_1+c_4]{} \begin{vmatrix} 7 & 1 & 1 & 1 \\ 0 & 3 & 0 & 0 \\ 0 & 0 & 3 & 0 \\ 0 & 0 & 0 & 3 \end{vmatrix}=7\times3\times3\times3=189.$

事实上，对于主对角线元素是同一个数，不在主对角线上的元素是另外一个数的行列式，即形如

$$\begin{vmatrix} x & a & \cdots & a \\ a & x & \cdots & a \\ \vdots & \vdots & & \vdots \\ a & a & \cdots & x \end{vmatrix}$$

的 n 阶行列式，都可以采用例 4 的两种方法进行计算.

例 5 证明：

$$D=\begin{vmatrix} a_{11} & a_{12} & \cdots & a_{1n} & c_{11} & c_{12} & \cdots & c_{1m} \\ a_{21} & a_{22} & \cdots & a_{2n} & c_{21} & c_{22} & \cdots & c_{2m} \\ \vdots & \vdots & & \vdots & \vdots & \vdots & & \vdots \\ a_{n1} & a_{n2} & \cdots & a_{nn} & c_{n1} & c_{n2} & \cdots & c_{nm} \\ 0 & 0 & \cdots & 0 & b_{11} & b_{12} & \cdots & b_{1m} \\ 0 & 0 & \cdots & 0 & b_{21} & b_{22} & \cdots & b_{2m} \\ \vdots & \vdots & & \vdots & \vdots & \vdots & & \vdots \\ 0 & 0 & \cdots & 0 & b_{m1} & b_{m2} & \cdots & b_{mm} \end{vmatrix}$$

$$=\begin{vmatrix} a_{11} & a_{12} & \cdots & a_{1n} \\ a_{21} & a_{22} & \cdots & a_{2n} \\ \vdots & \vdots & & \vdots \\ a_{n1} & a_{n2} & \cdots & a_{nn} \end{vmatrix} \cdot \begin{vmatrix} b_{11} & b_{12} & \cdots & b_{1m} \\ b_{21} & b_{22} & \cdots & b_{2m} \\ \vdots & \vdots & & \vdots \\ b_{m1} & b_{m2} & \cdots & b_{mm} \end{vmatrix} \tag{1.6.1}$$

证 令 $D_1=\begin{vmatrix} a_{11} & a_{12} & \cdots & a_{1n} \\ a_{21} & a_{22} & \cdots & a_{2n} \\ \vdots & \vdots & & \vdots \\ a_{n1} & a_{n2} & \cdots & a_{nn} \end{vmatrix}$，$D_2=\begin{vmatrix} b_{11} & b_{12} & \cdots & b_{1m} \\ b_{21} & b_{22} & \cdots & b_{2m} \\ \vdots & \vdots & & \vdots \\ b_{m1} & b_{m2} & \cdots & b_{mm} \end{vmatrix}$. 将 D_1，D_2 利用行列式的性质分别化成上三角行列式，得

$$D_1=\begin{vmatrix} a'_{11} & a'_{12} & \cdots & a'_{1n} \\ 0 & a'_{22} & \cdots & a'_{2n} \\ \vdots & \vdots & \ddots & \vdots \\ 0 & 0 & \cdots & a'_{nn} \end{vmatrix}=a'_{11}a'_{22}\cdots a'_{nn}$$

$$D_2=\begin{vmatrix} b'_{11} & b'_{12} & \cdots & b'_{1m} \\ 0 & b'_{22} & \cdots & b'_{2m} \\ \vdots & \vdots & \ddots & \vdots \\ 0 & 0 & \cdots & b'_{mm} \end{vmatrix}=b'_{11}b'_{22}\cdots b'_{mm}$$

将 D 利用相同的过程化成上三角行列式，得

$$D=\begin{vmatrix} a'_{11} & a'_{12} & \cdots & a'_{1n} & c'_{11} & c'_{12} & \cdots & c'_{1m} \\ 0 & a'_{22} & \cdots & a'_{2n} & c'_{21} & c'_{22} & \cdots & c'_{2m} \\ \vdots & \vdots & \ddots & \vdots & \vdots & \vdots & & \vdots \\ 0 & 0 & \cdots & a'_{nn} & c'_{n1} & c'_{n2} & \cdots & c'_{nm} \\ 0 & 0 & \cdots & 0 & b'_{11} & b'_{12} & \cdots & b'_{1m} \\ 0 & 0 & \cdots & 0 & 0 & b'_{22} & \cdots & b'_{2m} \\ \vdots & \vdots & & \vdots & \vdots & & \ddots & \vdots \\ 0 & 0 & \cdots & 0 & 0 & 0 & \cdots & b'_{mm} \end{vmatrix}=a'_{11}a'_{22}\cdots a'_{nn}\cdot b'_{11}b'_{22}\cdots b'_{mm}$$

$$=D_1\cdot D_2.$$

利用(1.6.1)式和行列式的性质1,可得

$$\begin{vmatrix} a_{11} & a_{12} & \cdots & a_{1n} & 0 & 0 & \cdots & 0 \\ a_{21} & a_{22} & \cdots & a_{2n} & 0 & 0 & \cdots & 0 \\ \vdots & \vdots & & \vdots & \vdots & \vdots & & \vdots \\ a_{n1} & a_{n2} & \cdots & a_{nn} & 0 & 0 & \cdots & 0 \\ c_{11} & c_{12} & \cdots & c_{1n} & b_{11} & b_{12} & \cdots & b_{1m} \\ c_{21} & c_{22} & \cdots & c_{2n} & b_{21} & b_{22} & \cdots & b_{2m} \\ \vdots & \vdots & & \vdots & \vdots & \vdots & & \vdots \\ c_{m1} & c_{m2} & \cdots & c_{mn} & b_{m1} & b_{m2} & \cdots & b_{mm} \end{vmatrix}$$

$$=\begin{vmatrix} a_{11} & a_{12} & \cdots & a_{1n} \\ a_{21} & a_{22} & \cdots & a_{2n} \\ \vdots & \vdots & & \vdots \\ a_{n1} & a_{n2} & \cdots & a_{nn} \end{vmatrix}\cdot\begin{vmatrix} b_{11} & b_{12} & \cdots & b_{1m} \\ b_{21} & b_{22} & \cdots & b_{2m} \\ \vdots & \vdots & & \vdots \\ b_{m1} & b_{m2} & \cdots & b_{mm} \end{vmatrix} \tag{1.6.2}$$

需要说明的是,(1.6.1)、(1.6.2)在行列式的计算过程中可以作为公式使用,如

$$D=\begin{vmatrix} 1 & 2 & 0 \\ 3 & 4 & 0 \\ 5 & 6 & 7 \end{vmatrix}=\begin{vmatrix} 1 & 2 \\ 3 & 4 \end{vmatrix}\times|7|=(-2)\times7=-14$$

它们体现了将高阶行列式转化为低阶行列式来计算的思想.一般来讲,低阶行列式比高阶行列式易于计算.

二、行列式按行(或列)展开定理

利用行列式的性质只能解决比较简单行列式的计算.为了计算比较复杂

的行列式，必须引进行列式新的理论——行列式展开定理. Vandermonde 是该理论的奠基人，而 Laplace 是该理论的集大成者. 这里所介绍的行列式按行(或列)展开定理是著名的 Laplace 定理的特殊情形.

现在从另一个角度考察三阶行列式.

$$\begin{aligned}D=&\begin{vmatrix}a_{11}&a_{12}&a_{13}\\a_{21}&a_{22}&a_{23}\\a_{31}&a_{32}&a_{33}\end{vmatrix}\\&=a_{11}a_{22}a_{33}+a_{12}a_{23}a_{31}+a_{13}a_{21}a_{32}-a_{11}a_{23}a_{32}-a_{12}a_{21}a_{33}-a_{13}a_{22}a_{31}\\&=a_{11}(a_{22}a_{33}-a_{23}a_{32})+a_{12}(a_{23}a_{31}-a_{21}a_{33})+a_{13}(a_{21}a_{32}-a_{22}a_{31})\\&=a_{11}\begin{vmatrix}a_{22}&a_{23}\\a_{32}&a_{33}\end{vmatrix}+a_{12}\left(-\begin{vmatrix}a_{21}&a_{23}\\a_{31}&a_{33}\end{vmatrix}\right)+a_{13}\begin{vmatrix}a_{21}&a_{22}\\a_{31}&a_{32}\end{vmatrix}\end{aligned}$$

记

$$M_{11}=\begin{vmatrix}a_{22}&a_{23}\\a_{32}&a_{33}\end{vmatrix},M_{12}=\begin{vmatrix}a_{21}&a_{23}\\a_{31}&a_{33}\end{vmatrix},M_{13}=\begin{vmatrix}a_{21}&a_{22}\\a_{31}&a_{32}\end{vmatrix}\tag{1.6.3}$$

令

$$A_{11}=(-1)^{1+1}M_{11},A_{12}=(-1)^{1+2}M_{12},A_{13}=(-1)^{1+3}M_{13}\tag{1.6.4}$$

则三阶行列式可以表示为

$$\begin{vmatrix}a_{11}&a_{12}&a_{13}\\a_{21}&a_{22}&a_{23}\\a_{31}&a_{32}&a_{33}\end{vmatrix}=a_{11}A_{11}+a_{12}A_{12}+a_{13}A_{13}\tag{1.6.5}$$

此表达式非常简洁. 因此，必须首先定义记号 M_{ij} 和 A_{ij} 的含义. 仔细观察(1.6.3)，可以发现 $M_{1j}(j=1,2,3)$ 是三阶行列式中，将元素 $a_{1j}(j=1,2,3)$ 所在的行和列划去后，所剩下的二阶行列式，由(1.6.4)，可得 $A_{1j}=(-1)^{1+j}M_{1j}$，$(j=1,2,3)$.

定义 1.6.2 在 n 阶行列式 $D=|a_{ij}|_n$ 中，将元素 a_{ij} 所在的行(第 i 行)和列(第 j 列)划去，剩下的 $(n-1)^2$ 个元素不改变排列顺序，所构成的一个 $n-1$ 阶行列式，称为元素 a_{ij} 的**余子式**，记作 M_{ij}；令

$$A_{ij}=(-1)^{i+j}M_{ij}$$

称 A_{ij} 为元素 a_{ij} 的**代数余子式**.

例 6 设四阶行列式 $D_4=\begin{vmatrix}1&1&1&1\\1&2&1&1\\1&1&3&k\\1&2&3&4\end{vmatrix}$，写出元素 k 的余子式与代数余

子式.

解 元素 k 位于第 3 行第 4 列,则元素 k 的余子式与代数余子式分别为

$$M_{34}=\begin{vmatrix}1&1&1\\1&2&1\\1&2&3\end{vmatrix},A_{34}=(-1)^{3+4}\begin{vmatrix}1&1&1\\1&2&1\\1&2&3\end{vmatrix}.$$

从定义可以看出,元素 a_{ij} 的余子式 M_{ij} 和代数余子式 A_{ij} 仅与元素 a_{ij} 的位置有关,而与元素 a_{ij} 的值无关;代数余子式是带有符号的余子式,不要混淆余子式与代数余子式.

将(1.6.5)按行和列加以推广,有

定理 6.1 行列式等于它的某一行(或列)的元素与其对应的代数余子式的乘积之和,

即

$$D=a_{i1}A_{i1}+a_{i2}A_{i2}+\cdots+a_{in}A_{in}=\sum_{k=1}^{n}a_{ik}A_{ik},(i=1,2,\cdots,n)\quad(1.6.6)$$

或

$$D=a_{1j}A_{1j}+a_{2j}A_{2j}+\cdots+a_{nj}A_{nj}=\sum_{k=1}^{n}a_{kj}A_{kj},(j=1,2,\cdots,n)\quad(1.6.7)$$

定理不予证明.

推论 行列式某一行(或列)的元素与另一行(或列)的对应元素的代数余子式的乘积之和等于零,即

$$a_{i1}A_{j1}+a_{i2}A_{j2}+\cdots+a_{in}A_{jn}=\sum_{k=1}^{n}a_{ik}A_{jk}=0,(i\neq j)\quad(1.6.8)$$

或

$$a_{1i}A_{1j}+a_{2i}A_{2j}+\cdots+a_{ni}A_{nj}=\sum_{k=1}^{n}a_{ki}A_{kj}=0,(i\neq j)\quad(1.6.9)$$

证 $$a_{i1}A_{j1}+a_{i2}A_{j2}+\cdots+a_{in}A_{jn}=\begin{vmatrix}a_{11}&a_{12}&\cdots&a_{1n}\\\vdots&\vdots&&\vdots\\a_{i1}&a_{i2}&\cdots&a_{in}\\\vdots&\vdots&&\vdots\\a_{i1}&a_{i2}&\cdots&a_{in}\\\vdots&\vdots&&\vdots\\a_{n1}&a_{n2}&\cdots&a_{nn}\end{vmatrix}\xlongequal{r_i=r_j}0.$$

行列式的展开定理表明,n 阶行列式可以转化为 $n-1$ 阶行列式进行计

算.由 n 阶行列式的定义知,(1.6.6)的左边是含 $n!$ 项的和式,右边是含 $n\times(n-1)!=n!$ 项的和式;也就是说直接套用公式(1.6.6)没有简化行列式的计算.那么在怎样的情形下利用行列式展开定理可以简化行列式的计算呢?如果(1.6.6)的右边有一项(如 $a_{in}A_{in}$)为零,则(1.6.6)的右边所代表的和式中减少了 $(n-1)!$ 项,此时简化了行列式的计算.为了确定 $a_{in}A_{in}=0$,只要 $a_{in}=0$ 即可,而要 $a_{in}=0$,我们只需利用行列式的性质就可以达到这个目的.

通过以上分析,在利用行列式展开定理计算行列式时,一般应该首先利用行列式的性质将行列式的某行(或列)的元素尽可能多的化为零,再利用展开定理把行列式按该行(或列)展开,这样可以大大简化行列式的计算.

例 7　利用行列式展开定理求解例 1.

解　第 3 列的元素最简单,利用行列式的性质把第 3 列的元素化成只有一个不为零,有

$$D_4=\begin{vmatrix}2&-5&1&2\\-3&7&-1&4\\5&-9&2&7\\4&-6&1&2\end{vmatrix}\xlongequal[r_4-r_1]{\substack{r_2+r_1\\r_3-2r_1}}\begin{vmatrix}2&-5&1&2\\-1&2&0&6\\1&1&0&3\\2&-1&0&0\end{vmatrix}$$

把行列式按第 3 列展开,有

$$D_4=\begin{vmatrix}2&-5&1&2\\-1&2&0&6\\1&1&0&3\\2&-1&0&0\end{vmatrix}=1\times(-1)^{1+3}\begin{vmatrix}-1&2&6\\1&1&3\\2&-1&0\end{vmatrix}=\begin{vmatrix}-1&2&6\\1&1&3\\2&-1&0\end{vmatrix}$$

上式最后一个三阶行列式第 3 行的元素最简单,利用行列式的性质把第 3 行的元素化成只有一个不为零,再按第 3 行展开,得

$$D_4=\begin{vmatrix}-1&2&6\\1&1&3\\2&-1&0\end{vmatrix}\xlongequal[c_1+2c_2]{}\begin{vmatrix}3&2&6\\3&1&3\\0&-1&0\end{vmatrix}=(-1)\times(-1)^{3+2}\begin{vmatrix}3&6\\3&3\end{vmatrix}=-9$$

这种计算行列式的方法称为**降阶法**.

例 8　计算 n 阶行列式

$$D_n=\begin{vmatrix}x&y&0&\cdots&0&0\\0&x&y&\cdots&0&0\\\vdots&\vdots&\vdots&&\vdots&\vdots\\0&0&0&\cdots&x&y\\y&0&0&\cdots&0&x\end{vmatrix}.$$

解 把行列式按第1列展开，得

$$D_n = x\cdot(-1)^{1+1}\begin{vmatrix} x & y & \cdots & 0 & 0 \\ \vdots & \vdots & & \vdots & \vdots \\ 0 & 0 & \cdots & x & y \\ 0 & 0 & \cdots & 0 & x \end{vmatrix}_{n-1} + y\cdot(-1)^{n+1}\begin{vmatrix} y & 0 & \cdots & 0 & 0 \\ x & y & \cdots & 0 & 0 \\ \vdots & \vdots & & \vdots & \vdots \\ 0 & 0 & \cdots & x & y \end{vmatrix}_{n-1}$$

$$= x\begin{vmatrix} x & y & \cdots & 0 & 0 \\ \vdots & \vdots & & \vdots & \vdots \\ 0 & 0 & \cdots & x & y \\ 0 & 0 & \cdots & 0 & x \end{vmatrix}_{n-1} + (-1)^{n+1}y\begin{vmatrix} y & 0 & \cdots & 0 & 0 \\ x & y & \cdots & 0 & 0 \\ \vdots & \vdots & & \vdots & \vdots \\ 0 & 0 & \cdots & x & y \end{vmatrix}_{n-1}$$

等式右边第一个 $n-1$ 阶行列式是上三角行列式，第二个 $n-1$ 阶行列式是下三角行列式，则

$$D_n = x\cdot x^{n-1} + (-1)^{n+1}y\cdot y^{n-1} = x^n + (-1)^{n+1}y^n$$

值得注意的是，将行列式按某一行(或列)展开时，一般要求该行(或列)的元素的代数余子式容易写出. 如例 8 按第 n 行展开也比较方便，但按其它行(或列)展开易出现错误.

例 9 计算 $2n$ 阶行列式

$$D_{2n} = \begin{vmatrix} a & 0 & \cdots & 0 & 0 & \cdots & 0 & b \\ 0 & a & \cdots & 0 & 0 & \cdots & b & 0 \\ \vdots & \vdots & & \vdots & \vdots & & \vdots & \vdots \\ 0 & 0 & \cdots & a & b & \cdots & 0 & 0 \\ 0 & 0 & \cdots & c & d & \cdots & 0 & 0 \\ \vdots & \vdots & & \vdots & \vdots & & \vdots & \vdots \\ 0 & c & \cdots & 0 & 0 & \cdots & d & 0 \\ c & 0 & \cdots & 0 & 0 & \cdots & 0 & d \end{vmatrix}.$$

其中 a,b,c,d 各 n 个.

解 将 D_{2n} 按第一行展开，有

$$D_{2n} = a\begin{vmatrix} a & \cdots & 0 & 0 & \cdots & b & 0 \\ \vdots & & \vdots & \vdots & & \vdots & \vdots \\ 0 & \cdots & a & b & \cdots & 0 & 0 \\ 0 & \cdots & c & d & \cdots & 0 & 0 \\ \vdots & & \vdots & \vdots & & \vdots & \vdots \\ c & \cdots & 0 & 0 & \cdots & d & 0 \\ 0 & \cdots & 0 & 0 & \cdots & 0 & d \end{vmatrix}_{2n-1} - b\begin{vmatrix} 0 & a & \cdots & 0 & 0 & \cdots & b \\ \vdots & \vdots & & \vdots & \vdots & & \vdots \\ 0 & 0 & \cdots & a & b & \cdots & b \\ 0 & 0 & \cdots & c & d & \cdots & 0 \\ \vdots & \vdots & & \vdots & \vdots & & \vdots \\ 0 & c & \cdots & 0 & 0 & \cdots & d \\ c & 0 & \cdots & 0 & 0 & \cdots & 0 \end{vmatrix}_{2n-1}$$

等式右边的第 1 个 $2n-1$ 阶行列式按第 $2n-1$ 行展开，第 2 个 $2n-1$ 阶行列式按第 1 列展开，得

$$D_{2n}=ad\begin{vmatrix} a & \cdots & 0 & 0 & \cdots & b \\ \vdots & & \vdots & \vdots & & \vdots \\ 0 & \cdots & a & b & \cdots & 0 \\ 0 & \cdots & c & d & \cdots & 0 \\ \vdots & & \vdots & \vdots & & \vdots \\ c & \cdots & 0 & 0 & \cdots & d \end{vmatrix}_{2n-2} -bc\begin{vmatrix} a & \cdots & 0 & 0 & \cdots & b \\ \vdots & & \vdots & \vdots & & \vdots \\ 0 & \cdots & a & b & \cdots & 0 \\ 0 & \cdots & c & d & \cdots & 0 \\ \vdots & & \vdots & \vdots & & \vdots \\ c & \cdots & 0 & 0 & \cdots & d \end{vmatrix}_{2n-2}$$

$$=adD_{2n-2}-bcD_{2n-2}=(ad-bc)D_{2n-2}$$

有递推公式

$$D_{2n}=(ad-bc)D_{2(n-1)}$$

所以

$$D_{2n}=(ad-bc)^2D_{2(n-2)}=\cdots=(ad-bc)^{n-1}D_2=(ad-bc)^{n-1}\begin{vmatrix} a & b \\ c & d \end{vmatrix}=(ad-bc)^n.$$

这种计算行列式的方法称为**递推法**.

例 10　证明 n 阶范德蒙德(Vandermonde)行列式

$$V_n=\begin{vmatrix} 1 & 1 & \cdots & 1 \\ x_1 & x_2 & \cdots & x_n \\ x_1^2 & x_2^2 & \cdots & x_n^2 \\ \cdots & \cdots & \cdots & \cdots \\ x_1^{n-1} & x_2^{n-1} & \cdots & x_n^{n-1} \end{vmatrix}=\begin{vmatrix} 1 & x_1 & x_1^2 & \cdots & x_1^{n-1} \\ 1 & x_2 & x_2^2 & \cdots & x_2^{n-1} \\ \vdots & \vdots & \vdots & & \vdots \\ 1 & x_n & x_n^2 & \cdots & x_n^{n-1} \end{vmatrix}=\prod_{1\leqslant j<i\leqslant n}(x_i-x_j)$$

$$=(x_2-x_1)(x_3-x_1)\cdots(x_n-x_1)\cdot(x_3-x_2)\cdots(x_n-x_2)\cdot\cdots\cdot(x_n-x_{n-1})$$

证　利用数学归纳法. 当 $n=2$ 时，有

$$V_2=\begin{vmatrix} 1 & 1 \\ x_1 & x_2 \end{vmatrix}=x_2-x_1$$

此时结论成立. 假设对于 $n-1$ 阶的范德蒙德行列式结论成立，现在来看 n 阶的情形：

$$V_n=\begin{vmatrix} 1 & 1 & \cdots & 1 & 1 \\ x_1 & x_2 & \cdots & x_{n-1} & x_n \\ x_1^2 & x_2^2 & \cdots & x_{n-1}^2 & x_n^2 \\ \vdots & \vdots & & \vdots & \vdots \\ x_1^{n-2} & x_2^{n-2} & \cdots & x_{n-1}^{n-2} & x_n^{n-2} \\ x_1^{n-1} & x_2^{n-1} & \cdots & x_{n-1}^{n-1} & x_n^{n-1} \end{vmatrix}$$

$$\overset{\substack{r_n-x_1r_{n-1}\\ r_{n-1}-x_1r_{n-2}\\ \cdots\cdots\\ r_3-x_1r_2\\ r_2-x_1r_1}}{=\!=\!=}\begin{vmatrix} 1 & 1 & \cdots & 1 & 1 \\ 0 & x_2-x_1 & \cdots & x_{n-1}-x_1 & x_n-x_1 \\ 0 & x_2(x_2-x_1) & \cdots & x_{n-1}(x_{n-1}-x_1) & x_n(x_n-x_1) \\ \vdots & \vdots & & \vdots & \vdots \\ 0 & x_2^{n-3}(x_2-x_1) & \cdots & x_{n-1}^{n-3}(x_{n-1}-x_1) & x_n^{n-3}(x_n-x_1) \\ 0 & x_2^{n-2}(x_2-x_1) & \cdots & x_{n-1}^{n-2}(x_{n-1}-x_1) & x_n^{n-2}(x_n-x_1) \end{vmatrix}$$

$$\overset{\text{按第一列展开}}{=\!=\!=}\begin{vmatrix} x_2-x_1 & x_3-x_1 & \cdots & x_{n-1}-x_1 & x_n-x_1 \\ x_2(x_2-x_1) & x_3(x_3-x_1) & \cdots & x_{n-1}(x_{n-1}-x_1) & x_n(x_n-x_1) \\ \vdots & \vdots & & \vdots & \vdots \\ x_2^{n-3}(x_2-x_1) & x_3^{n-3}(x_3-x_1) & \cdots & x_{n-1}^{n-3}(x_{n-1}-x_1) & x_n^{n-3}(x_n-x_1) \\ x_2^{n-2}(x_2-x_1) & x_3^{n-2}(x_2-x_1) & \cdots & x_{n-1}^{n-2}(x_{n-1}-x_1) & x_n^{n-2}(x_n-x_1) \end{vmatrix}$$

$$=(x_2-x_1)(x_3-x_1)\cdots(x_{n-1}-x_1)(x_n-x_1)\begin{vmatrix} 1 & 1 & \cdots & 1 & 1 \\ x_2 & x_3 & \cdots & x_{n-1} & x_n \\ x_2^2 & x_3^2 & \cdots & x_{n-1}^2 & x_n^2 \\ \vdots & \vdots & & \vdots & \vdots \\ x_2^{n-2} & x_3^{n-2} & \cdots & x_{n-1}^{n-2} & x_n^{n-2} \end{vmatrix}$$

$$=(x_2-x_1)(x_3-x_1)\cdots(x_{n-1}-x_1)(x_n-x_1)\prod_{2\leqslant j<i\leqslant n}(x_i-x_j)=\prod_{1\leqslant j<i\leqslant n}(x_i-x_j).$$

范德蒙德行列式的特点是 n 个元素 $x_1,x_2,\cdots,x_n$ 的幂次随行(或列)标的增加由 0 到 $n-1$ 不间断地增加. 一般地,如果某个行列式有这样的特点,则可利用范德蒙德行列式去计算该行列式.

例 11　计算三阶行列式

$$D_3=\begin{vmatrix} a & b & c \\ a^2 & b^2 & c^2 \\ b+c & a+c & a+b \end{vmatrix}.$$

解　$D_3\overset{r_3+r_1}{=\!=\!=}\begin{vmatrix} a & b & c \\ a^2 & b^2 & c^2 \\ a+b+c & a+b+c & a+b+c \end{vmatrix}$,第 3 行提取公因子$(a+b+c)$,得

$$D_3=(a+b+c)\begin{vmatrix} a & b & c \\ a^2 & b^2 & c^2 \\ 1 & 1 & 1 \end{vmatrix}\xlongequal[r_2\leftrightarrow r_1]{r_3\leftrightarrow r_2}(a+b+c)\begin{vmatrix} 1 & 1 & 1 \\ a & b & c \\ a^2 & b^2 & c^2 \end{vmatrix}$$

$$=(a+b+c)(b-a)(c-a)(c-b)$$

例 12　设 $D=\begin{vmatrix} 1 & 2 & 3 & 4 \\ 5 & 6 & 7 & 8 \\ 2 & 3 & 4 & 5 \\ 6 & 7 & 8 & 9 \end{vmatrix}$，求 $3A_{12}+7A_{22}+4A_{32}+8A_{42}$.

解　$3A_{12}+7A_{22}+4A_{32}+8A_{42}=\begin{vmatrix} 1 & 3 & 3 & 4 \\ 5 & 7 & 7 & 8 \\ 2 & 4 & 4 & 5 \\ 6 & 8 & 8 & 9 \end{vmatrix}=0.$

若计算 $4A_{12}+7A_{22}+4A_{32}+8A_{42}$，又如何解决呢?

§7　克拉默(Cramer)法则

本节讨论行列式在解线性方程组方面的应用. 将第一节中利用行列式解二元线性方程组推广到利用行列式解 n 元线性方程组. 利用行列式解线性方程组，是由 Maclaurin 开创的(可能在 1729 年)，Cramer 在这方面做出了主要贡献，而 Bezout 给出了齐次线性方程组有非零解的条件.

考察 n 个方程 n 个未知数的线性方程组

$$\begin{cases} a_{11}x_1+a_{12}x_2+\cdots+a_{1n}x_n=b_1 \\ a_{21}x_1+a_{22}x_2+\cdots+a_{2n}x_n=b_2 \\ \cdots\cdots\cdots\cdots\cdots\cdots\cdots\cdots\cdots\cdots \\ a_{n1}x_1+a_{n2}x_2+\cdots+a_{nn}x_n=b_n \end{cases} \tag{1.7.1}$$

定理 1.7.1(Cramer 法则)　如果线性方程组(1.7.1)的**系数行列式**

$$D=\begin{vmatrix} a_{11} & a_{12} & \cdots & a_{1n} \\ a_{21} & a_{22} & \cdots & a_{2n} \\ \vdots & \vdots & & \vdots \\ a_{n1} & a_{n2} & \cdots & a_{nn} \end{vmatrix}\neq 0$$

则线性方程组(1.7.1)有惟一解，且解可以表示为

$$x_1=\frac{D_1}{D},x_2=\frac{D_2}{D},\cdots,x_n=\frac{D_n}{D} \tag{1.7.2}$$

其中

$$D_j=\begin{vmatrix} a_{11} & \cdots & a_{1,j-1} & b_1 & a_{1,j+1} & \cdots & a_{1n} \\ a_{21} & \cdots & a_{2,j-1} & b_2 & a_{2,j+1} & \cdots & a_{2n} \\ \vdots & & \vdots & \vdots & \vdots & & \vdots \\ a_{n1} & \cdots & a_{n,j-1} & b_n & a_{n,j+1} & \cdots & a_{nn} \end{vmatrix},j=1,2,\cdots,n$$

即 D_j 是将线性方程组(1.7.1)的系数行列式 D 的第 j 列元素依次用线性方程组(1.7.1)的右边的常数项 $b_1,b_2,\cdots,b_n$ 代替所得到的 n 阶行列式.

证 先证(1.7.2)是线性方程组(1.7.1)的解.将(1.7.2)代入方程组(1.7.1)的第 $i(i=1,2,\cdots,n)$ 个方程的左边,有

$$a_{i1}\frac{D_1}{D}+a_{i2}\frac{D_2}{D}+\cdots+a_{in}\frac{D_n}{D}=\frac{1}{D}\sum_{j=1}^{n}a_{ij}D_j \tag{1.7.3}$$

把 D_j 按第 j 列展开,得

$$D_j=b_1A_{1j}+b_2A_{2j}+\cdots+b_nA_{nj}=\sum_{k=1}^{n}b_kA_{kj} \tag{1.7.4}$$

其中 $A_{1j},A_{2j},\cdots,A_{nj}$ 为方程组(1.7.1)的系数行列式 D 的第 j 列元素的代数余子式.将(1.7.4)代入(1.7.3),得

$$a_{i1}\frac{D_1}{D}+a_{i2}\frac{D_2}{D}+\cdots+a_{in}\frac{D_n}{D}=\frac{1}{D}\sum_{j=1}^{n}a_{ij}\left(\sum_{k=1}^{n}b_kA_{kj}\right)=\frac{1}{D}\sum_{k=1}^{n}b_k\left(\sum_{j=1}^{n}a_{ij}A_{kj}\right)$$

由行列式按行(或列)展开定理,得

$$\sum_{j=1}^{n}a_{ij}A_{kj}=\begin{cases}D,k=i\\0,k\neq i\end{cases}$$

所以

$$a_{i1}\frac{D_1}{D}+a_{i2}\frac{D_2}{D}+\cdots+a_{in}\frac{D_n}{D}=\frac{1}{D}(b_1\times 0+\cdots+b_i\times D+\cdots+b_n\times 0)=b_i$$

这就证明了(1.7.2)满足方程组(1.7.1)的第 $i(i=1,2,\cdots,n)$ 个方程,由 i 的任意性,知(1.7.2)是方程组(1.7.1)的解.

再证(1.7.2)是线性方程组(1.7.1)的惟一解.设 $x_j=c_j(j=1,2,\cdots,n)$ 为方程组(1.7.1)的解,即

$$\begin{cases}a_{11}c_1+\cdots+a_{1j}c_j+\cdots+a_{1n}c_n=b_1\\a_{21}c_1+\cdots+a_{2j}c_j+\cdots+a_{2n}c_n=b_2\\\cdots\cdots\cdots\cdots\cdots\cdots\cdots\cdots\\a_{n1}c_1+\cdots+a_{nj}c_j+\cdots+a_{nn}c_n=b_n\end{cases} \tag{1.7.5}$$

分别用 $A_{1j},A_{2j},\cdots,A_{nj}$ 乘以(1.7.5)的第 $1,2,\cdots,n$ 个等式,然后相加,得

$$\left(\sum_{k=1}^{n}a_{k1}A_{kj}\right)c_1+\cdots+\left(\sum_{k=1}^{n}a_{kj}A_{kj}\right)c_j+\cdots+\left(\sum_{k=1}^{n}a_{kn}A_{kj}\right)c_n=\sum_{k=1}^{n}b_kA_{kj}=D_j$$

即 $Dc_j=D_j$,当 $D\neq 0$ 时,有

$$c_j=\frac{D_j}{D},j=1,2,\cdots,n$$

这就证明了(1.7.2)是方程组(1.7.1)的惟一解.

例 1 利用行列式求解线性方程组

$$\begin{cases}2x_1+2x_2-\ x_3+\ x_4=4\\4x_1+3x_2-\ x_3+2x_4=6\\8x_1+5x_2-3x_3+4x_4=12\\3x_1+3x_2-2x_3+2x_4=6\end{cases}$$

解 方程组的系数行列式

$$D=\begin{vmatrix}2&2&-1&1\\4&3&-1&2\\8&5&-3&4\\3&3&-2&2\end{vmatrix}\xlongequal[\substack{c_1-c_2\\c_2-2c_4\\c_3+c_4}]{}\begin{vmatrix}0&0&0&1\\1&-1&1&2\\3&-3&1&4\\0&-1&0&2\end{vmatrix}\xlongequal{\text{按第一行展开}}-\begin{vmatrix}1&-1&1\\3&-3&1\\0&-1&0\end{vmatrix}$$

$$\xlongequal{\text{按第3行展开}}-\begin{vmatrix}1&1\\3&1\end{vmatrix}=2\neq 0$$

所以该方程组有惟一解. 由于

$$D_1=\begin{vmatrix}4&2&-1&1\\6&3&-1&2\\12&5&-3&4\\6&3&-2&2\end{vmatrix}=2,D_2=\begin{vmatrix}2&4&-1&1\\4&6&-1&2\\8&12&-3&4\\3&6&-2&2\end{vmatrix}=2,$$

$$D_3=\begin{vmatrix}2&2&4&1\\4&3&6&2\\8&5&12&4\\3&3&6&2\end{vmatrix}=-2,D_4=\begin{vmatrix}2&2&-1&4\\4&3&-1&6\\8&5&-3&12\\3&3&-2&6\end{vmatrix}=-2$$

所以方程组的解为

$$x_1=\frac{D_1}{D}=1,x_2=\frac{D_2}{D}=1,x_3=\frac{D_3}{D}=-1,x_4=\frac{D_4}{D}=-1.$$

从例 1 可以看出,利用 Cramer 法则在解 n 个方程 n 个未知数的线性方程组时,需要计算 $n+1$ 个 n 阶行列式,因此,在求解线性方程组时 Cramer 法则

是不实用的(求解线性方程组的一般方法见第三章),但这并不影响 Cramer 法则在讨论线性方程组理论方面的重要作用. 抛开线性方程组的求解,Cramer 法则可以叙述为:

定理 1.7.2 如果线性方程组(1.7.1)的系数行列式 $D\neq0$,则(1.7.1)有惟一解.

例 2 讨论 λ 为何值时,线性方程组

$$\begin{cases}\lambda x_1+x_2+x_3=1\\ x_1+\lambda x_2+x_3=\lambda\\ x_1+x_2+\lambda x_3=\lambda^2\end{cases}$$

有惟一解.

解 方程组的系数行列式

$$D=\begin{vmatrix}\lambda & 1 & 1\\ 1 & \lambda & 1\\ 1 & 1 & \lambda\end{vmatrix}\xlongequal[r_1+r_3]{r_1+r_2}\begin{vmatrix}\lambda+2 & \lambda+2 & \lambda+2\\ 1 & \lambda & 1\\ 1 & 1 & \lambda\end{vmatrix}=(\lambda+2)\begin{vmatrix}1 & 1 & 1\\ 1 & \lambda & 1\\ 1 & 1 & \lambda\end{vmatrix}$$

$$\xlongequal[r_3-r_1]{r_2-r_1}(\lambda+2)\begin{vmatrix}1 & 1 & 1\\ 0 & \lambda-1 & 0\\ 0 & 0 & \lambda-1\end{vmatrix}=(\lambda+2)(\lambda-1)^2$$

当 $D\neq0$,即 $\lambda\neq-2$ 且 $\lambda\neq1$ 时,线性方程组有惟一解.

在方程组(1.7.1)中,若 $b_1=b_2=\cdots=b_n=0$,即

$$\begin{cases}a_{11}x_1+a_{12}x_2+\cdots+a_{1n}x_n=0\\ a_{21}x_1+a_{22}x_2+\cdots+a_{2n}x_n=0\\ \cdots\cdots\cdots\cdots\cdots\cdots\\ a_{n1}x_1+a_{n2}x_2+\cdots+a_{nn}x_n=0\end{cases}\tag{1.7.6}$$

称其为**齐次线性方程组**. 显然,齐次线性方程组至少有一个零解;将定理 1.7.1 应用于齐次线性方程组(1.7.6),有

推论 1 如果齐次线性方程组(1.7.6)的系数行列式 $D\neq0$,则齐次线性方程组(1.7.6)只有零解.

推论 1 的逆否命题是:

推论 2 如果齐次线性方程组(1.7.6)有非零解,则其系数行列式 $D=0$.

例 3 如果齐次线性方程组

$$\begin{cases}\lambda x_1+x_2+x_3=0\\ x_1+\lambda x_2+x_3=0\\ x_1+x_2+\lambda x_3=0\end{cases}$$

有非零解,求 λ 的值.

解　方程组的系数行列式 $D=\begin{vmatrix}\lambda & 1 & 1\\ 1 & \lambda & 1\\ 1 & 1 & \lambda\end{vmatrix}=(\lambda-1)^2(\lambda+2)$(参考例 2),方程组有非零解,则 $D=0$,所以 $\lambda=1$ 或 $\lambda=-2$.

习题一

1. 计算下列行列式:

(1) $\begin{vmatrix}1 & 2 & 3\\ 3 & 1 & 2\\ 2 & 3 & 1\end{vmatrix}$;　(2) $\begin{vmatrix}1 & -1 & 1\\ 2 & 4 & 1\\ 1 & 0 & 3\end{vmatrix}$;

(3) $\begin{vmatrix}a & b & c\\ b & c & a\\ c & a & b\end{vmatrix}$;　(4) $\begin{vmatrix}1 & 1 & 1\\ a & b & c\\ a^2 & b^2 & c^2\end{vmatrix}$.

2. 按从小到大为标准次序,求下列各排列的逆序数.

(1) 25314;　(2) 614523;　(3) $13\cdots(2n-1)24\cdots(2n)$.

3. 写出四阶行列式中含有因子 $a_{11}a_{32}$ 的项.

4. 确定下列五阶行列式的项所带的符号:

(1) $a_{12}a_{23}a_{31}a_{45}a_{54}$;　(2) $a_{24}a_{32}a_{15}a_{43}a_{51}$.

5. 计算下列行列式:

(1) $\begin{vmatrix}-ab & ac & ae\\ bd & -cd & de\\ bf & cf & -ef\end{vmatrix}$;　(2) $\begin{vmatrix}1 & 1 & 1 & 1\\ -2 & 2 & 2 & 2\\ -3 & -3 & 3 & 3\\ -4 & -4 & -4 & 4\end{vmatrix}$;

(3) $\begin{vmatrix}a+x & a & a & a\\ a & a+x & a & a\\ a & a & a+x & a\\ a & a & a & a+x\end{vmatrix}$;　(4) $\begin{vmatrix}1 & 2 & -3 & -4\\ -1 & -2 & 5 & -8\\ 0 & -1 & 2 & -1\\ 1 & 3 & -5 & 10\end{vmatrix}$;

(5) $\begin{vmatrix} a_1 & -a_1 & 0 & \cdots & 0 & 0 \\ 0 & a_2 & -a_2 & \cdots & 0 & 0 \\ \cdots & \cdots & \cdots & \cdots & \cdots & \cdots \\ 0 & 0 & 0 & \cdots & a_n & -a_n \\ 1 & 1 & 1 & \cdots & 1 & 1 \end{vmatrix}$.

6. 设$|a_{ij}|=\begin{vmatrix} 1 & 3 & 0 & 12 \\ 2 & 4 & 6 & 8 \\ 1 & 2 & 0 & 3 \\ 5 & 6 & 4 & 3 \end{vmatrix}$,试求$A_{41}+2A_{42}+3A_{44}$和$M_{14}+M_{24}+M_{34}+M_{44}$.

7. 证明：

(1) $\begin{vmatrix} 1 & 1 & 1 \\ x_1 & x_2 & x_3 \\ x_1^3 & x_2^3 & x_3^3 \end{vmatrix}=(x_1x_1+x_2x_3+x_3x_1)\prod\limits_{1\leqslant j<i\leqslant 3}(x_i-x_j)$.

(2) $\begin{vmatrix} 1 & 1 & 1 & \cdots & 1 \\ 1 & a_1 & 0 & \cdots & 0 \\ 1 & 0 & a_2 & \cdots & 0 \\ \vdots & \vdots & \vdots & \cdots & \vdots \\ 1 & 0 & 0 & \cdots & a_n \end{vmatrix}=a_1a_2\cdots a_n\left(1-\sum\limits_{i=1}^{n}\frac{1}{a_i}\right)$,其中$a_i\neq 0, i=1, 2\cdots, n$.

(3) $\begin{vmatrix} 1+a & b & 0 & \cdots & 0 & 0 \\ c & 1+a & b & \cdots & 0 & 0 \\ 0 & c & 1+a & \cdots & 0 & 0 \\ \vdots & \vdots & \vdots & & \vdots & \vdots \\ 0 & 0 & 0 & \cdots & 1+a & b \\ 0 & 0 & 0 & \cdots & c & 1+a \end{vmatrix}=1+a+\cdots+a^n$.

8. 用克拉默法则解下列线性方程组：

(1) $\begin{cases} x_1+x_2+x_3+x_4=5 \\ x_1+2x_2-x_3+4x_4=-2 \\ 2x_1-3x_2-x_3-5x_4=-2 \\ 3x_1+x_2+2x_3+11x_4=0 \end{cases}$　　(2) $\begin{cases} x_1-2x_2+3x_3-4x_4=11 \\ x_2-x_3+x_4=-3 \\ x_1+3x_2+x_4=0 \\ -7x_2+3x_3+x_4=5 \end{cases}$

9. λ取何值时，齐次线性方程组

$$\begin{cases} x_1 - x_2 + x_3 = 0 \\ 2x_1 + \lambda x_2 + (2-\lambda)x_3 = 0 \\ x_1 + (\lambda+1)x_2 = 0 \end{cases}$$

有非零解.

10. 问 λ、μ 取何值时,齐次线性方程组

$$\begin{cases} \lambda x_1 + x_2 + x_3 = 0 \\ x_1 + \mu x_2 + x_3 = 0 \\ x_1 + 2\mu x_2 + x_3 = 0 \end{cases}$$

有非零解.

第二章　矩阵及其运算

矩阵是线性代数最基本的概念，也是数学中最有力的工具之一．名词“矩阵(Matrix)”是由 Sylvester 首先使用，而 Cayley 首先指出矩阵本身，并发表了一系列文章，所以 Cayley 被认为是矩阵论的创立者．

本章主要介绍矩阵的线性运算、矩阵的乘法、矩阵的转置、可逆矩阵、分块矩阵、矩阵的初等变换、初等矩阵和矩阵的秩．

§1　矩阵

一、矩阵概念

请看某寝室四位学生的一张期末成绩表：

姓名＼科目	语文	数学	物理	化学	英语	体育
张三	60	70	80	90	88	98
李四	61	71	81	91	68	76
王五	85	75	95	77	86	68
赵六	90	67	87	65	82	89

此表可用下面的一个数表来表示

$$\begin{pmatrix} 60 & 70 & 80 & 90 & 88 & 98 \\ 61 & 71 & 81 & 91 & 68 & 76 \\ 85 & 75 & 95 & 77 & 86 & 68 \\ 90 & 67 & 87 & 65 & 82 & 89 \end{pmatrix}$$

称它为 4 行 6 列的矩阵．一般地，有

定义 2.1.1　由 $m\times n$ 个数 $a_{ij}(i=1,2,\cdots m;j=1,2,\cdots n)$ 按给定顺序排成的 m 行 n 列的数表

$$\begin{pmatrix} a_{11} & a_{12} & \cdots & a_{1n} \\ a_{21} & a_{22} & \cdots & a_{2n} \\ \vdots & \vdots & & \vdots \\ a_{m1} & a_{m2} & \cdots & a_{mn} \end{pmatrix}$$

称为 **m 行 n 列矩阵**，简称 **$m\times n$ 矩阵**，其中 a_{ij} 称为矩阵 $\boldsymbol{A}$ 的第 i 行第 j 列的**元素**，也称为矩阵 $\boldsymbol{A}$ 的 (i,j) 元. $m\times n$ 矩阵可以表示为 $(a_{ij})_{m\times n}$. 一般用大写的英文字母 $\boldsymbol{A},\boldsymbol{B},\boldsymbol{C},\cdots$ 表示矩阵. 规定 $(a_{11})_{1\times 1}=a_{11}$. 注意矩阵记号与行列式记号的区别，不要混淆.

元素均为实数的矩阵称为**实矩阵**，元素有复数的矩阵称为**复矩阵**. 本书如无特殊声明，所讨论的矩阵都是指实矩阵.

二、矩阵的相等

定义 2.1.2　行数与列数分别相等的矩阵称为**同型矩阵**.

如矩阵

$$\boldsymbol{A}=\begin{pmatrix} 1 & 2 \\ 3 & 4 \end{pmatrix} \text{与} \boldsymbol{B}=\begin{pmatrix} a & b \\ c & d \end{pmatrix} \tag{2.1.1}$$

是同型矩阵.

定义 2.1.3　设矩阵 $\boldsymbol{A}=(a_{ij})_{m\times n}$ 与矩阵 $\boldsymbol{B}=(b_{ij})_{m\times n}$ 为同型矩阵，如果它们对应元素相等，即

$$a_{ij}=b_{ij}, i=1,2,\cdots,m; j=1,2,\cdots,n$$

则称矩阵 $\boldsymbol{A}$ 与矩阵 $\boldsymbol{B}$ **相等**，记为 $\boldsymbol{A}=\boldsymbol{B}$.

如在(2.1.1)中，当且仅当 $a=1,b=2,c=3,d=4$ 时，有 $\boldsymbol{A}=\boldsymbol{B}$.

三、特殊矩阵

根据矩阵的形状，可将其分为

1. 行矩阵(或行向量)

只有一行的矩阵称为**行矩阵(或行向量)**. 如矩阵

$$\boldsymbol{A}=(a_1 \quad a_2 \quad \cdots \quad a_n)$$

是行矩阵.

2. 列矩阵(或列向量)

只有一列的矩阵称为**列矩阵(或列向量)**. 如矩阵

$$B=\begin{pmatrix} b_1 \\ b_2 \\ \vdots \\ b_n \end{pmatrix}$$

是列矩阵.

3. **方阵**

行数与列数相等的矩阵称为**方阵**. 如(2.1.1)中的矩阵 $\boldsymbol{A}$ 与 $\boldsymbol{B}$ 是 2×2 矩阵，一般称为 2 阶方阵或 2 阶矩阵；又如

$$A=\begin{pmatrix} a_{11} & a_{12} & \cdots & a_{1n} \\ a_{21} & a_{22} & \cdots & a_{2n} \\ \vdots & \vdots & & \vdots \\ a_{n1} & a_{n2} & \cdots & a_{nn} \end{pmatrix}$$

为 n 阶方阵或 n 阶矩阵，简记为 $\boldsymbol{A}=(a_{ij})_n$. 元素 $a_{11},a_{22},\cdots,a_{nn}$ 所在的直线称为方阵的**主对角线**. 不改变方阵 $\boldsymbol{A}=(a_{ij})_n$ 中元素的排列顺序所构造的 n 阶行列式

$$\begin{vmatrix} a_{11} & a_{12} & \cdots & a_{1n} \\ a_{21} & a_{22} & \cdots & a_{2n} \\ \vdots & \vdots & & \vdots \\ a_{n1} & a_{n2} & \cdots & a_{nn} \end{vmatrix}$$

称为方阵 $\boldsymbol{A}$ 的**行列式**，记为 $|\boldsymbol{A}|$ 或 $\det \boldsymbol{A}$.

根据矩阵的元素可将其分为如下几种.

4. **零矩阵**

元素全为零的矩阵称为**零矩阵**，$m\times n$ 零矩阵记为 $\boldsymbol{O}_{m\times n}$ 或 $\boldsymbol{O}$. 值得注意的是，不同型的零矩阵是不相等的. 如

$$O_2=\begin{pmatrix} 0 & 0 \\ 0 & 0 \end{pmatrix}\neq O_3=\begin{pmatrix} 0 & 0 & 0 \\ 0 & 0 & 0 \\ 0 & 0 & 0 \end{pmatrix}$$

5. **单位矩阵**

主对角线上的元素全为 1，其他元素全为零的 n 阶方阵称为 n 阶**单位矩阵**，记为 $\boldsymbol{E}_n$，简记为 $\boldsymbol{E}$，即

$$E_n=\begin{pmatrix}1 & & & \\ & 1 & & \\ & & \ddots & \\ & & & 1\end{pmatrix}$$

不同阶的单位矩阵是不相等的.

6. 数量矩阵(或纯量矩阵)

主对角线上的元素相等,其他元素全为零的 n 阶方阵称为**数量矩阵**(**或纯量矩阵**). 如

$$\begin{pmatrix}k & & & \\ & k & & \\ & & \ddots & \\ & & & k\end{pmatrix}$$

为 n 阶数量矩阵,记为 $k\boldsymbol{E}_n$ 或 $k\boldsymbol{E}$.

7. 对角矩阵

不在主对角线上的元素全为零的 n 阶方阵称为**对角矩阵**. 如矩阵

$$\begin{pmatrix}\lambda_1 & & & \\ & \lambda_2 & & \\ & & \ddots & \\ & & & \lambda_n\end{pmatrix}$$

为 n 阶对角矩阵,记为 $\boldsymbol{\Lambda}_n$,简记为 $\boldsymbol{\Lambda}$ 或 $diag(\lambda_1,\lambda_2,\cdots,\lambda_n)$.

8. 三角矩阵

主对角线以下(或上)的元素全为零的 n 阶方阵称为**上(或下)三角矩阵**. 如矩阵

$$\begin{pmatrix}a_{11} & a_{12} & \cdots & a_{1n} \\ & a_{22} & \cdots & a_{2n} \\ \boldsymbol{O} & & \ddots & \vdots \\ & & & a_{nn}\end{pmatrix}$$

为 n 阶上三角矩阵;而矩阵

$$\begin{pmatrix}a_{11} & & & \boldsymbol{O} \\ a_{21} & a_{22} & & \\ \vdots & \vdots & \ddots & \\ a_{n1} & a_{n2} & \cdots & a_{nn}\end{pmatrix}$$

为 n 阶下三角矩阵.

§2 矩阵的基本运算

本节介绍矩阵的基本运算，它们是由 Cayley 给出的. 在学习矩阵的基本运算时，应注意它们与数的对应运算的区别.

一、数乘矩阵

定义 2.2.1 设 $m\times n$ 矩阵 $\boldsymbol{A}=(a_{ij})_{m\times n}$，$\lambda$ 是实数，则数 λ 与矩阵 $\boldsymbol{A}$ 的乘积称为数 λ 与矩阵 $\boldsymbol{A}$ 的**数量乘积**，记为 $\lambda\boldsymbol{A}$，它是一个 $m\times n$ 矩阵，且其第 i 行第 j 列元素等于数 λ 乘以 $\boldsymbol{A}$ 的第 i 行第 j 列元素 a_{ij}，即

$$\lambda\boldsymbol{A}=(\lambda a_{ij})_{m\times n}=\begin{pmatrix}\lambda a_{11} & \lambda a_{12} & \cdots & \lambda a_{1n}\\ \lambda a_{21} & \lambda a_{22} & \cdots & \lambda a_{2n}\\ \vdots & \vdots & & \vdots\\ \lambda a_{m1} & \lambda a_{m2} & \cdots & \lambda a_{mn}\end{pmatrix}$$

特别地，$m\times n$ 矩阵

$$(-1)\boldsymbol{A}=\begin{pmatrix}-a_{11} & -a_{12} & \cdots & -a_{1n}\\ -a_{21} & -a_{22} & \cdots & -a_{2n}\\ \vdots & \vdots & & \vdots\\ -a_{m1} & -a_{m2} & \cdots & -a_{mn}\end{pmatrix}$$

称为 $\boldsymbol{A}$ 的**负矩阵**，记为 $-\boldsymbol{A}$，即

$$(-1)\boldsymbol{A}=-\boldsymbol{A}$$

要注意数乘矩阵与数乘行列式的区别. 如设 $\boldsymbol{A}=\begin{pmatrix}1 & 2\\ 3 & 4\end{pmatrix}$，则

$$2\boldsymbol{A}=\begin{pmatrix}2 & 4\\ 6 & 8\end{pmatrix},2|\boldsymbol{A}|=2\begin{vmatrix}1 & 2\\ 3 & 4\end{vmatrix}\xlongequal{r_1\times 2}\begin{vmatrix}2 & 4\\ 3 & 4\end{vmatrix}=-4,$$

$$|2\boldsymbol{A}|=\begin{vmatrix}2 & 4\\ 6 & 8\end{vmatrix}=2^2\begin{vmatrix}1 & 2\\ 3 & 4\end{vmatrix}=2^2|\boldsymbol{A}|=-8.$$

我们注意到 $|2\boldsymbol{A}|=2^2|\boldsymbol{A}|\neq 2|\boldsymbol{A}|$.

由定义，很容易得到数乘矩阵满足下面的运算规律：

性质 1 $\lambda(\mu\boldsymbol{A})=(\lambda\mu)\boldsymbol{A}=\mu(\lambda\boldsymbol{A})$，其中 λ,μ 为实数.

性质 2 $0\boldsymbol{A}=\boldsymbol{O},\lambda\boldsymbol{O}=\boldsymbol{O}$，其中 λ 为实数.

性质 3 设 $\boldsymbol{A}$ 为 n 阶方阵，λ 为实数，则 $|\lambda\boldsymbol{A}|=\lambda^n|\boldsymbol{A}|$.

二、矩阵加法

定义 2.2.2　设矩阵 $\boldsymbol{A}=(a_{ij})_{m\times n}$ 与矩阵 $\boldsymbol{B}=(b_{ij})_{m\times n}$ 都是 $m\times n$ 矩阵，称 $m\times n$ 矩阵

$$(a_{ij}+b_{ij})_{m\times n}$$

为矩阵 $\boldsymbol{A}$ 与矩阵 $\boldsymbol{B}$ 之和，记为 $\boldsymbol{A}+\boldsymbol{B}$，即

$$\boldsymbol{A}+\boldsymbol{B}=(a_{ij}+b_{ij})_{m\times n}$$

而矩阵 $\boldsymbol{A}$ 与矩阵 $\boldsymbol{B}$ 之差定义为

$$\boldsymbol{A}-\boldsymbol{B}=\boldsymbol{A}+(-\boldsymbol{B})$$

如设 $\boldsymbol{A}=\begin{pmatrix}1&2&3\\4&5&6\end{pmatrix}$，$\boldsymbol{B}=\begin{pmatrix}1&3&5\\5&3&1\end{pmatrix}$，则

$$\boldsymbol{A}+\boldsymbol{B}=\begin{pmatrix}2&5&8\\9&8&7\end{pmatrix},\boldsymbol{A}-\boldsymbol{B}=\begin{pmatrix}0&-1&-2\\-1&2&5\end{pmatrix}$$

值得注意的是，只有同型矩阵的加、减法才有意义.

矩阵加法满足下面的运算规律：

性质 1　$\boldsymbol{A}+\boldsymbol{B}=\boldsymbol{B}+\boldsymbol{A}$.

性质 2　$(\boldsymbol{A}+\boldsymbol{B})+\boldsymbol{C}=\boldsymbol{A}+(\boldsymbol{B}+\boldsymbol{C})$.

性质 3　$\boldsymbol{A}+\boldsymbol{O}=\boldsymbol{A}$，$\boldsymbol{A}+(-\boldsymbol{A})=\boldsymbol{O}$，其中 $\boldsymbol{O}$ 与 $\boldsymbol{A}$ 是同型矩阵.

性质 4　$\lambda(\boldsymbol{A}+\boldsymbol{B})=\lambda\boldsymbol{A}+\lambda\boldsymbol{B}$，$(\lambda+\mu)\boldsymbol{A}=\lambda\boldsymbol{A}+\mu\boldsymbol{A}$，其中 λ,μ 为实数.

例 1　设 $\boldsymbol{A}=\begin{pmatrix}a_1&x&u\\b_1&y&v\\c_1&z&w\end{pmatrix}$，$\boldsymbol{B}=\begin{pmatrix}a_2&x&u\\b_2&y&v\\c_2&z&w\end{pmatrix}$，且 $|\boldsymbol{A}|=4$，$|\boldsymbol{B}|=1$，求 $|\boldsymbol{A}+\boldsymbol{B}|$.

解　$\boldsymbol{A}+\boldsymbol{B}=\begin{pmatrix}a_1+a_2&2x&2u\\b_1+b_2&2y&2v\\c_1+c_2&2z&2w\end{pmatrix}$，则

$$|\boldsymbol{A}+\boldsymbol{B}|=\begin{vmatrix}a_1+a_2&2x&2u\\b_1+b_2&2y&2v\\c_1+c_2&2z&2w\end{vmatrix}=4\begin{vmatrix}a_1+a_2&x&u\\b_1+b_2&y&v\\c_1+c_2&z&w\end{vmatrix}=4(|\boldsymbol{A}|+|\boldsymbol{B}|)=20$$

例 1 表明，$|\boldsymbol{A}\pm\boldsymbol{B}|\neq|\boldsymbol{A}|\pm|\boldsymbol{B}|$.

三、矩阵乘法

定义 2.2.3　设 $\boldsymbol{A}=(a_{ij})_{m\times s}$ 为 $m\times s$ 矩阵，$\boldsymbol{B}=(b_{ij})_{s\times n}$ 为 $s\times n$ 矩阵，定义

矩阵 $\boldsymbol{A}$ 与 $\boldsymbol{B}$ 的乘积

$$\boldsymbol{AB}=\boldsymbol{C}=(c_{ij})_{m\times n}$$

是一个 $m\times n$ 矩阵，其中 $\boldsymbol{AB}$ 的第 i 行第 j 列元素

$$c_{ij}=a_{i1}b_{1j}+a_{i2}b_{2j}+\cdots+a_{is}b_{sj}\quad (i=1,2,\cdots m;j=1,2,\cdots,n)$$

对于矩阵乘法，要注意以下三点：

(1) 只有左矩阵 $\boldsymbol{A}$ 的列数等于右矩阵 $\boldsymbol{B}$ 的行数时，$\boldsymbol{AB}$ 才有意义；

(2) $\boldsymbol{AB}$ 的行数等于左矩阵 $\boldsymbol{A}$ 的行数，$\boldsymbol{AB}$ 的列数等于右矩阵 $\boldsymbol{B}$ 的列数；

(3) $\boldsymbol{AB}$ 的第 i 行第 j 列元素等于左矩阵 $\boldsymbol{A}$ 的第 i 行元素与右矩阵 $\boldsymbol{B}$ 的第 j 列对应元素的乘积之和.

例 2 设 $\boldsymbol{A}=\begin{pmatrix}-2 & 4 & -8\\ 1 & -2 & 4\end{pmatrix}$，$\boldsymbol{B}=\begin{pmatrix}2 & 4\\ -3 & -6\end{pmatrix}$，求 $\boldsymbol{AB}$ 与 $\boldsymbol{BA}$.

解 $\boldsymbol{A}$ 是 2×3 矩阵，$\boldsymbol{B}$ 是 2×2 矩阵，因为 $\boldsymbol{A}$ 的列数不等于 $\boldsymbol{B}$ 的行数，所以 $\boldsymbol{AB}$ 无意义. $\boldsymbol{B}$ 的列数等于 $\boldsymbol{A}$ 的行数，则 $\boldsymbol{BA}$ 有意义，且

$$\boldsymbol{BA}=\begin{pmatrix}2 & 4\\ -3 & -6\end{pmatrix}\begin{pmatrix}-2 & 4 & -8\\ 1 & -2 & 4\end{pmatrix}$$

$$=\begin{pmatrix}2\times(-2)+4\times 1 & 2\times 4+4\times(-2) & 2\times(-8)+4\times 4\\ (-3)\times(-2)+(-6)\times 1 & (-3)\times 4+(-6)\times(-2) & (-3)\times(-8)+(-6)\times 4\end{pmatrix}$$

$$=\begin{pmatrix}0 & 0 & 0\\ 0 & 0 & 0\end{pmatrix}=\boldsymbol{O}$$

例 2 表明，矩阵乘法不满足交换律，即 $\boldsymbol{AB}$ 一般不等于 $\boldsymbol{BA}$；而且两个非零矩阵的乘积可以是零矩阵，所以由 $\boldsymbol{AB}=\boldsymbol{O}$，不能推出 $\boldsymbol{A}=\boldsymbol{O}$ 或 $B=\boldsymbol{O}$，这与数的乘法不同，要特别注意.

例 3 设 $\boldsymbol{A}=\begin{pmatrix}1 & 2\\ 2 & 4\end{pmatrix}$，$\boldsymbol{B}=\begin{pmatrix}1 & 3\\ -2 & -1\end{pmatrix}$，$\boldsymbol{C}=\begin{pmatrix}-7 & 5\\ 2 & -2\end{pmatrix}$，求 $\boldsymbol{AB}$ 与 $\boldsymbol{AC}$.

解 $\boldsymbol{AB}=\begin{pmatrix}1 & 2\\ 2 & 4\end{pmatrix}\begin{pmatrix}1 & 3\\ -2 & -1\end{pmatrix}=\begin{pmatrix}-3 & 1\\ -6 & 2\end{pmatrix}$，

$$\boldsymbol{AC}=\begin{pmatrix}1 & 2\\ 2 & 4\end{pmatrix}\begin{pmatrix}-7 & 5\\ 2 & -2\end{pmatrix}=\begin{pmatrix}-3 & 1\\ -6 & 2\end{pmatrix}$$

例 3 表明，虽然 $\boldsymbol{AB}=\boldsymbol{AC}$，且 $\boldsymbol{A}\neq\boldsymbol{O}$，但 $\boldsymbol{B}\neq\boldsymbol{C}$，可见，矩阵乘法不满足消去律.

例 4 设 $\boldsymbol{A}=(a_1\quad a_2\quad \cdots\quad a_n)$，$\boldsymbol{B}=\begin{pmatrix}b_1\\ b_2\\ \vdots\\ b_n\end{pmatrix}$，求 $\boldsymbol{AB}$ 与 $\boldsymbol{BA}$.

解

$$AB=(a_1\quad a_2\quad \cdots\quad a_n)\begin{pmatrix}b_1\\b_2\\\vdots\\b_n\end{pmatrix}=a_1b_1+a_2b_2+\cdots+a_nb_n$$

$$BA=\begin{pmatrix}b_1\\b_2\\\vdots\\b_n\end{pmatrix}(a_1\quad a_2\quad \cdots\quad a_n)=\begin{pmatrix}b_1a_1 & b_1a_2 & \cdots & b_1a_n\\b_2a_1 & b_2a_2 & \cdots & b_2a_n\\\vdots & \vdots & & \vdots\\b_na_1 & b_na_2 & \cdots & b_na_n\end{pmatrix}$$

例 4 表明,行矩阵与列矩阵的乘积在有意义的情形下是一个数,而列矩阵与行矩阵的乘积在有意义的情形下是一个矩阵.

例 5　设 $\boldsymbol{A}=diag(\lambda_1,\lambda_2,\cdots,\lambda_n)$,$\boldsymbol{B}=diag(\mu_1,\mu_2,\cdots,\mu_n)$都是 n 阶对角矩阵,求 $\boldsymbol{AB}$ 与 $\boldsymbol{BA}$.

解

$$AB=\begin{pmatrix}\lambda_1 & 0 & \cdots & 0\\0 & \lambda_2 & \cdots & 0\\\vdots & \vdots & & \vdots\\0 & 0 & \cdots & \lambda_n\end{pmatrix}\begin{pmatrix}\mu_1 & 0 & \cdots & 0\\0 & \mu_2 & \cdots & 0\\\vdots & \vdots & & \vdots\\0 & 0 & \cdots & \mu_n\end{pmatrix}=\begin{pmatrix}\lambda_1\mu_1 & 0 & \cdots & 0\\0 & \lambda_2\mu_2 & \cdots & 0\\\vdots & \vdots & & \vdots\\0 & 0 & \cdots & \lambda_n\mu_n\end{pmatrix}$$

$$BA=\begin{pmatrix}\mu_1 & 0 & \cdots & 0\\0 & \mu_2 & \cdots & 0\\\vdots & \vdots & & \vdots\\0 & 0 & \cdots & \mu_n\end{pmatrix}\begin{pmatrix}\lambda_1 & 0 & \cdots & 0\\0 & \lambda_2 & \cdots & 0\\\vdots & \vdots & & \vdots\\0 & 0 & \cdots & \lambda_n\end{pmatrix}=\begin{pmatrix}\lambda_1\mu_1 & 0 & \cdots & 0\\0 & \lambda_2\mu_2 & \cdots & 0\\\vdots & \vdots & & \vdots\\0 & 0 & \cdots & \lambda_n\mu_n\end{pmatrix}$$

在例 5 中,有 $\boldsymbol{AB}=\boldsymbol{BA}$. 习惯上,如果矩阵 $\boldsymbol{A}$ 与 $\boldsymbol{B}$ 满足 $\boldsymbol{AB}=\boldsymbol{BA}$,就称矩阵 $\boldsymbol{A}$ 与 $\boldsymbol{B}$ **可交换**. 例 5 表明,同阶对角矩阵的乘积还是对角矩阵,且它们是可交换的.

考虑线性方程组

$$\begin{cases}a_{11}x_1+a_{12}x_2+\cdots+a_{1n}x_n=b_1\\a_{21}x_1+a_{22}x_2+\cdots+a_{2n}x_n=b_2\\\cdots\cdots\cdots\cdots\cdots\cdots\cdots\cdots\\a_{m1}x_1+a_{m2}x_2+\cdots+a_{mn}x_n=b_m\end{cases}\tag{2.2.1}$$

令

$$A=\begin{pmatrix}a_{11} & a_{12} & \cdots & a_{1n}\\a_{21} & a_{22} & \cdots & a_{2n}\\\vdots & \vdots & & \vdots\\a_{m1} & a_{m2} & \cdots & a_{mn}\end{pmatrix},B=\begin{pmatrix}b_1\\b_2\\\vdots\\b_m\end{pmatrix},X=\begin{pmatrix}x_1\\x_2\\\vdots\\x_n\end{pmatrix}$$

由矩阵乘法,(2.2.1)可以表示为

$$AX=B \tag{2.2.2}$$

称其为线性方程组(2.2.1)的矩阵形式,其中矩阵 A 称为线性方程组(2.2.1)的**系数矩阵**. 正是由于有了矩阵乘法,(2.2.2)才与一元一次方程的标准形式 $ax=b$ 有相似的形式. 虽然矩阵乘法不满足交换律,但矩阵乘法满足以下运算规律:(假设相关运算都有意义)

性质 1 结合律:$(AB)C=A(BC)$.

性质 2 分配律:$(A+B)C=AC+BC$,$(B+C)A=BA+CA$.

性质 3 $(\lambda A)B=\lambda(AB)=A(\lambda B)$,其中 λ 是实数.

性质 4 $AO=O,OA=O;AE=A,EA=A$.

性质 5 设 A,B 都是 n 阶方阵,则 $|AB|=|A|\cdot|B|$.

值得注意的是,虽然一般地 $AB\neq BA$,但由性质 5,得

$$|AB|=|A|\cdot|B|=|B|\cdot|A|=|BA|.$$

四、方阵的幂

定义 2.2.4 设 A 为 n 阶方阵,定义

$$A^1=A;A^2=A^1A=AA;\ \cdots\ ;A^k=A^{k-1}A=\underbrace{AA\cdots A}_{k个}$$

称 A^k 为 n 阶方阵 A **的** k **次幂**,其中 k 为正整数.

注意只有方阵才有幂. 由方阵幂的定义,设 k,l 为正整数,则

$$A^kA^l=A^{k+l},(A^k)^l=A^{kl},|A^k|=|A|^k$$

但一般地 $(AB)^k\neq A^kB^k$.

例 6 设 3 阶方阵 $A=\begin{pmatrix}0&1&0\\0&0&1\\0&0&0\end{pmatrix}$,求 A^2,A^3.

解
$$A^2=A\cdot A=\begin{pmatrix}0&1&0\\0&0&1\\0&0&0\end{pmatrix}\begin{pmatrix}0&1&0\\0&0&1\\0&0&0\end{pmatrix}=\begin{pmatrix}0&0&1\\0&0&0\\0&0&0\end{pmatrix};$$

$$A^3=A^2\cdot A=\begin{pmatrix}0&0&1\\0&0&0\\0&0&0\end{pmatrix}\begin{pmatrix}0&1&0\\0&0&1\\0&0&0\end{pmatrix}=\begin{pmatrix}0&0&0\\0&0&0\\0&0&0\end{pmatrix}=O.$$

请思考：设 n 阶方阵 $\boldsymbol{A}=\begin{pmatrix} 0 & 1 & 0 & \cdots & 0 & 0 \\ 0 & 0 & 1 & \cdots & 0 & 0 \\ \vdots & \vdots & \vdots & & \vdots & \vdots \\ 0 & 0 & 0 & \cdots & 0 & 1 \\ 0 & 0 & 0 & \cdots & 0 & 0 \end{pmatrix}$，由例 6，读者能快速写出 $\boldsymbol{A}^2,\boldsymbol{A}^3,\boldsymbol{A}^k(k\geqslant n)$ 吗？

例 7　设 n 阶对角矩阵 $\boldsymbol{\Lambda}=diag(\lambda_1,\lambda_2,\cdots,\lambda_n)$，求 Λ^k.

解　由例 5，得

$$\boldsymbol{\Lambda}^2=diag(\lambda_1^2,\lambda_2^2,\cdots,\lambda_n^2)$$
$$\boldsymbol{\Lambda}^3=diag(\lambda_1^3,\lambda_2^3,\cdots,\lambda_n^3)$$

由数学归纳法，得

$$\boldsymbol{\Lambda}^k=diag(\lambda_1^k,\lambda_2^k,\cdots,\lambda_n^k)$$

例 7 表明，对角矩阵 $\boldsymbol{\Lambda}$ 的 k 次幂 $\boldsymbol{\Lambda}^k$ 还是对角矩阵，$\boldsymbol{\Lambda}^k$ 的主对角线上的元素分别等于 $\boldsymbol{\Lambda}$ 的主对角线上元素的 k 次幂.

例 8　设 $\boldsymbol{A}=(a_1\quad a_2\quad\cdots\quad a_n)$，$\boldsymbol{B}=\begin{pmatrix} b_1 \\ b_2 \\ \vdots \\ b_n \end{pmatrix}$，求 $(\boldsymbol{BA})^k$.

解　由例 4 知，$\boldsymbol{AB}$ 是数，$\boldsymbol{BA}$ 是方阵，从而

$$(\boldsymbol{BA})^k=\underbrace{(\boldsymbol{BA})(\boldsymbol{BA})(\boldsymbol{BA})\cdots(\boldsymbol{BA})}_{k}=\boldsymbol{B}\underbrace{(\boldsymbol{AB})(\boldsymbol{AB})\cdots(\boldsymbol{AB})}_{k-1}\boldsymbol{A}=(\boldsymbol{AB})^{k-1}(\boldsymbol{BA})$$

$$=\left(\sum_{i=1}^{n}a_ib_i\right)^{k-1}\begin{pmatrix} b_1a_1 & b_1a_2 & \cdots & b_1a_n \\ b_2a_1 & b_2a_2 & \cdots & b_2a_n \\ \vdots & \vdots & & \vdots \\ b_na_1 & b_na_2 & \cdots & b_na_n \end{pmatrix}$$

需要指出的是，初等代数中的一些公式在矩阵运算中一般不成立，如

$$(\boldsymbol{A}\pm\boldsymbol{B})^2\neq\boldsymbol{A}^2\pm2\boldsymbol{AB}+\boldsymbol{B}^2;\boldsymbol{A}^2-\boldsymbol{B}^2\neq(\boldsymbol{A}+\boldsymbol{B})(\boldsymbol{A}-\boldsymbol{B})$$

但当 $\boldsymbol{A}$ 与 $\boldsymbol{B}$ 可交换时，有

$$(\boldsymbol{A}\pm\boldsymbol{B})^2=\boldsymbol{A}^2\pm2\boldsymbol{AB}+\boldsymbol{B}^2;\boldsymbol{A}^2-\boldsymbol{B}^2=(\boldsymbol{A}+\boldsymbol{B})(\boldsymbol{A}-\boldsymbol{B})$$

例 9　设 $\boldsymbol{A},\boldsymbol{B}$ 为 n 阶矩阵且 $\boldsymbol{A}=\dfrac{\boldsymbol{B}+\boldsymbol{E}}{2}$，证明：$\boldsymbol{A}^2=\boldsymbol{A}$ 的充分必要条件是 $\boldsymbol{B}^2=\boldsymbol{E}$.

证

必要性：由 $\boldsymbol{A}^2=\boldsymbol{A}$，即 $\left(\frac{\boldsymbol{B}+\boldsymbol{E}}{2}\right)^2=\frac{\boldsymbol{B}+\boldsymbol{E}}{2}$，有 $\boldsymbol{B}^2+2\boldsymbol{B}+\boldsymbol{E}=2\boldsymbol{B}+2\boldsymbol{E}$，所以 $\boldsymbol{B}^2=\boldsymbol{E}$.

充分性：$\boldsymbol{A}^2=\left(\frac{\boldsymbol{B}+\boldsymbol{E}}{2}\right)^2=\frac{\boldsymbol{B}^2+2\boldsymbol{B}+\boldsymbol{E}}{4}=\frac{\boldsymbol{E}+2\boldsymbol{B}+\boldsymbol{E}}{4}=\frac{\boldsymbol{B}+\boldsymbol{E}}{2}=\boldsymbol{A}$.

五、矩阵的转置

1. 转置矩阵

定义 2.2.5 设 $m\times n$ 矩阵 $\boldsymbol{A}=(a_{ij})_{m\times n}$，称 $n\times m$ 矩阵 $(a_{ji})_{n\times m}$ 为矩阵 $\boldsymbol{A}$ 的转置矩阵，记为 $\boldsymbol{A}^{\mathrm{T}}$，即

$$\boldsymbol{A}^{\mathrm{T}}=(a_{ji})_{n\times m}$$

如

$$\begin{pmatrix}1&2&3\\4&5&6\end{pmatrix}^{\mathrm{T}}=\begin{pmatrix}1&4\\2&5\\3&6\end{pmatrix},\begin{pmatrix}1&0&0\\0&1&0\\0&0&1\end{pmatrix}^{\mathrm{T}}=\begin{pmatrix}1&0&0\\0&1&0\\0&0&1\end{pmatrix}$$

矩阵的转置满足以下运算规律：

性质 1 $(\lambda\boldsymbol{A})^{\mathrm{T}}=\lambda\boldsymbol{A}^{\mathrm{T}}$，其中 λ 为实数.

性质 2 $(\boldsymbol{A}\pm\boldsymbol{B})^{\mathrm{T}}=\boldsymbol{A}^{\mathrm{T}}\pm\boldsymbol{B}^{\mathrm{T}}$.

性质 3 $(\boldsymbol{AB})^{\mathrm{T}}=\boldsymbol{B}^{\mathrm{T}}\boldsymbol{A}^{\mathrm{T}}$；特别地，设 $\boldsymbol{A}$ 为 n 阶方阵，k 为正整数，有

$$(\boldsymbol{A}^k)^{\mathrm{T}}=(\boldsymbol{A}^{\mathrm{T}})^k.$$

性质 4 $|\boldsymbol{A}^{\mathrm{T}}|=|\boldsymbol{A}|$.

性质 5 $(\boldsymbol{A}^{\mathrm{T}})^{\mathrm{T}}=\boldsymbol{A}$.

例 10 设矩阵 $\boldsymbol{X}=(x_1\quad x_2\quad\cdots\quad x_n)^{\mathrm{T}}$ 且 $\boldsymbol{X}^{\mathrm{T}}\boldsymbol{X}=1$，$\boldsymbol{H}=\boldsymbol{E}-2\boldsymbol{X}\boldsymbol{X}^{\mathrm{T}}$. 证明：

(1) $\boldsymbol{H}^{\mathrm{T}}=\boldsymbol{H}$； (2) $\boldsymbol{H}\boldsymbol{H}^{\mathrm{T}}=\boldsymbol{E}$.

证 (1) $\boldsymbol{H}^{\mathrm{T}}=(\boldsymbol{E}-2\boldsymbol{X}\boldsymbol{X}^{\mathrm{T}})^{\mathrm{T}}=\boldsymbol{E}^{\mathrm{T}}-(2\boldsymbol{X}\boldsymbol{X}^{\mathrm{T}})^{\mathrm{T}}=\boldsymbol{E}-2(\boldsymbol{X}^{\mathrm{T}})^{\mathrm{T}}\boldsymbol{X}^{\mathrm{T}}=\boldsymbol{E}-2\boldsymbol{X}\boldsymbol{X}^{\mathrm{T}}=\boldsymbol{H}$.

(2) $\boldsymbol{H}\boldsymbol{H}^{\mathrm{T}}\overset{\text{由(1)}}{=\!=}\boldsymbol{H}^2=(\boldsymbol{E}-2\boldsymbol{X}\boldsymbol{X}^{\mathrm{T}})^2=\boldsymbol{E}-4\boldsymbol{X}\boldsymbol{X}^{\mathrm{T}}+4(\boldsymbol{X}\boldsymbol{X}^{\mathrm{T}})^2$

$$=\boldsymbol{E}-4\boldsymbol{X}\boldsymbol{X}^{\mathrm{T}}+4\boldsymbol{X}(\boldsymbol{X}^{\mathrm{T}}\boldsymbol{X})\boldsymbol{X}^{\mathrm{T}}=\boldsymbol{E}-4\boldsymbol{X}\boldsymbol{X}^{\mathrm{T}}+4\boldsymbol{X}\boldsymbol{X}^{\mathrm{T}}=\boldsymbol{E}.$$

2. 对称矩阵与反对称矩阵

定义 2.2.6 设 $\boldsymbol{A}=(a_{ij})$ 为 n 阶矩阵，如果

(1) $\boldsymbol{A}^{\mathrm{T}}=\boldsymbol{A}$，即 $a_{ij}=a_{ji}$，$i,j=1,2,\cdots,n$，则称 $\boldsymbol{A}$ 为**对称矩阵**；

(2) $\boldsymbol{A}^{\mathrm{T}}=-\boldsymbol{A}$，即 $a_{ij}=-a_{ji}$，$i,j=1,2,\cdots,n$，则称 $\boldsymbol{A}$ 为**反对称矩阵**.

由定义 2.2.6 知,例 10 中的矩阵 $\boldsymbol{H}$ 是对称矩阵.显然单位矩阵、数量矩阵、对角矩阵都是对称矩阵;反对称矩阵的主对角线上的元素必为零.

例 11　设 $\boldsymbol{A}$、$\boldsymbol{B}$ 为 n 阶对称矩阵,证明:$\boldsymbol{AB}$ 为对称矩阵的充分必要条件是 $\boldsymbol{AB}=\boldsymbol{BA}$,即 $\boldsymbol{A}$ 与 $\boldsymbol{B}$ 可交换.

证　$\boldsymbol{AB}$ 为对称矩阵 $\Leftrightarrow \boldsymbol{AB}=(\boldsymbol{AB})^{\mathrm{T}}=\boldsymbol{B}^{\mathrm{T}}\boldsymbol{A}^{\mathrm{T}}=\boldsymbol{BA}$

可以证明,对称矩阵的数乘、和与转置还是对称矩阵,但例 11 表明,对称矩阵的乘积不一定是对称矩阵.

例 12　证明:任意 n 阶矩阵都可表示为一个对称矩阵与一个反对称矩阵的和.

证　设 $\boldsymbol{A}$ 为 n 阶矩阵,则 $\frac{\boldsymbol{A}+\boldsymbol{A}^{\mathrm{T}}}{2}$ 为对称矩阵,$\frac{\boldsymbol{A}-\boldsymbol{A}^{\mathrm{T}}}{2}$ 为反对称矩阵,且

$$\boldsymbol{A}=\frac{\boldsymbol{A}+\boldsymbol{A}^{\mathrm{T}}}{2}+\frac{\boldsymbol{A}-\boldsymbol{A}^{\mathrm{T}}}{2}$$

六、逆矩阵

为了讨论逆矩阵,先引入伴随矩阵的概念.

1. 伴随矩阵

定义 2.2.7　设 n 阶方阵 $\boldsymbol{A}=(a_{ij})_{n\times n}$,称 n 阶方阵

$$\begin{pmatrix} A_{11} & A_{21} & \cdots & A_{n1} \\ A_{12} & A_{22} & \cdots & A_{n2} \\ \vdots & \vdots & & \vdots \\ A_{1n} & A_{2n} & \cdots & A_{nn} \end{pmatrix}$$

为矩阵 $\boldsymbol{A}$ 的**伴随矩阵**,记为 $\boldsymbol{A}^*$,即

$$\boldsymbol{A}^*=(A_{ij})^{\mathrm{T}}=(A_{ji})_{n\times n}$$

其中 A_{ij} 为 $|\boldsymbol{A}|$ 中元素 a_{ij} 的代数余子式.

例 13　设 $\boldsymbol{A}=\begin{pmatrix} a & b \\ c & d \end{pmatrix}$,求 $\boldsymbol{A}^*$.

解　$A_{11}=(-1)^{1+1}d=d, A_{12}=(-1)^{1+2}c=-c,$

$A_{21}=(-1)^{2+1}b=-b, A_{22}=(-1)^{2+2}a=a$

则

$$\boldsymbol{A}^*=\begin{pmatrix} d & -b \\ -c & a \end{pmatrix}$$

需要指出的是,$\boldsymbol{A}^*$ 的第 j 列元素是矩阵 $\boldsymbol{A}$ 的行列式 $|\boldsymbol{A}|$ 中第 j 行元素的

代数余子式.

方阵 $\boldsymbol{A}$ 与其伴随矩阵有如下重要关系：

定理 2.2.1 设 $\boldsymbol{A}^*$ 为 n 阶方阵 $\boldsymbol{A}$ 的伴随矩阵，则

$$\boldsymbol{A}\boldsymbol{A}^*=\boldsymbol{A}^*\boldsymbol{A}=|\boldsymbol{A}|\boldsymbol{E} \tag{2.2.3}$$

证 令 $\boldsymbol{A}\boldsymbol{A}^*=\boldsymbol{B}=(b_{ij})$，则

$$b_{ij}=a_{i1}A_{j1}+a_{i2}A_{j2}+\cdots+a_{in}A_{jn}$$

由行列式按行(或)列展开定理，得

$$b_{ij}=\begin{cases}|\boldsymbol{A}|, i=j,\\ 0, i\neq j\end{cases}$$

即 $\boldsymbol{A}\boldsymbol{A}^*=|\boldsymbol{A}|\boldsymbol{E}$. 同理可证 $\boldsymbol{A}^*\boldsymbol{A}=|\boldsymbol{A}|\boldsymbol{E}$.

2. 逆矩阵的概念

在初等代数中，对于任意实数 $a\neq0$，必存在实数 $b\neq0$，使得

$$ab=ba=1$$

此时 $b=\frac{1}{a}=a^{-1}$. 这一事实可推广到**矩阵乘法的逆运算**.

定义 2.2.8 设 $\boldsymbol{A}$ 为 n 阶方阵，若存在 n 阶方阵 $\boldsymbol{B}$，使得

$$\boldsymbol{A}\boldsymbol{B}=\boldsymbol{B}\boldsymbol{A}=\boldsymbol{E} \tag{2.2.4}$$

则称矩阵 $\boldsymbol{A}$ 是**可逆的**(或称 $\boldsymbol{A}$ 是**可逆矩阵**)，$\boldsymbol{B}$ 是 $\boldsymbol{A}$ 的**逆矩阵**，记为 $\boldsymbol{A}^{-1}$，即 $\boldsymbol{B}=\boldsymbol{A}^{-1}$.

若不存在 n 阶方阵 $\boldsymbol{B}$ 满足(2.2.4)，则称矩阵 $\boldsymbol{A}$ 是不可逆的.

如设 n 阶对角矩阵 $\boldsymbol{A}=diag(\lambda_1,\lambda_2,\cdots,\lambda_n)$，其中 $\lambda_1,\lambda_2,\cdots,\lambda_n$ 全不为零，令

$$\boldsymbol{B}=diag(\lambda_1^{-1},\lambda_2^{-1},\cdots,\lambda_n^{-1})$$

由例 5，知 $\boldsymbol{A}\boldsymbol{B}=\boldsymbol{B}\boldsymbol{A}=\boldsymbol{E}$，所以 $\boldsymbol{A}$ 可逆，且 $\boldsymbol{A}^{-1}=\boldsymbol{B}$，即

$$\begin{pmatrix}\lambda_1 & & & \\ & \lambda_2 & & \\ & & \ddots & \\ & & & \lambda_n\end{pmatrix}^{-1}=\begin{pmatrix}\lambda_1^{-1} & & & \\ & \lambda_2^{-1} & & \\ & & \ddots & \\ & & & \lambda_n^{-1}\end{pmatrix}$$

当 $\lambda_1,\lambda_2,\cdots,\lambda_n$ 至少有一个等于零时，矩阵 $\boldsymbol{A}=diag(\lambda_1,\lambda_2,\cdots,\lambda_n)$ 不可逆.

需要特别注意的是，可逆矩阵 $\boldsymbol{A}$ 的逆矩阵不能记为 $\frac{1}{\boldsymbol{A}}\left(或\frac{\boldsymbol{E}}{\boldsymbol{A}}\right)$.

实数的倒数(如果存在的话)是惟一的，自然地有

定理 2.2.2　可逆矩阵的逆矩阵是惟一的.

证　设矩阵 $\boldsymbol{B},\boldsymbol{C}$ 分别是可逆矩阵 $\boldsymbol{A}$ 的逆矩阵，下面证明 $\boldsymbol{B}=\boldsymbol{C}$. 事实上

$$\boldsymbol{B}=\boldsymbol{BE}\overset{\boldsymbol{AC}=\boldsymbol{CA}=\boldsymbol{E}}{=\!=\!=}\boldsymbol{B}(\boldsymbol{AC})=(\boldsymbol{BA})\boldsymbol{C}\overset{\boldsymbol{AB}=\boldsymbol{BA}=\boldsymbol{E}}{=\!=\!=}\boldsymbol{EC}=\boldsymbol{C}$$

3. 矩阵可逆的判别定理及求逆矩阵的方法

n 阶方阵 $\boldsymbol{A}$ 在什么条件下可逆呢？如果可逆，又怎样求出它的逆矩阵呢？下面的定理回答了这个问题.

定理 2.2.3　n 阶方阵 $\boldsymbol{A}$ 可逆的充分必要条件是 $|\boldsymbol{A}|\neq 0$. 且当 $\boldsymbol{A}$ 可逆时，有

$$\boldsymbol{A}^{-1}=\frac{1}{|\boldsymbol{A}|}\boldsymbol{A}^{*} \tag{2.2.5}$$

证　必要性：$\boldsymbol{A}$ 可逆，有 $\boldsymbol{AA}^{-1}=\boldsymbol{E}$，两边取行列式，得

$$1=|\boldsymbol{E}|=|\boldsymbol{AA}^{-1}|=|\boldsymbol{A}|\cdot|\boldsymbol{A}^{-1}|$$

所以 $|\boldsymbol{A}|\neq 0$.

充分性：因为 $|\boldsymbol{A}|\neq 0$，把(2.2.3)两边同时除以 $|\boldsymbol{A}|$，得

$$\boldsymbol{A}\cdot\left(\frac{1}{|\boldsymbol{A}|}\boldsymbol{A}^{*}\right)=\left(\frac{1}{|\boldsymbol{A}|}\boldsymbol{A}^{*}\right)\cdot\boldsymbol{A}=\boldsymbol{E}$$

由定义 2.2.8$\left(\text{此处 } \boldsymbol{B}=\frac{1}{|\boldsymbol{A}|}\boldsymbol{A}^{*}\right)$知，$\boldsymbol{A}$ 可逆，且 $\boldsymbol{A}^{-1}=\frac{1}{|\boldsymbol{A}|}\boldsymbol{A}^{*}$.

如果 $|\boldsymbol{A}|\neq 0$，则称 $\boldsymbol{A}$ 为非奇异矩阵；否则称 $\boldsymbol{A}$ 为奇异矩阵. 显然，非奇异矩阵为可逆矩阵，奇异矩阵为不可逆矩阵.

需要指出的是，当 $\boldsymbol{A}\neq\boldsymbol{O}$ 时，$\boldsymbol{A}$ 不一定可逆. 如 $\boldsymbol{A}=\begin{pmatrix}1&0\\0&0\end{pmatrix}\neq\boldsymbol{O}$，但 $|\boldsymbol{A}|=0$，$\boldsymbol{A}$ 是不可逆的. 事实上，对于任意的 2 阶方阵 $\boldsymbol{B}=\begin{pmatrix}a&b\\c&d\end{pmatrix}$，有

$$\boldsymbol{AB}=\begin{pmatrix}1&0\\0&0\end{pmatrix}\begin{pmatrix}a&b\\c&d\end{pmatrix}=\begin{pmatrix}a&b\\0&0\end{pmatrix}\neq\begin{pmatrix}1&0\\0&1\end{pmatrix}=\boldsymbol{E}$$

即不存在 2 阶方阵 $\boldsymbol{B}$ 满足(2.2.4)，所以 $\boldsymbol{A}$ 不可逆. 实质是虽然 n 阶方阵 $\boldsymbol{A}\neq\boldsymbol{O}$，但 $\boldsymbol{A}$ 的行列式 $|\boldsymbol{A}|$ 等于零.

例 14　设 $\boldsymbol{A}=\begin{pmatrix}a&b\\c&d\end{pmatrix}$，且 $ad-bc\neq 0$，求 $\boldsymbol{A}^{-1}$.

解　$|\boldsymbol{A}|=ad-bc\neq 0$，则 $\boldsymbol{A}^{-1}$ 存在. 由例 13，得

$$\boldsymbol{A}^{*}=\begin{pmatrix}d&-b\\-c&a\end{pmatrix}$$

由(2.2.5),得

$$\boldsymbol{A}^{-1}=\frac{1}{|\boldsymbol{A}|}\boldsymbol{A}^{*}=\frac{1}{ad-bc}\begin{pmatrix} d & -b \\ -c & a \end{pmatrix}$$

例 15　设 $\boldsymbol{A}=\begin{pmatrix} 1 & -1 & 0 \\ 1 & 0 & -1 \\ 1 & 0 & 2 \end{pmatrix}$,求 $\boldsymbol{A}^{-1}$.

解　$|\boldsymbol{A}|=\begin{vmatrix} 1 & -1 & 0 \\ 1 & 0 & -1 \\ 1 & 0 & 2 \end{vmatrix}=(-1)\cdot(-1)^{1+2}\begin{vmatrix} 1 & -1 \\ 1 & 2 \end{vmatrix}=3\neq 0$,

则 $\boldsymbol{A}$ 可逆.

又

$A_{11}=0,A_{12}=-3,A_{13}=0;A_{21}=2,A_{22}=2,A_{23}=-1;A_{31}=1,A_{32}=1,A_{33}=1$

则

$$\boldsymbol{A}^{*}=\begin{pmatrix} 0 & 2 & 1 \\ -3 & 2 & 1 \\ 0 & -1 & 1 \end{pmatrix}$$

所以

$$\boldsymbol{A}^{-1}=\frac{\boldsymbol{A}^{*}}{|\boldsymbol{A}|}=\frac{1}{3}\begin{pmatrix} 0 & 2 & 1 \\ -3 & 2 & 1 \\ 0 & -1 & 1 \end{pmatrix}=\begin{pmatrix} 0 & \frac{2}{3} & \frac{1}{3} \\ -1 & \frac{2}{3} & \frac{1}{3} \\ 0 & -\frac{1}{3} & \frac{1}{3} \end{pmatrix}$$

从例 15 可以看出,若 $\boldsymbol{A}$ 为 n 阶可逆矩阵,为了求出 $\boldsymbol{A}^{-1}$,需要计算一个 n 阶行列式($|\boldsymbol{A}|$)和 n^2 个 $n-1$ 阶行列式($|\boldsymbol{A}|$的元素的代数余子式),计算量是非常大的. 只有当 $n\leqslant 3$ 时,利用(2.2.5)求 n 阶可逆矩阵的逆矩阵才稍为方便. 事实上,求逆矩阵的一般方法是初等行变换法(见本章第四节).

在实数运算中,若实数 a 与 b 满足 $ab=1$,则必有 $a^{-1}=b$. 在矩阵运算中,也有

推论　若 n 阶矩阵 $\boldsymbol{A}$ 与 $\boldsymbol{B}$ 满足 $\boldsymbol{AB}=\boldsymbol{E}$(或 $\boldsymbol{BA}=\boldsymbol{E}$),则 $\boldsymbol{A}$ 可逆,且 $\boldsymbol{A}^{-1}=\boldsymbol{B}$.

证　由 $\boldsymbol{AB}=\boldsymbol{E}$,两边取行列式,得

$$1=|\boldsymbol{E}|=|\boldsymbol{AB}|=|\boldsymbol{A}|\cdot|\boldsymbol{B}|$$

所以 $|\boldsymbol{A}|\neq 0$,即 $\boldsymbol{A}$ 可逆,且

$$\boldsymbol{B}=\boldsymbol{E}\boldsymbol{B}=(\boldsymbol{A}^{-1}\boldsymbol{A})\boldsymbol{B}=\boldsymbol{A}^{-1}(\boldsymbol{A}\boldsymbol{B})=\boldsymbol{A}^{-1}\boldsymbol{E}=\boldsymbol{A}^{-1}$$

例 16　设 n 阶矩阵 $\boldsymbol{A}$ 满足 $\boldsymbol{AX}=\boldsymbol{A}+\boldsymbol{X}$,证明 $\boldsymbol{A}-\boldsymbol{E}$ 可逆并求其逆矩阵.

证　由 $\boldsymbol{AX}=\boldsymbol{A}+\boldsymbol{X}$,得 $\boldsymbol{AX}-\boldsymbol{X}-\boldsymbol{A}=0$,即 $(\boldsymbol{A}-\boldsymbol{E})\boldsymbol{X}-(\boldsymbol{A}-\boldsymbol{E})=\boldsymbol{E}$,则

$$(\boldsymbol{A}-\boldsymbol{E})(\boldsymbol{X}-\boldsymbol{E})=\boldsymbol{E}$$

所以 $\boldsymbol{A}-\boldsymbol{E}$ 可逆,且 $(\boldsymbol{A}-\boldsymbol{E})^{-1}=\boldsymbol{X}-\boldsymbol{E}$.

4. 可逆矩阵的性质

性质 1　设 $\boldsymbol{A}$ 可逆,λ 是非零实数,则 $\lambda\boldsymbol{A}$ 可逆,且 $(\lambda\boldsymbol{A})^{-1}=\frac{1}{\lambda}\boldsymbol{A}^{-1}$.

性质 2　设 $\boldsymbol{A},\boldsymbol{B}$ 为 n 阶可逆矩阵,则 $\boldsymbol{AB}$ 可逆,且 $(\boldsymbol{AB})^{-1}=\boldsymbol{B}^{-1}\boldsymbol{A}^{-1}$.

证　由 $(\boldsymbol{AB})(\boldsymbol{B}^{-1}\boldsymbol{A}^{-1})=\boldsymbol{A}(\boldsymbol{BB}^{-1})\boldsymbol{A}^{-1}=\boldsymbol{AEA}^{-1}=\boldsymbol{AA}^{-1}=\boldsymbol{E}$,得 $\boldsymbol{AB}$ 可逆,且

$$(\boldsymbol{AB})^{-1}=\boldsymbol{B}^{-1}\boldsymbol{A}^{-1}$$

值得注意的是:$(\boldsymbol{AB})^{-1}\neq\boldsymbol{A}^{-1}\boldsymbol{B}^{-1}$.

性质 3　设 $\boldsymbol{A}$ 可逆,则 $\boldsymbol{A}^{\mathrm{T}}$ 可逆,且 $(\boldsymbol{A}^{\mathrm{T}})^{-1}=(\boldsymbol{A}^{-1})^{\mathrm{T}}$.

性质 4　设 $\boldsymbol{A}$ 可逆,则 $\boldsymbol{A}^{-1}$ 可逆,且 $(\boldsymbol{A}^{-1})^{-1}=\boldsymbol{A}$.

性质 5　设 $\boldsymbol{A}$ 可逆,则 $|\boldsymbol{A}^{-1}|=\frac{1}{|\boldsymbol{A}|}$.

性质 6　(i) 当 $\boldsymbol{A}$ 可逆时,有 $\boldsymbol{A}^*$ 可逆,且 $(\boldsymbol{A}^*)^{-1}=\frac{\boldsymbol{A}}{|\boldsymbol{A}|}$.

(ii) 设 $\boldsymbol{A}$ 为 n 阶矩阵,则 $|\boldsymbol{A}^*|=|\boldsymbol{A}|^{n-1}$.

证　(i) 由(2.2.5)得 $\boldsymbol{A}^*=|\boldsymbol{A}|\boldsymbol{A}^{-1}$,故 $|\boldsymbol{A}^*|\neq0$ 且

$$(\boldsymbol{A}^*)^{-1}=(|\boldsymbol{A}|\boldsymbol{A}^{-1})^{-1}=\frac{1}{|\boldsymbol{A}|}(\boldsymbol{A}^{-1})^{-1}=\frac{\boldsymbol{A}}{|\boldsymbol{A}|}$$

(ii) 按 $\boldsymbol{A}$ 可逆与 $\boldsymbol{A}$ 不可逆两种情形讨论.

当 $\boldsymbol{A}$ 可逆时,有

$$|\boldsymbol{A}^*|=||\boldsymbol{A}|\boldsymbol{A}^{-1}|=|\boldsymbol{A}|^n|\boldsymbol{A}^{-1}|=|\boldsymbol{A}|^n\cdot\frac{1}{|\boldsymbol{A}|}=|\boldsymbol{A}|^{n-1}$$

当 $\boldsymbol{A}$ 不可逆时,有 $|\boldsymbol{A}|=0$. 要使 $|\boldsymbol{A}^*|=|\boldsymbol{A}|^{n-1}$ 成立,只需证 $|\boldsymbol{A}^*|=0$.

若 $\boldsymbol{A}=\boldsymbol{O}$,则 $\boldsymbol{A}^*=\boldsymbol{O}$,有 $|\boldsymbol{A}^*|=0$;

若 $\boldsymbol{A}\neq\boldsymbol{O}$,假设 $|\boldsymbol{A}^*|\neq0$,则 $\boldsymbol{A}^*$ 可逆,由 $\boldsymbol{AA}^*=|\boldsymbol{A}|\boldsymbol{E}$,得

$$\boldsymbol{AA}^*=\boldsymbol{O}$$

两边右乘以 $(\boldsymbol{A}^*)^{-1}$,得 $\boldsymbol{A}=\boldsymbol{O}$,与 $\boldsymbol{A}\neq\boldsymbol{O}$ 矛盾,所以 $|\boldsymbol{A}^*|=0$. 综上,结论成立.

性质 7　如果 $\boldsymbol{A}=\boldsymbol{PBP}^{-1}$(或 $\boldsymbol{P}^{-1}\boldsymbol{AP}=\boldsymbol{B}$),$k$ 为正整数,则 $\boldsymbol{A}^k=\boldsymbol{PB}^k\boldsymbol{P}^{-1}$.

证　$$A^k=(PBP^{-1})^k=\underbrace{(PBP^{-1})(PBP^{-1})\cdots(PBP^{-1})}_{k}$$
$$=PB(P^{-1}P)B(P^{-1}P)B\cdots B(P^{-1}P)BP^{-1}=PB^kP^{-1}$$

一般地，设 m 次多项式 $\varphi(x)=a_mx^m+\cdots+a_1x+a_0$，$A$ 为 n 阶矩阵，称
$$\varphi(A)=a_mA^m+\cdots+a_1A+a_0E$$
为矩阵 A 的多项式. 如果 $A=PBP^{-1}$（或 $P^{-1}AP=B$），有 $\varphi(A)=P\varphi(B)P^{-1}$.

例 17　设 A 为三阶矩阵，且 $|A|=\frac{1}{2}$，求 $|(3A)^{-1}-2A^*|$.

解　方法一：$(3A)^{-1}-2A^*=\frac{1}{3}A^{-1}-2|A|A^{-1}=-\frac{2}{3}A^{-1}$，则
$$|(3A)^{-1}-2A^*|=\left|-\frac{2}{3}A^{-1}\right|=\left(-\frac{2}{3}\right)^3|A^{-1}|=-\frac{8}{27}\cdot\frac{1}{|A|}=-\frac{16}{27}$$

方法二：$(3A)^{-1}-2A^*=\frac{1}{3}A^{-1}-2A^*=\frac{1}{3}\cdot\frac{A^*}{|A|}-2A^*=-\frac{4}{3}A^*$，则
$$|(3A)^{-1}-2A^*|=\left|-\frac{4}{3}A^*\right|=\left(-\frac{4}{3}\right)^3|A^*|=\left(-\frac{4}{3}\right)^3|A|^2=-\frac{16}{27}$$

例 18　设 A、B、$A+B$ 都可逆，证明 $A^{-1}+B^{-1}$ 也可逆，并求其逆矩阵.

证　$A^{-1}+B^{-1}=A^{-1}(E+AB^{-1})=A^{-1}(A+B)B^{-1}$，所以 $A^{-1}+B^{-1}$ 可逆，且
$$(A^{-1}+B^{-1})^{-1}=[A^{-1}(A+B)B^{-1}]^{-1}=B(A+B)^{-1}A$$

例 19　设 $AP=PB$，且
$$B=\begin{pmatrix}1&0&0\\0&0&0\\0&0&-1\end{pmatrix},P=\begin{pmatrix}1&0&0\\2&-1&0\\2&1&1\end{pmatrix}$$
求 A 与 A^5.

解　$|P|=-1\neq0$，则 P 可逆. 由 $AP=PB$，两边同时右乘以 P^{-1}，得
$$A=PBP^{-1}$$
经计算得
$$P^{-1}=\begin{pmatrix}1&0&0\\2&-1&0\\-4&1&1\end{pmatrix}$$
所以
$$A=PBP^{-1}=\begin{pmatrix}1&0&0\\2&0&0\\6&-1&-1\end{pmatrix}$$

$$A^5=PB^5P^{-1}=PBP^{-1}=A=\begin{pmatrix}1&0&0\\2&0&0\\6&-1&-1\end{pmatrix}$$

下面用具体例子介绍逆矩阵在求解矩阵方程方面的应用.

例 20　设矩阵 X 满足矩阵方程 $X=AX+B$,且

$$A=\begin{pmatrix}0&1&0\\-1&1&1\\-1&0&-1\end{pmatrix},B=\begin{pmatrix}1&-1\\2&0\\5&3\end{pmatrix}$$

求矩阵 X.

解　由 $X=AX+B$,得$(E-A)X=B$. 又

$$E-A=\begin{pmatrix}1&-1&0\\1&0&-1\\1&0&2\end{pmatrix},|E-A|=3\neq0$$

则 $E-A$ 可逆,故

$$X=(E-A)^{-1}B$$

经计算,得(参考例 15)

$$(E-A)^{-1}=\frac{1}{|E-A|}(E-A)^*=\frac{1}{3}\begin{pmatrix}0&2&1\\-3&2&1\\0&-1&1\end{pmatrix}$$

所以

$$X=(E-A)^{-1}B=\frac{1}{3}\begin{pmatrix}0&2&1\\-3&2&1\\0&-1&1\end{pmatrix}\begin{pmatrix}1&-1\\2&0\\5&3\end{pmatrix}=\begin{pmatrix}3&1\\2&2\\1&1\end{pmatrix}$$

对于给定的矩阵方程,可化成如下三种标准方程之一再求解.

(1) 形式一:$AXB=C$. 如果 A、B 都可逆,则 $X=A^{-1}CB^{-1}$;

(2) 形式二:$AX=C$. 如果 A 可逆,则 $X=A^{-1}C$;

(3) 形式三:$XB=C$. 如果 B 可逆,则 $X=CB^{-1}$.

§3　分块矩阵

在本章第二节的讨论中可以看出，小型矩阵（即行数与列数较小的矩阵）比大型矩阵（即行数与列数较大的矩阵）一般易于计算，很自然地想到把大型矩阵转化为小型矩阵来处理. 这种方法就是本节介绍的矩阵分块法，它在处理大型矩阵，特别是稀疏矩阵（为零的元素大量而且成块地出现）的运算时比较简单，而且在讨论矩阵的理论时也不失为一种有效的方法.

一、分块矩阵

定义 2.3.1　把矩阵的行用若干条横线与列用若干条纵线将矩阵分成若干小块，每个小块称为矩阵的子块；以子块为元素的矩阵称为**分块矩阵**.

如矩阵

$$\boldsymbol{A}=\begin{pmatrix} a & b & 0 & 0 \\ c & d & 0 & 0 \\ 0 & 0 & p & q \\ 0 & 0 & r & s \end{pmatrix}$$

按下述分法分块

$$\boldsymbol{A}=\left(\begin{array}{cc:cc} a & b & 0 & 0 \\ c & d & 0 & 0 \\ \hdashline 0 & 0 & p & q \\ 0 & 0 & r & s \end{array}\right)$$

令

$$\boldsymbol{A}_{11}=\begin{pmatrix} a & b \\ c & d \end{pmatrix},\boldsymbol{A}_{22}=\begin{pmatrix} p & q \\ r & s \end{pmatrix}$$

则矩阵

$$\boldsymbol{A}=\begin{pmatrix} \boldsymbol{A}_{11} & \boldsymbol{O} \\ \boldsymbol{O} & \boldsymbol{A}_{22} \end{pmatrix} \tag{2.3.1}$$

是矩阵 $\boldsymbol{A}$ 的分块矩阵. 若将 $\boldsymbol{A}$ 按如下分法分块

$$\boldsymbol{A}=\left(\begin{array}{c:c:c:c} a & b & 0 & 0 \\ c & d & 0 & 0 \\ 0 & 0 & p & q \\ 0 & 0 & r & s \end{array}\right)$$

令

$$\boldsymbol{A}_{11}=\begin{pmatrix} a \\ c \\ 0 \\ 0 \end{pmatrix},\boldsymbol{A}_{12}=\begin{pmatrix} b \\ d \\ 0 \\ 0 \end{pmatrix},\boldsymbol{A}_{13}=\begin{pmatrix} 0 \\ 0 \\ p \\ r \end{pmatrix},\boldsymbol{A}_{14}=\begin{pmatrix} 0 \\ 0 \\ q \\ s \end{pmatrix}$$

则矩阵

$$\boldsymbol{A}=(\boldsymbol{A}_{11}\quad \boldsymbol{A}_{12}\quad \boldsymbol{A}_{13}\quad \boldsymbol{A}_{14})$$

也是矩阵 $\boldsymbol{A}$ 的分块矩阵. 显然一个矩阵的分块矩阵不是惟一的,与矩阵的分法有关. 因此,在利用分块矩阵讨论具体问题时,对矩阵应采用适当的分块法,使问题的解决简单方便. 下面介绍分块矩阵的运算,它与矩阵的运算基本类似.

二、分块矩阵的运算

1. 数乘

将 $m\times n$ 矩阵 $\boldsymbol{A}$ 分成 $r\times s$ 的分块矩阵

$$\boldsymbol{A}=\begin{pmatrix} \boldsymbol{A}_{11} & \boldsymbol{A}_{12} & \cdots & \boldsymbol{A}_{1s} \\ \boldsymbol{A}_{21} & \boldsymbol{A}_{22} & \cdots & \boldsymbol{A}_{2s} \\ \vdots & \vdots & & \vdots \\ \boldsymbol{A}_{r1} & \boldsymbol{A}_{r2} & \cdots & \boldsymbol{A}_{rs} \end{pmatrix}.$$

λ 为实数,则

$$\lambda\boldsymbol{A}=\begin{pmatrix} \lambda\boldsymbol{A}_{11} & \lambda\boldsymbol{A}_{12} & \cdots & \lambda\boldsymbol{A}_{1s} \\ \lambda\boldsymbol{A}_{21} & \lambda\boldsymbol{A}_{22} & \cdots & \lambda\boldsymbol{A}_{2s} \\ \vdots & \vdots & & \vdots \\ \lambda\boldsymbol{A}_{r1} & \lambda\boldsymbol{A}_{r2} & \cdots & \lambda\boldsymbol{A}_{rs} \end{pmatrix}.$$

2. 加法

将 $m\times n$ 矩阵 $\boldsymbol{A}$ 与 $\boldsymbol{B}$ 按相同的分块法分别分成 $r\times s$ 的分块矩阵

$$\boldsymbol{A}=\begin{pmatrix}\boldsymbol{A}_{11} & \boldsymbol{A}_{12} & \cdots & \boldsymbol{A}_{1s}\\ \boldsymbol{A}_{21} & \boldsymbol{A}_{22} & \cdots & \boldsymbol{A}_{2s}\\ \vdots & \vdots & & \vdots\\ \boldsymbol{A}_{r1} & \boldsymbol{A}_{r2} & \cdots & \boldsymbol{A}_{rs}\end{pmatrix},\boldsymbol{B}=\begin{pmatrix}\boldsymbol{B}_{11} & \boldsymbol{B}_{12} & \cdots & \boldsymbol{B}_{1s}\\ \boldsymbol{B}_{21} & \boldsymbol{B}_{22} & \cdots & \boldsymbol{B}_{2s}\\ \vdots & \vdots & & \vdots\\ \boldsymbol{B}_{r1} & \boldsymbol{B}_{r2} & \cdots & \boldsymbol{B}_{rs}\end{pmatrix}$$

则

$$\boldsymbol{A}+\boldsymbol{B}=\begin{pmatrix}\boldsymbol{A}_{11}+\boldsymbol{B}_{11} & \boldsymbol{A}_{12}+\boldsymbol{B}_{12} & \cdots & \boldsymbol{A}_{1s}+\boldsymbol{B}_{1s}\\ \boldsymbol{A}_{21}+\boldsymbol{B}_{21} & \boldsymbol{A}_{22}+\boldsymbol{B}_{22} & \cdots & \boldsymbol{A}_{2s}+\boldsymbol{B}_{2s}\\ \vdots & \vdots & & \vdots\\ \boldsymbol{A}_{r1}+\boldsymbol{B}_{r1} & \boldsymbol{A}_{r2}+\boldsymbol{B}_{r2} & \cdots & \boldsymbol{A}_{rs}+\boldsymbol{B}_{rs}\end{pmatrix}$$

3. 乘法

设 $\boldsymbol{A}$ 为 $m\times l$ 矩阵，$\boldsymbol{B}$ 为 $l\times n$ 矩阵，按 $\boldsymbol{A}$ 的列的分法与 $\boldsymbol{B}$ 的行的分法相同的分块法把 $\boldsymbol{A}$ 与 $\boldsymbol{B}$ 分成

$$\boldsymbol{A}=\begin{pmatrix}\boldsymbol{A}_{11} & \boldsymbol{A}_{12} & \cdots & \boldsymbol{A}_{1t}\\ \boldsymbol{A}_{21} & \boldsymbol{A}_{22} & \cdots & \boldsymbol{A}_{2t}\\ \vdots & \vdots & & \vdots\\ \boldsymbol{A}_{r1} & \boldsymbol{A}_{r2} & \cdots & \boldsymbol{A}_{rt}\end{pmatrix},\boldsymbol{B}=\begin{pmatrix}\boldsymbol{B}_{11} & \boldsymbol{B}_{12} & \cdots & \boldsymbol{B}_{1s}\\ \boldsymbol{B}_{21} & \boldsymbol{B}_{22} & \cdots & \boldsymbol{B}_{2s}\\ \vdots & \vdots & & \vdots\\ \boldsymbol{B}_{t1} & \boldsymbol{B}_{t2} & \cdots & \boldsymbol{B}_{ts}\end{pmatrix}$$

则 $\boldsymbol{AB}=\boldsymbol{C}=(c_{ij})_{r\times s}$，其中

$$c_{ij}=A_{i1}B_{1j}+A_{i2}B_{2j}+\cdots+A_{it}B_{tj}\quad i=1,2,\cdots,r;j=1,2,\cdots,s$$

例 1 设

$$\boldsymbol{A}=\begin{pmatrix}1 & 2 & 0 & 0\\ 3 & 4 & 0 & 0\\ 1 & 0 & 3 & 1\\ 0 & 1 & 2 & 5\end{pmatrix},\boldsymbol{B}=\begin{pmatrix}1 & 0\\ 0 & 1\\ 0 & 0\\ 0 & 0\end{pmatrix}$$

试利用分块矩阵的乘法计算 $\boldsymbol{AB}$.

解 把矩阵 $\boldsymbol{A}$ 与 $\boldsymbol{B}$ 分别分成

$$\boldsymbol{A}=\left(\begin{array}{cc:cc}1 & 2 & 0 & 0\\ 3 & 4 & 0 & 0\\ \hdashline 1 & 0 & 3 & 2\\ 0 & 1 & 1 & 5\end{array}\right)=\begin{pmatrix}\boldsymbol{A}_{11} & \boldsymbol{O}\\ \boldsymbol{E} & \boldsymbol{A}_{22}\end{pmatrix},\boldsymbol{B}=\left(\begin{array}{cc}1 & 0\\ 0 & 1\\ \hdashline 0 & 0\\ 0 & 0\end{array}\right)=\begin{pmatrix}\boldsymbol{E}\\ \boldsymbol{O}\end{pmatrix}$$

则

$$AB=\begin{pmatrix}A_{11} & O\\ E & A_{22}\end{pmatrix}\begin{pmatrix}E\\ O\end{pmatrix}=\begin{pmatrix}A_{11}\\ E\end{pmatrix}=\begin{pmatrix}1 & 2\\ 3 & 4\\ 1 & 0\\ 0 & 1\end{pmatrix}$$

对矩阵分块时,有两种分法应予以特别重视,这就是按行分块和按列分块.

$m\times n$ 矩阵 A 有 m 行,称为 A 的 m 个行向量. 若第 i 行记作

$$\boldsymbol{\alpha}^{\mathrm{T}}=(a_{i1},a_{i2},\cdots,a_{in})$$

则矩阵 A 便记为

$$A=\begin{pmatrix}\boldsymbol{\alpha}_1^{\mathrm{T}}\\ \boldsymbol{\alpha}_2^{\mathrm{T}}\\ \vdots\\ \boldsymbol{\alpha}_m^{\mathrm{T}}\end{pmatrix}$$

$m\times n$ 矩阵 A 有 n 列,称为 A 的 n 个列向量. 若第 j 列记作

$$\boldsymbol{a}_j=\begin{pmatrix}a_{1j}\\ a_{2j}\\ \vdots\\ a_{mj}\end{pmatrix}$$

则

$$A=(\boldsymbol{a}_1,\boldsymbol{a}_2,\cdots\boldsymbol{a}_n).$$

对于矩阵 $A=(a_{ij})_{m\times s}$ 与矩阵 $B=(b_{ij})_{s\times n}$ 的乘积矩阵 $AB=C=(c_{ij})_{m\times n}$,若把 A 按行分成 m 块,把 B 按列分成 n 块,便有

$$AB=\begin{pmatrix}\boldsymbol{\alpha}_1^{\mathrm{T}}\\ \boldsymbol{\alpha}_2^{\mathrm{T}}\\ \vdots\\ \boldsymbol{\alpha}_m^{\mathrm{T}}\end{pmatrix}(b_1,b_2,\cdots,b_n)=\begin{pmatrix}\boldsymbol{\alpha}_1^{\mathrm{T}}b_1 & \boldsymbol{\alpha}_1^{\mathrm{T}}b_2 & \cdots & \boldsymbol{\alpha}_1^{\mathrm{T}}b_n\\ \boldsymbol{\alpha}_2^{\mathrm{T}}b_1 & \boldsymbol{\alpha}_2^{\mathrm{T}}b_2 & \cdots & \boldsymbol{\alpha}_2^{\mathrm{T}}b_n\\ \vdots & \vdots & & \vdots\\ \boldsymbol{\alpha}_m^{\mathrm{T}}b_1 & \boldsymbol{\alpha}_m^{\mathrm{T}}b_2 & \cdots & \boldsymbol{\alpha}_m^{\mathrm{T}}b_n\end{pmatrix}=(\boldsymbol{c}_{ij})_{m\times n}$$

其中 $\boldsymbol{c}_{ij}=\boldsymbol{\alpha}_i^{\mathrm{T}}b_j$,由此可进一步领会矩阵乘法的定义.

在线性方程组

$$\begin{cases}a_{11}x_1+a_{12}x_2+\cdots+a_{1n}x_n=b_1\\ a_{21}x_1+a_{22}x_2+\cdots+a_{2n}x_n=b_2\\ \cdots\cdots\cdots\cdots\cdots\cdots\cdots\cdots\cdots\cdots\\ a_{m1}x_1+a_{m2}x_2+\cdots+a_{mn}x_n=b_m\end{cases}$$

中,如果把系数矩阵 A 按列分成 n 块,则与 A 相乘的 x 相应按行分成 n 块,从

而记作

$$(a_1,a_2,\cdots a_n)\begin{pmatrix}x_1\\x_2\\\vdots\\x_n\end{pmatrix}=b,$$

即 $x_1a_1+x_2a_2+\cdots x_na_n=b$,以后会看到,这意味着向量 b 可由向量组 a_1,a_2,$\cdots a_n$线性表示. 因此把向量的线性关系与线性方程组紧密联系起来.

4. 分块矩阵的转置

将 $m\times n$ 矩阵 $\boldsymbol{A}$ 分成 $r\times s$ 的分块矩阵

$$\boldsymbol{A}=\begin{pmatrix}\boldsymbol{A}_{11}&\boldsymbol{A}_{12}&\cdots&\boldsymbol{A}_{1s}\\\boldsymbol{A}_{21}&\boldsymbol{A}_{22}&\cdots&\boldsymbol{A}_{2s}\\\vdots&\vdots&&\vdots\\\boldsymbol{A}_{r1}&\boldsymbol{A}_{r2}&\cdots&\boldsymbol{A}_{rs}\end{pmatrix}$$

则 $\boldsymbol{A}$ 的转置矩阵

$$\boldsymbol{A}^{\mathrm{T}}=\begin{pmatrix}\boldsymbol{A}_{11}^{\mathrm{T}}&\boldsymbol{A}_{21}^{\mathrm{T}}&\cdots&\boldsymbol{A}_{r1}^{\mathrm{T}}\\\boldsymbol{A}_{12}^{\mathrm{T}}&\boldsymbol{A}_{22}^{\mathrm{T}}&\cdots&\boldsymbol{A}_{r2}^{\mathrm{T}}\\\vdots&\vdots&&\vdots\\\boldsymbol{A}_{1s}^{\mathrm{T}}&\boldsymbol{A}_{2s}^{\mathrm{T}}&\cdots&\boldsymbol{A}_{rs}^{\mathrm{T}}\end{pmatrix}.$$

三、分块对角矩阵

下面介绍分块对角矩阵,其有关运算相当简单,完全类似于对角矩阵.

定义 2.3.2 形如

$$\boldsymbol{A}=\begin{pmatrix}\boldsymbol{A}_1&&&\\&\boldsymbol{A}_2&&\\&&\ddots&\\&&&\boldsymbol{A}_r\end{pmatrix}$$

的分块矩阵称为**分块对角矩阵**(或**准对角矩阵**),简记为

$$\boldsymbol{A}=diag(\boldsymbol{A}_1,\boldsymbol{A}_2,\cdots,\boldsymbol{A}_r)$$

其中 $\boldsymbol{A}_i(i=1,2,\cdots,r)$为方阵.

如(2.3.1)是分块对角矩阵. 又如

$$\boldsymbol{A}=\left(\begin{array}{cc:c}1 & 2 & 0 \\ 3 & 4 & 0 \\ \hdashline 0 & 0 & 5\end{array}\right)=\begin{pmatrix}\boldsymbol{A}_1 & \boldsymbol{O} \\ \boldsymbol{O} & \boldsymbol{A}_2\end{pmatrix}$$

也是分块对角矩阵，其中

$$\boldsymbol{A}_1=\begin{pmatrix}1 & 2 \\ 3 & 4\end{pmatrix},\boldsymbol{A}_2=(5)$$

分块对角矩阵具有类似对角矩阵的运算性质：

设 n 阶矩阵 $\boldsymbol{A}$ 与 $\boldsymbol{B}$ 采用相同的分块法分别得到分块矩阵

$$\boldsymbol{A}=diag(\boldsymbol{A}_1,\boldsymbol{A}_2,\cdots,\boldsymbol{A}_r),\boldsymbol{B}=diag(\boldsymbol{B}_1,\boldsymbol{B}_2,\cdots,\boldsymbol{B}_r)$$

则

性质 1　$|\boldsymbol{A}|=|\boldsymbol{A}_1|\cdot|\boldsymbol{A}_2|\cdots|\boldsymbol{A}_r|$.

性质 2　$\lambda\boldsymbol{A}=diag(\lambda\boldsymbol{A}_1,\lambda\boldsymbol{A}_2,\cdots,\lambda\boldsymbol{A}_r)$，其中 λ 为实数.

性质 3　$\boldsymbol{A}+\boldsymbol{B}=diag(\boldsymbol{A}_1+\boldsymbol{B}_1,\boldsymbol{A}_2+\boldsymbol{B}_2,\cdots,\boldsymbol{A}_r+\boldsymbol{B}_r)$.

性质 4　$\boldsymbol{AB}=diag(\boldsymbol{A}_1\boldsymbol{B}_1,\boldsymbol{A}_2\boldsymbol{B}_2,\cdots,\boldsymbol{A}_r\boldsymbol{B}_r)$；$\boldsymbol{A}^k=diag(\boldsymbol{A}_1^k,\boldsymbol{A}_2^k,\cdots,\boldsymbol{A}_r^k)$，其中 k 为正整数.

性质 5　$\boldsymbol{A}^{\mathrm{T}}=diag(\boldsymbol{A}_1^{\mathrm{T}},\boldsymbol{A}_2^{\mathrm{T}},\cdots,\boldsymbol{A}_r^{\mathrm{T}})$.

性质 6　若 $A_i(i=1,2,\cdots,r)$ 均可逆，则 $\boldsymbol{A}^{-1}=diag(\boldsymbol{A}_1^{-1},\boldsymbol{A}_2^{-1},\cdots,\boldsymbol{A}_r^{-1})$.

例 2　设 $\boldsymbol{A}=\begin{pmatrix}5 & 2 & 0 & 0 \\ 2 & 1 & 0 & 0 \\ 0 & 0 & 1 & -2 \\ 0 & 0 & 1 & 1\end{pmatrix}$，求 $|\boldsymbol{A}|$ 和 $\boldsymbol{A}^{-1}$.

解　将 $\boldsymbol{A}$ 按如下分块

$$\boldsymbol{A}=\left(\begin{array}{cc:cc}5 & 2 & 0 & 0 \\ 2 & 1 & 0 & 0 \\ \hdashline 0 & 0 & 1 & -2 \\ 0 & 0 & 1 & 1\end{array}\right)=\begin{pmatrix}\boldsymbol{A}_1 & \boldsymbol{O} \\ \boldsymbol{O} & \boldsymbol{A}_2\end{pmatrix},$$

则 $\boldsymbol{A}$ 为分块对角矩阵，且

$$|\boldsymbol{A}|=|\boldsymbol{A}_1|\cdot|\boldsymbol{A}_2|=\begin{vmatrix}5 & 2 \\ 2 & 1\end{vmatrix}\cdot\begin{vmatrix}1 & -2 \\ 1 & 1\end{vmatrix}=3\neq 0,$$

则 $\boldsymbol{A}$ 可逆，且

$$A^{-1}=\begin{pmatrix} A_1^{-1} & O \\ O & A_2^{-1} \end{pmatrix}.$$

又

$$A_1^{-1}=\begin{pmatrix} 1 & -2 \\ -2 & 5 \end{pmatrix}, A_2^{-1}=\frac{1}{3}\begin{pmatrix} 1 & 2 \\ -1 & 1 \end{pmatrix}=\begin{pmatrix} \frac{1}{3} & \frac{2}{3} \\ -\frac{1}{3} & \frac{1}{3} \end{pmatrix},$$

所以

$$A^{-1}=\begin{pmatrix} 1 & -2 & 0 & 0 \\ -2 & 5 & 0 & 0 \\ 0 & 0 & \frac{1}{3} & \frac{2}{3} \\ 0 & 0 & -\frac{1}{3} & \frac{1}{3} \end{pmatrix}.$$

§4 矩阵的初等变换与初等矩阵

矩阵的初等变换是线性代数中最重要的运算之一，起源于线性方程组的求解，在求可逆矩阵的逆矩阵、矩阵的秩、解线性方程组等方面起着非常重要的作用.希望同学们在学习矩阵的初等变换过程中，多加练习，熟练掌握矩阵的初等变换.

一、矩阵的初等变换与矩阵的等价

1. 矩阵的初等变换与矩阵等价的概念

定义 2.4.1 以下对矩阵的三类变换称为矩阵的**初等行(或列)变换**：

(1) 交换矩阵的两行(或列)；

(2) 矩阵的某一行(或列)乘以不为零的数 k；

(3) 将矩阵的某一行(或列)乘以数 k 加到另一行(或列)上去.

矩阵的初等行变换与初等列变换统称为矩阵的**初等变换**.显然，矩阵的三类初等变换是可逆的，且其逆变换为同类的初等变换.

为了方便，用 $r_i \leftrightarrow r_j$ 表示交换矩阵的第 i 行与第 j 行，$c_i \leftrightarrow c_j$ 表示交换矩阵的第 i 列与第 j 列；$r_i \times k$ 表示矩阵的第 i 行乘以不为零的数 k，$c_j \times k$ 表示矩阵的第 j 列乘以不为零的数 k；$r_i + kr_j$ 表示矩阵的第 j 行乘以常数 k 加到第 i 行上去，$c_i + kc_j$ 表示矩阵的第 j 列乘以常数 k 加到第 i 列上去.

定义 2.4.2　若矩阵 $\boldsymbol{A}$ 经过有限次初等行变换变成矩阵 $\boldsymbol{B}$，则称矩阵 $\boldsymbol{A}$ 与 $\boldsymbol{B}$ **行等价**，记作 $\boldsymbol{A}\overset{r}{\sim}\boldsymbol{B}$；若矩阵 $\boldsymbol{A}$ 经过有限次初等列变换变成矩阵 $\boldsymbol{B}$，则称矩阵 $\boldsymbol{A}$ 与 $\boldsymbol{B}$ **列等价**，记作 $\boldsymbol{A}\overset{c}{\sim}\boldsymbol{B}$；若矩阵 $\boldsymbol{A}$ 经过有限次初等变换变成矩阵 $\boldsymbol{B}$，则称矩阵 $\boldsymbol{A}$ 与 $\boldsymbol{B}$ **等价**，记作 $\boldsymbol{A}\sim\boldsymbol{B}$.

如

$$\boldsymbol{A}=\begin{pmatrix} a & b & c \\ x & y & z \\ u & v & w \end{pmatrix}\overset{r_1\leftrightarrow r_2}{\sim}\begin{pmatrix} x & y & z \\ a & b & c \\ u & v & w \end{pmatrix}=\boldsymbol{B}$$

则 $\boldsymbol{A}\overset{r}{\sim}\boldsymbol{B}$；又如

$$\boldsymbol{A}=\begin{pmatrix} a & b & c \\ x & y & z \\ u & v & w \end{pmatrix}\overset{r_1\leftrightarrow r_2}{\sim}\begin{pmatrix} x & y & z \\ a & b & c \\ u & v & w \end{pmatrix}\overset{c_3+kc_2}{\sim}\begin{pmatrix} x & y & ky+z \\ a & b & kb+c \\ u & v & kv+w \end{pmatrix}=\boldsymbol{B}$$

则 $\boldsymbol{A}\sim\boldsymbol{B}$.

矩阵的等价具有以下性质：

性质 1　反身性：$\boldsymbol{A}\sim\boldsymbol{A}$.

性质 2　对称性：如果 $\boldsymbol{A}\sim\boldsymbol{B}$，则 $\boldsymbol{B}\sim\boldsymbol{A}$.

性质 3　传递性：如果 $\boldsymbol{A}\sim\boldsymbol{B}$，$\boldsymbol{B}\sim\boldsymbol{C}$，则 $\boldsymbol{A}\sim\boldsymbol{C}$.

2. 矩阵的行阶梯形与矩阵的行最简形

利用矩阵的初等行变换把矩阵化成特殊形式——矩阵的行阶梯形与矩阵的行最简形，是矩阵极为重要的运算，有着广泛的应用.

定义 2.4.3　若矩阵 $\boldsymbol{A}$ 的非零行的第一个非零元素的列标随着行标的增加而严格增加，则称矩阵 $\boldsymbol{A}$ 为**行阶梯形矩阵**. 若矩阵 $\boldsymbol{A}$ 是行阶梯形矩阵，且其非零行的第一个非零元素为 1，而该元素所在列的其他元素全为 0，则称矩阵 $\boldsymbol{A}$ 为**行最简形矩阵**.

例 1　试问下列矩阵哪些是行阶梯形矩阵，哪些是行最简形矩阵.

$$\boldsymbol{A}=\begin{pmatrix} 2 & 5 \\ 0 & 1 \end{pmatrix},\boldsymbol{B}=\begin{pmatrix} 1 & 3 & 0 & -1 \\ 0 & 0 & 1 & 5 \\ 0 & 0 & 0 & 0 \end{pmatrix},\boldsymbol{C}=\begin{pmatrix} 0 & 2 & 4 & 6 \\ 0 & 0 & 1 & 5 \\ 0 & 0 & 0 & 0 \end{pmatrix},\boldsymbol{D}=\begin{pmatrix} 2 & -1 & 3 \\ 0 & 4 & 1 \\ 0 & 2 & 5 \end{pmatrix}$$

解　根据定义 2.4.3 知，矩阵 $\boldsymbol{A},\boldsymbol{B},\boldsymbol{C}$ 为行阶梯形矩阵，矩阵 $\boldsymbol{B}$ 为行最简形矩阵. 矩阵 $\boldsymbol{D}$ 不是行阶梯形矩阵.

定理 2.4.1　任意矩阵经过有限次初等行变换可以变成行阶梯形矩阵和行最简形矩阵.

定理不予证明.

例 2 利用初等行变换将矩阵

$$A=\begin{pmatrix}1&2&1&1\\2&-1&1&2\\4&3&3&4\\3&1&2&3\end{pmatrix}$$

化为行阶梯形矩阵和行最简形矩阵.

解

$$A=\begin{pmatrix}1&2&1&1\\2&-1&1&2\\4&3&3&4\\3&1&2&3\end{pmatrix}\overset{\substack{r_2-2r_1\\r_3-4r_1\\r_4-3r_1}}{\sim}\begin{pmatrix}1&2&1&1\\0&-5&-1&0\\0&-5&-1&0\\0&-5&-1&0\end{pmatrix}\overset{\substack{r_3-r_2\\r_4-r_2}}{\sim}\begin{pmatrix}1&2&1&1\\0&-5&-1&0\\0&0&0&0\\0&0&0&0\end{pmatrix}=B$$

矩阵 B 为行阶梯形矩阵. 进一步

$$A\overset{r}{\sim}B=\begin{pmatrix}1&2&1&1\\0&-5&-1&0\\0&0&0&0\\0&0&0&0\end{pmatrix}\overset{r_2\div(-5)}{\sim}\begin{pmatrix}1&2&1&1\\0&1&\frac{1}{5}&0\\0&0&0&0\\0&0&0&0\end{pmatrix}\overset{r_1-2r_2}{\sim}\begin{pmatrix}1&0&\frac{3}{5}&1\\0&1&\frac{1}{5}&0\\0&0&0&0\\0&0&0&0\end{pmatrix}=C$$

矩阵 C 为行最简形矩阵.

若对 C 使用初等列变换，有

$$A\overset{r}{\sim}C=\begin{pmatrix}1&0&\frac{3}{5}&1\\0&1&\frac{1}{5}&0\\0&0&0&0\\0&0&0&0\end{pmatrix}\overset{\substack{c_3-\frac{3}{5}c_1\\c_3-\frac{1}{5}c_2\\c_4-c_1}}{\sim}\begin{pmatrix}1&0&0&0\\0&1&0&0\\0&0&0&0\\0&0&0&0\end{pmatrix}=F$$

称矩阵 F 为矩阵 A 的标准形矩阵. 利用分块矩阵，F 可以表示成

$$F=\begin{pmatrix}E_2&O\\O&O\end{pmatrix}.$$

定义 2.4.4 形如$\begin{pmatrix}E_r&O\\O&O\end{pmatrix}$的矩阵称为**标准形矩阵**，其中 E_r 是 r 阶单位矩阵.

定理 2.4.2　任意矩阵经过有限次初等变换可以变成标准形矩阵.

定理不予证明.

二、初等矩阵

定义 2.4.5　由单位矩阵经过一次初等变换所得到的方阵,称为**初等矩阵**.

由三类初等变换,可得到如下三类初等矩阵.

(1) 交换矩阵 $\boldsymbol{E}(i,j)$:交换单位矩阵的第 i 行(列)与第 j 行(列)所得到的方阵.

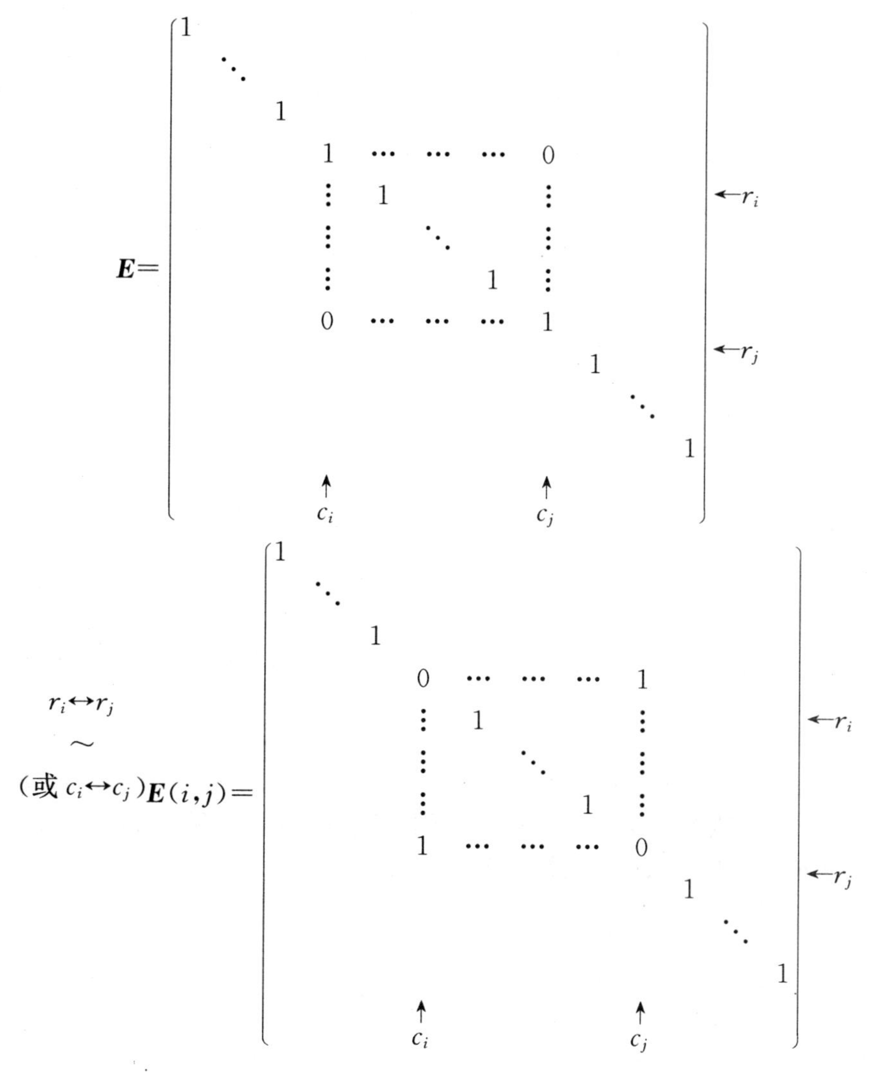

显然，$|\boldsymbol{E}(i,j)|=-1$，则 $\boldsymbol{E}(i,j)$ 可逆，且 $\boldsymbol{E}^{-1}(i,j)=\boldsymbol{E}(i,j)$. 可以证明：

$$\boldsymbol{A}_{m\times n}\overset{r_i\leftrightarrow r_j}{\sim}\boldsymbol{B}_{m\times n}\Leftrightarrow\boldsymbol{E}_m(i,j)\boldsymbol{A}_{m\times n}=\boldsymbol{B}_{m\times n};\boldsymbol{A}_{m\times n}\overset{c_i\leftrightarrow c_j}{\sim}\boldsymbol{B}_{m\times n}\Leftrightarrow\boldsymbol{A}_{m\times n}\boldsymbol{E}_n(i,j)=\boldsymbol{B}_{m\times n}$$

(2) 倍乘矩阵 $\boldsymbol{E}(i(k))$：矩阵的第 i 行(或列)乘以不为零的数 k 所得到的方阵.

$$\boldsymbol{E}=\begin{pmatrix}1&&&&&&\\&\ddots&&&&&\\&&1&&&&\\&&&1&&&\\&&&&1&&\\&&&&&\ddots&\\&&&&&&1\end{pmatrix}\begin{matrix}\\\\\\\leftarrow r_i\\\\\\\\\end{matrix}$$
$$\qquad\qquad\uparrow c_i$$

$$\underset{(\text{或 } c_i\times k)}{\overset{r_i\times k}{\sim}}\quad\boldsymbol{E}(i(k))=\begin{pmatrix}1&&&&&&\\&\ddots&&&&&\\&&1&&&&\\&&&k&&&\\&&&&1&&\\&&&&&\ddots&\\&&&&&&1\end{pmatrix}\begin{matrix}\\\\\\\leftarrow r_i\\\\\\\\\end{matrix}$$
$$\qquad\qquad\uparrow c_i$$

显然，$|\boldsymbol{E}(i(k))|=k$，则 $\boldsymbol{E}(i(k))$ 可逆，且 $\boldsymbol{E}^{-1}(i(k))=\boldsymbol{E}\left(i\left(\frac{1}{k}\right)\right)$. 可以证明：

$$\boldsymbol{A}_{m\times n}\overset{r_i\times k}{\sim}\boldsymbol{B}_{m\times n}\Leftrightarrow\boldsymbol{E}_m(i(k))\boldsymbol{A}_{m\times n}=\boldsymbol{B}_{m\times n};\boldsymbol{A}_{m\times n}\overset{c_i\times k}{\sim}\boldsymbol{B}_{m\times n}\Leftrightarrow\boldsymbol{A}_{m\times n}\boldsymbol{E}_n(i(k))=\boldsymbol{B}_{m\times n}.$$

(3) 倍加矩阵 $\boldsymbol{E}(i,j(k))$：将矩阵的第 j 行(或第 i 列)乘以数 k 加到第 i 行(或第 j 列)上去所得到的方阵.

$$
\boldsymbol{E}=\begin{pmatrix}
1 & & & & & & & & & \\
 & \ddots & & & & & & & & \\
 & & 1 & & & & & & & \\
 & & & 1 & \cdots & \cdots & \cdots & 0 & & \\
 & & & \vdots & 1 & & & \vdots & & \\
 & & & \vdots & & \ddots & & \vdots & & \\
 & & & \vdots & & & 1 & \vdots & & \\
 & & & 0 & \cdots & \cdots & \cdots & 1 & & \\
 & & & \uparrow & & & & \uparrow & 1 & \\
 & & & c_i & & & & c_j & & \ddots \\
 & & & & & & & & & & 1
\end{pmatrix}
\begin{matrix} \\ \\ \\ \leftarrow r_i \\ \\ \\ \\ \leftarrow r_j \\ \\ \\ \\ \end{matrix}
$$

$$
\begin{matrix} r_i+kr_j \\ \sim \\ (\text{或 } c_i+kc_j) \end{matrix}
\quad \boldsymbol{E}(i,j(k))=\begin{pmatrix}
1 & & & & & & & & & \\
 & \ddots & & & & & & & & \\
 & & 1 & & & & & & & \\
 & & & 1 & \cdots & \cdots & \cdots & k & & \\
 & & & \vdots & 1 & & & \vdots & & \\
 & & & \vdots & & \ddots & & \vdots & & \\
 & & & \vdots & & & 1 & \vdots & & \\
 & & & 0 & \cdots & \cdots & \cdots & 1 & & \\
 & & & \uparrow & & & & \uparrow & 1 & \\
 & & & c_i & & & & c_j & & \ddots \\
 & & & & & & & & & & 1
\end{pmatrix}
\begin{matrix} \\ \\ \\ \leftarrow r_i \\ \\ \\ \\ \leftarrow r_j \\ \\ \\ \\ \end{matrix}
$$

显然，$|\boldsymbol{E}(i,j(k))|=1$，则 $\boldsymbol{E}(i,j(k))$ 可逆，且 $\boldsymbol{E}^{-1}(i,j(k))=\boldsymbol{E}(i,j(-k))$. 可以证明：

$$\boldsymbol{A}_{m\times n}\overset{r_i+kr_j}{\sim}\boldsymbol{B}_{m\times n}\Leftrightarrow\boldsymbol{E}_m(i,j(k))\boldsymbol{A}_{m\times n}=\boldsymbol{B}_{m\times n};\boldsymbol{A}_{m\times n}\overset{c_i+kc_j}{\sim}\boldsymbol{B}_{m\times n}\Leftrightarrow\boldsymbol{A}_{m\times n}\boldsymbol{E}_n(i,j(k))=\boldsymbol{B}_{m\times n}$$

由以上讨论，得

定理 2.4.3

1. 初等矩阵都可逆，且其逆矩阵为同类的初等矩阵.

2. 设 $\boldsymbol{A}$ 为 $m\times n$ 矩阵，对 $\boldsymbol{A}$ 作一次初等行变换，相当于在 $\boldsymbol{A}$ 的左边乘以一个相应的 m 阶初等矩阵；对 $\boldsymbol{A}$ 作一次初等列变换，相当于在 $\boldsymbol{A}$ 的右边乘以一个相应的 n 阶初等矩阵.

例 3　利用初等变换将矩阵

$$\boldsymbol{A}=\begin{pmatrix}1&1&0\\0&1&1\\0&1&1\end{pmatrix}$$

化成标准形 $\boldsymbol{F}_A$，并把 $\boldsymbol{F}_A$ 表示成矩阵 $\boldsymbol{A}$ 与初等矩阵的乘积.

解 $$\boldsymbol{A}=\begin{pmatrix}1&1&0\\0&1&1\\0&1&1\end{pmatrix}\overset{r_3-r_2}{\sim}\begin{pmatrix}1&1&0\\0&1&1\\0&0&0\end{pmatrix}=\boldsymbol{B}_1\overset{r_1-r_2}{\sim}\begin{pmatrix}1&0&-1\\0&1&1\\0&0&0\end{pmatrix}$$

$$=\boldsymbol{B}_2\overset{c_3+c_1}{\sim}\begin{pmatrix}1&0&0\\0&1&1\\0&0&0\end{pmatrix}=\boldsymbol{B}_3\overset{c_3-c_2}{\sim}\begin{pmatrix}1&0&0\\0&1&0\\0&0&0\end{pmatrix}=\boldsymbol{F}_A.$$

且有

$$\boldsymbol{B}_1=\begin{pmatrix}1&0&0\\0&1&0\\0&-1&1\end{pmatrix}\boldsymbol{A},\boldsymbol{B}_2=\begin{pmatrix}1&-1&0\\0&1&0\\0&0&1\end{pmatrix}\boldsymbol{B}_1,$$

$$\boldsymbol{B}_3=\boldsymbol{B}_2\begin{pmatrix}1&0&1\\0&1&0\\0&0&1\end{pmatrix},\boldsymbol{F}_A=\boldsymbol{B}_3\begin{pmatrix}1&0&0\\0&1&-1\\0&0&1\end{pmatrix},$$

则

$$\boldsymbol{F}_A=\begin{pmatrix}1&-1&0\\0&1&0\\0&0&1\end{pmatrix}\begin{pmatrix}1&0&0\\0&1&0\\0&-1&1\end{pmatrix}\boldsymbol{A}\begin{pmatrix}1&0&1\\0&1&0\\0&0&1\end{pmatrix}\begin{pmatrix}1&0&0\\0&1&-1\\0&0&1\end{pmatrix}.$$

若令

$$\boldsymbol{P}=\begin{pmatrix}1&-1&0\\0&1&0\\0&0&1\end{pmatrix}\begin{pmatrix}1&0&0\\0&1&0\\0&-1&1\end{pmatrix},\boldsymbol{Q}=\begin{pmatrix}1&0&1\\0&1&0\\0&0&1\end{pmatrix}\begin{pmatrix}1&0&0\\0&1&-1\\0&0&1\end{pmatrix}$$

则 $\boldsymbol{P},\boldsymbol{Q}$ 可逆，且 $\boldsymbol{PAQ}=\boldsymbol{F}_A$. 由此有

推论 1 设 $\boldsymbol{A}$ 为 $m\times n$ 矩阵，$\boldsymbol{F}_A$ 为 $\boldsymbol{A}$ 的标准形矩阵，则存在 m 阶可逆矩阵 $\boldsymbol{P}$ 和 n 阶可逆矩阵 $\boldsymbol{Q}$，使得

$$\boldsymbol{PAQ}=\boldsymbol{F}_A.$$

定理 2.4.4 n 阶矩阵 $\boldsymbol{A}$ 可逆的充分必要条件是 $\boldsymbol{A}$ 可表示成有限个初等矩阵的乘积，即

$$\boldsymbol{A}=\boldsymbol{P}_1\boldsymbol{P}_2\cdots\boldsymbol{P}_s$$

其中 $\boldsymbol{P}_i(i=1,2,\cdots,s)$ 为初等矩阵.

证　必要性：$\boldsymbol{A}$ 可逆，$\boldsymbol{A}$ 的标准形 $\boldsymbol{F}_A=\boldsymbol{E}$（为什么？），则 $\boldsymbol{A}\sim\boldsymbol{E}$. 由矩阵等价的对称性，得$\boldsymbol{E}\sim\boldsymbol{A}$，即 n 阶单位矩阵 $\boldsymbol{E}$ 可经过有限次初等变换变成 $\boldsymbol{A}$. 不妨设 $\boldsymbol{E}$ 经过 t 次初等行变换和 $s-t$ 次初等列变换变成 $\boldsymbol{A}$，则存在初等矩阵 $\boldsymbol{P}_i(i=1,2,\cdots,s)$，使得

$$\boldsymbol{A}=\boldsymbol{P}_1\cdots\boldsymbol{P}_t\boldsymbol{E}\boldsymbol{P}_{t+1}\cdots\boldsymbol{P}_s=\boldsymbol{P}_1\boldsymbol{P}_2\cdots\boldsymbol{P}_s$$

充分性：$\boldsymbol{A}=\boldsymbol{P}_1\boldsymbol{P}_2\cdots\boldsymbol{P}_s$，其中 $\boldsymbol{P}_1,\boldsymbol{P}_2,\cdots,\boldsymbol{P}_s$ 为初等矩阵，显然 $\boldsymbol{A}$ 可逆.

推论 2　n 阶矩阵 $\boldsymbol{A}$ 可逆的充分必要条件是：$\boldsymbol{A}\overset{r}{\sim}\boldsymbol{E}$.

推论 3　$\boldsymbol{A}_{m\times n}\sim\boldsymbol{B}_{m\times n}$的充分必要条件是：存在 m 阶可逆矩阵 $\boldsymbol{P}$ 和 n 阶可逆矩阵 $\boldsymbol{Q}$，使得

$$\boldsymbol{B}=\boldsymbol{PAQ}.$$

三、利用初等变换求可逆矩阵的逆矩阵

设 n 阶矩阵 $\boldsymbol{A}$ 可逆. 由分块矩阵的乘法，有

$$\boldsymbol{A}^{-1}(\boldsymbol{A}_n\,|\,\boldsymbol{E}_n)=(\boldsymbol{A}^{-1}\boldsymbol{A}\,|\,\boldsymbol{A}^{-1}\boldsymbol{E})=(\boldsymbol{E}\,|\,\boldsymbol{A}^{-1}).$$

又 $\boldsymbol{A}^{-1}$可逆，由定理 2.4.4 得，存在 s 个 n 阶初等矩阵 $\boldsymbol{P}_1,\boldsymbol{P}_2,\cdots,\boldsymbol{P}_s$，使得

$$\boldsymbol{A}^{-1}=\boldsymbol{P}_1\boldsymbol{P}_2\cdots\boldsymbol{P}_s.$$

则

$$\boldsymbol{P}_1\boldsymbol{P}_2\cdots\boldsymbol{P}_s(\boldsymbol{A}_n\,|\,\boldsymbol{E}_n)=(\boldsymbol{E}\,|\,\boldsymbol{A}^{-1}).$$

由定理 2.4.3，得

$$(\boldsymbol{A}_n\,|\,\boldsymbol{E}_n)\overset{r}{\sim}(\boldsymbol{E}\,|\,\boldsymbol{A}^{-1})\tag{2.4.1}$$

设 $\boldsymbol{A}$ 为 n 阶可逆矩阵，由(2.4.1)得到利用初等**行**变换求逆矩阵的方法，其步骤是：

(1) 写出 $n\times 2n$ 矩阵$(\boldsymbol{A}_n\,|\,\boldsymbol{E}_n)$；

(2) 利用初等**行**变换将$(\boldsymbol{A}_n\,|\,\boldsymbol{E}_n)$变成行最简形；

(3) 写出 $\boldsymbol{A}$ 的逆矩阵 $\boldsymbol{A}^{-1}$.

例 4　利用初等变换求本章 §2 例 15 中矩阵 $\boldsymbol{A}$ 的逆矩阵 $\boldsymbol{A}^{-1}$.

解　$$(\boldsymbol{A}\,|\,\boldsymbol{E})=\begin{pmatrix}1&-1&0&\vdots&1&0&0\\1&0&-1&\vdots&0&1&0\\1&0&2&\vdots&0&0&1\end{pmatrix}\overset{\substack{r_3-r_2\\r_2-r_1}}{\sim}\begin{pmatrix}1&-1&0&\vdots&1&0&0\\0&1&-1&\vdots&-1&1&0\\0&0&3&\vdots&0&-1&1\end{pmatrix}$$

$$\overset{r_3\times\frac{1}{3}}{\sim}\begin{pmatrix}1&-1&0&\vdots&1&0&0\\0&1&-1&\vdots&-1&1&0\\0&0&1&\vdots&0&-\frac{1}{3}&\frac{1}{3}\end{pmatrix}\overset{r_2+r_3}{\sim}\begin{pmatrix}1&-1&0&\vdots&1&0&0\\0&1&0&\vdots&-1&\frac{2}{3}&\frac{1}{3}\\0&0&1&\vdots&0&-\frac{1}{3}&\frac{1}{3}\end{pmatrix}$$

$$\overset{r_1+r_2}{\sim}\begin{pmatrix}1&0&0&\vdots&0&\frac{2}{3}&\frac{1}{3}\\0&1&0&\vdots&-1&\frac{2}{3}&\frac{1}{3}\\0&0&1&\vdots&0&-\frac{1}{3}&\frac{1}{3}\end{pmatrix}=(\boldsymbol{E}|\boldsymbol{A}^{-1}).$$

所以

$$\boldsymbol{A}^{-1}=\begin{pmatrix}0&\frac{2}{3}&\frac{1}{3}\\-1&\frac{2}{3}&\frac{1}{3}\\0&-\frac{1}{3}&\frac{1}{3}\end{pmatrix}.$$

对于矩阵方程 $\boldsymbol{AX}=\boldsymbol{B}$,如果 $\boldsymbol{A}$ 可逆,则 $\boldsymbol{X}=\boldsymbol{A}^{-1}\boldsymbol{B}$. 有

$$\boldsymbol{A}^{-1}(\boldsymbol{A}|\boldsymbol{B})=(\boldsymbol{A}^{-1}\boldsymbol{A}|\boldsymbol{A}^{-1}\boldsymbol{B})=(\boldsymbol{E}|\boldsymbol{X}).$$

类似利用初等变换求可逆矩阵逆矩阵的讨论,可得利用初等行变换求解矩阵方程 $\boldsymbol{AX}=\boldsymbol{B}$ 的方法.

$$(\boldsymbol{A}|\boldsymbol{B})\overset{r}{\sim}(\boldsymbol{E}|\boldsymbol{X})$$

例 5 利用初等行变换求解本章 §2 例 20.

解 由 $\boldsymbol{X}=\boldsymbol{AX}+\boldsymbol{B}$ 得 $(\boldsymbol{E}-\boldsymbol{A})\boldsymbol{X}=\boldsymbol{B}$. 又 $|\boldsymbol{E}-\boldsymbol{A}|=3\neq0$,所以 $\boldsymbol{E}-\boldsymbol{A}$ 可逆,且

$$(\boldsymbol{E}-\boldsymbol{A}|\boldsymbol{B})=\begin{pmatrix}1&-1&0&\vdots&1&-1\\1&0&-1&\vdots&2&0\\1&0&2&\vdots&5&3\end{pmatrix}\overset{\substack{r_3-r_2\\r_2-r_1}}{\sim}\begin{pmatrix}1&-1&0&\vdots&1&-1\\0&1&-1&\vdots&1&1\\0&0&3&\vdots&3&3\end{pmatrix}$$

$$\overset{r_3\times\frac{1}{3}}{\sim}\begin{pmatrix}1&-1&0&\vdots&1&-1\\0&1&-1&\vdots&1&1\\0&0&1&\vdots&1&1\end{pmatrix}\overset{r_2+r_3}{\sim}\begin{pmatrix}1&-1&0&\vdots&1&-1\\0&1&0&\vdots&2&2\\0&0&1&\vdots&1&1\end{pmatrix}$$

$$\overset{r_1+r_2}{\sim}\begin{pmatrix}1&0&0&\vdots&3&1\\0&1&0&\vdots&2&2\\0&0&1&\vdots&1&1\end{pmatrix}=(\boldsymbol{E}|\boldsymbol{X}).$$

所以

$$\boldsymbol{X}=\begin{pmatrix}3&1\\2&2\\1&1\end{pmatrix}.$$

请思考：对于矩阵方程 $\boldsymbol{XA}=\boldsymbol{B}$，其中 $\boldsymbol{A},\boldsymbol{B}$ 是已知矩阵. 在 $\boldsymbol{A}$ 可逆的条件下，利用矩阵的初等行变换，怎样来求未知矩阵 $\boldsymbol{X}$ 呢？

§5　矩阵的秩

矩阵的秩反映了矩阵的内在特性，在线性代数的理论上占有非常重要的地位. 它是讨论矩阵的可逆性、向量的线性表示与线性相关、线性方程组解的理论等问题的主要依据，有着非常重要的作用.

一、矩阵秩的概念

定义 2.5.1　在 $m\times n$ 矩阵 $\boldsymbol{A}$ 中，任意选取 k 行，k 列（$k\leqslant\min\{m,n\}$）交点处的 k^2 个元素，按原来次序组成的 k 阶行列式，称为**矩阵 $\boldsymbol{A}$ 的一个 k 阶子式**.

根据排列组合的知识，$m\times n$ 矩阵 $\boldsymbol{A}$ 共有 $C_m^k C_n^k$ 个 k 阶子式.

定义 2.5.2　若矩阵 $\boldsymbol{A}$ 中存在一个 r 阶子式 D_r 不等于零，而所有的 $r+1$ 阶子式（如果存在的话）全等于零，则不等于零的 r 阶子式 D_r 称为**矩阵 $\boldsymbol{A}$ 的一个最高阶非零子式**.

定义 2.5.3　矩阵 $\boldsymbol{A}$ 的最高阶非零子式的阶数称为**矩阵 $\boldsymbol{A}$ 的秩**，记为 $R(\boldsymbol{A})$.

由于零矩阵没有非零子式，规定零矩阵的秩为零，即 $R(O)=0$.

对于 n 阶矩阵 $\boldsymbol{A}$，其 n 阶子式为 $|\boldsymbol{A}|$，所以，当且仅当 $|\boldsymbol{A}|\neq 0$ 时，$R(\boldsymbol{A})=n$，此时称 $\boldsymbol{A}$ 为**满秩矩阵**；当且仅当 $|\boldsymbol{A}|=0$ 时，$R(\boldsymbol{A})<n$，此时称 $\boldsymbol{A}$ 为**降秩矩阵**. 显然，满秩矩阵是非奇异矩阵，也是可逆矩阵；降秩矩阵是奇异矩阵，也是不可逆矩阵.

例 1　设 3×4 矩阵 $\boldsymbol{A}=\begin{pmatrix}1&2&3&4\\0&5&6&7\\0&0&0&0\end{pmatrix}$，根据矩阵秩的定义求 $\boldsymbol{A}$ 的秩 $R(\boldsymbol{A})$.

解　$\boldsymbol{A}$ 的二阶子式 $\begin{vmatrix}1&3\\0&6\end{vmatrix}=6\neq 0$，显然 $\boldsymbol{A}$ 的三阶子式全等于零，则 $\begin{vmatrix}1&3\\0&6\end{vmatrix}$ 为 $\boldsymbol{A}$ 的一个最高阶非零子式，所以 $R(\boldsymbol{A})=2$.

当矩阵的行数与列数较大时，利用矩阵秩的定义计算具体矩阵的秩，计算量非常大，因而是不可取的．观察例 1 中的矩阵 $\boldsymbol{A}$，我们发现 $\boldsymbol{A}$ 是行阶梯形矩阵，其有 2 个非零行，矩阵 $\boldsymbol{A}$ 的秩等于 $\boldsymbol{A}$ 的非零行的行数．一般的有，行阶梯形矩阵的秩等于其非零行的行数．

二、矩阵秩的计算

既然行阶梯形矩阵的秩等于非零行的行数，能否把求矩阵的秩转化为求行阶梯形矩阵的秩呢？由于任意矩阵都可由初等行变换化成行阶梯形矩阵，因此问题归结为讨论初等变换会不会影响矩阵的秩．

定理 2.5.1 初等变换不改变矩阵的秩．

定理不予证明．

由定理 2.5.1 得求矩阵 $\boldsymbol{A}$ 的秩 $R(\boldsymbol{A})$ 的方法：

$$\boldsymbol{A} \overset{r}{\sim} \text{行阶梯形矩阵 } \boldsymbol{B}.$$

则 $R(\boldsymbol{A})=R(\boldsymbol{B})=$ 行阶梯形矩阵 $\boldsymbol{B}$ 的非零行的行数．

例 2 求矩阵

$$\boldsymbol{A}=\begin{pmatrix} 1 & 2 & -1 & -2 & 0 \\ 2 & -1 & -1 & 1 & 1 \\ 3 & 1 & -2 & -1 & 1 \end{pmatrix}$$

的秩 $R(\boldsymbol{A})$．

解
$$\boldsymbol{A}=\begin{pmatrix} 1 & 2 & -1 & -2 & 0 \\ 2 & -1 & -1 & 1 & 1 \\ 3 & 1 & -2 & -1 & 1 \end{pmatrix} \overset{\substack{r_2-2r_1 \\ r_3-3r_1}}{\sim} \begin{pmatrix} 1 & 2 & -1 & -2 & 0 \\ 0 & -5 & 1 & 5 & 1 \\ 0 & -5 & 1 & 5 & 1 \end{pmatrix}$$
$$\overset{r_3-r_2}{\sim} \begin{pmatrix} 1 & 2 & -1 & -2 & 0 \\ 0 & -5 & 1 & 5 & 1 \\ 0 & 0 & 0 & 0 & 0 \end{pmatrix}$$

所以 $R(\boldsymbol{A})=2$．

例 3 设矩阵 $\boldsymbol{A}=\begin{pmatrix} \lambda & 1 & 1 \\ 1 & \lambda & 1 \\ 1 & 1 & \lambda \end{pmatrix}$，试问 λ 为何值时，$R(\boldsymbol{A})=1$，$R(\boldsymbol{A})=2$，$R(\boldsymbol{A})=3$．

解 方法一：利用初等行变换将矩阵 $\boldsymbol{A}$ 化成行阶梯形．

$$\boldsymbol{A}=\begin{pmatrix}\lambda & 1 & 1\\ 1 & \lambda & 1\\ 1 & 1 & \lambda\end{pmatrix}\overset{\substack{r_1\leftrightarrow r_3\\ r_2-r_1\\ r_3-\lambda r_1}}{\sim}\begin{pmatrix}1 & 1 & \lambda\\ 0 & \lambda-1 & 1-\lambda\\ 0 & 1-\lambda & 1-\lambda^2\end{pmatrix}\overset{r_3+r_2}{\sim}\begin{pmatrix}1 & 1 & \lambda\\ 0 & \lambda-1 & 1-\lambda\\ 0 & 0 & (2+\lambda)(1-\lambda)\end{pmatrix}=B \tag{2.5.1}$$

讨论：

(1) 要使 $R(\boldsymbol{A})=3$，则 $\begin{cases}\lambda-1\neq 0\\ (2+\lambda)(1-\lambda)\neq 0\end{cases}$，即 $\lambda\neq 1$ 且 $\lambda\neq -2$；

(2) 当 $\lambda=1$ 时，把 $\lambda=1$ 代入矩阵 B，得

$$\boldsymbol{A}\sim\begin{pmatrix}1 & 1 & 1\\ 0 & 0 & 0\\ 0 & 0 & 0\end{pmatrix}$$

则 $R(\boldsymbol{A})=1$；

(3) 当 $\lambda=-2$ 时，把 $\lambda=-2$ 代入矩阵 B，得

$$\boldsymbol{A}\sim\begin{pmatrix}1 & 1 & -2\\ 0 & -3 & 3\\ 0 & 0 & 0\end{pmatrix}$$

则 $R(\boldsymbol{A})=2$.

方法二：$|\boldsymbol{A}|=(\lambda-1)^2(\lambda+2)$，所以

(1) 当 $|\boldsymbol{A}|\neq 0$，即 $\lambda\neq 1$ 且 $\lambda\neq -2$ 时，$R(\boldsymbol{A})=3$；

(2) 当 $\lambda=1$ 时，把 $\lambda=1$ 代入矩阵 $\boldsymbol{A}$，得

$$\boldsymbol{A}=\begin{pmatrix}1 & 1 & 1\\ 1 & 1 & 1\\ 1 & 1 & 1\end{pmatrix}\sim\begin{pmatrix}1 & 1 & 1\\ 0 & 0 & 0\\ 0 & 0 & 0\end{pmatrix}$$

则 $R(\boldsymbol{A})=1$；

(3) 当 $\lambda=-2$ 时，把 $\lambda=-2$ 代入矩阵 $\boldsymbol{A}$，得

$$\boldsymbol{A}=\begin{pmatrix}-2 & 1 & 1\\ 1 & -2 & 1\\ 1 & 1 & -2\end{pmatrix}\sim\begin{pmatrix}1 & 1 & -2\\ 0 & -3 & 3\\ 0 & 0 & 0\end{pmatrix}$$

则 $R(\boldsymbol{A})=2$.

三、矩阵秩的性质

性质 1　设 $\boldsymbol{A}$ 为 $m\times n$ 矩阵，则 $0\leqslant R(\boldsymbol{A})\leqslant\min\{m,n\}$.

性质 2 $R(\boldsymbol{A}^{\mathrm{T}})=R(\boldsymbol{A})$.

性质 3 若 $\boldsymbol{A}\sim\boldsymbol{B}$,则 $R(\boldsymbol{A})=R(\boldsymbol{B})$,即等价矩阵有相同的秩. 但反之不然.

如 $\boldsymbol{A}=\begin{pmatrix}1 & 2\\ 0 & 0\end{pmatrix}$,$\boldsymbol{B}=\begin{pmatrix}1 & 2 & 3\\ 0 & 0 & 0\\ 0 & 0 & 0\end{pmatrix}$,有 $R(\boldsymbol{A})=R(\boldsymbol{B})=1$;但 $\boldsymbol{A}$ 与 $\boldsymbol{B}$ 不是同型矩阵,则 $\boldsymbol{A}$ 与 $\boldsymbol{B}$ 不等价.

性质 4 设 $\boldsymbol{A}$ 为 $m\times n$ 矩阵,$\boldsymbol{P}$ 为 m 阶可逆矩阵,$\boldsymbol{Q}$ 为 n 阶可逆矩阵,则

$$R(\boldsymbol{PAQ})=R(\boldsymbol{PA})=R(\boldsymbol{AQ})=R(\boldsymbol{A}).$$

例 4 设 4×3 矩阵 $\boldsymbol{A}$ 的秩 $R(\boldsymbol{A})=2$,$\boldsymbol{B}=\begin{pmatrix}1 & 1 & 1\\ 0 & 2 & 2\\ 0 & 0 & 3\end{pmatrix}$,试求 $R(\boldsymbol{AB})$.

解 显然 $\boldsymbol{B}$ 为可逆矩阵,则 $R(\boldsymbol{AB})=R(\boldsymbol{A})=2$.

性质 5 设 $\boldsymbol{A}$ 为 $m\times s$ 矩阵,$\boldsymbol{B}$ 为 $m\times t$ 矩阵,则

$$\max\{R(\boldsymbol{A}),R(\boldsymbol{B})\}\leqslant R(\boldsymbol{A}|\boldsymbol{B})\leqslant R(\boldsymbol{A})+R(\boldsymbol{B})$$

特别地,

$$R(\boldsymbol{A})\leqslant R(\boldsymbol{A}|\boldsymbol{B})\leqslant R(\boldsymbol{A})+1$$

其中 $\boldsymbol{B}$ 为 $m\times1$ 矩阵.

性质 6 设 $\boldsymbol{A},\boldsymbol{B}$ 均为 $m\times n$ 矩阵,则 $R(\boldsymbol{A}+\boldsymbol{B})\leqslant R(\boldsymbol{A})+R(\boldsymbol{B})$.

性质 7 设 $\boldsymbol{A}$ 为 $m\times s$ 矩阵,$\boldsymbol{B}$ 为 $s\times n$ 矩阵,则 $R(\boldsymbol{AB})\leqslant\min\{R(\boldsymbol{A}),R(\boldsymbol{B})\}$.

性质 8 设 $\boldsymbol{A}$ 为 $m\times s$ 矩阵,$\boldsymbol{B}$ 为 $s\times n$ 矩阵,且 $\boldsymbol{AB}=\boldsymbol{O}$,则

$$R(\boldsymbol{A})+R(\boldsymbol{B})\leqslant s.$$

性质 9 设 $\boldsymbol{A}$ 为 $n(n\geqslant2)$ 阶矩阵,则

$$R(\boldsymbol{A}^*)=\begin{cases}n, 若 R(\boldsymbol{A})=n\\ 1, 若 R(\boldsymbol{A})=n-1\\ 0, 若 R(\boldsymbol{A})<n-1\end{cases}$$

证 分三种情形讨论.

(1) 当 $R(\boldsymbol{A})=n$ 时,$\boldsymbol{A}$ 为满秩阵,也是非奇异矩阵,则 $|\boldsymbol{A}|\neq0$. 由 $|\boldsymbol{A}^*|=|\boldsymbol{A}|^{n-1}$,得 $|\boldsymbol{A}^*|\neq0$,则 $R(\boldsymbol{A}^*)=n$.

(2) 当 $R(\boldsymbol{A})=n-1$ 时,有 $|\boldsymbol{A}|=0$,则 $\boldsymbol{AA}^*=|\boldsymbol{A}|\boldsymbol{E}=\boldsymbol{O}$,所以 $R(\boldsymbol{A})+R(\boldsymbol{A}^*)\leqslant n$,得

$$R(\boldsymbol{A}^*)\leqslant1. \tag{2.5.1}$$

由 $R(\boldsymbol{A})=n-1$，知 $|\boldsymbol{A}|$ 中至少有一个元素的余子式不为零，从而对应的代数余子式也不为零，所以 $\boldsymbol{A}^*$ 是非零矩阵，则

$$R(\boldsymbol{A}^*)\geqslant 1 \tag{2.5.2}$$

由(2.5.1)与(2.5.2)式，得 $R(\boldsymbol{A}^*)=1$.

(3) 当 $R(\boldsymbol{A})<n-1$ 时，$|\boldsymbol{A}|$ 中每一个元素的余子式为零，从而对应的代数余子式也为零，所以 $\boldsymbol{A}^*$ 是零矩阵，则 $R(\boldsymbol{A}^*)=0$.

习题二

1. 计算下列矩阵的乘积：

(1) $\begin{pmatrix}1 & 2 & 3\\ -2 & 1 & 2\end{pmatrix}\begin{pmatrix}1 & 2 & 0\\ 0 & 1 & 1\\ 3 & 0 & -1\end{pmatrix}$；　(2) $\begin{pmatrix}1 & 3 & -1\\ 0 & 4 & 2\\ 7 & 0 & 1\end{pmatrix}\begin{pmatrix}1\\ 2\\ -1\end{pmatrix}$；

(3) $\begin{pmatrix}1\\ 2\\ 3\end{pmatrix}(3\quad 2\quad 1)$；　(4) $(3\quad 2\quad 1)\begin{pmatrix}1\\ 2\\ 3\end{pmatrix}$；

(5) $(x_1\quad x_2\quad x_3)\begin{pmatrix}1 & 2 & 3\\ 2 & 4 & 5\\ 3 & 5 & 7\end{pmatrix}\begin{pmatrix}x_1\\ x_2\\ x_3\end{pmatrix}$；

(6) $\begin{pmatrix}1 & & & \\ & 2 & & \\ & & \ddots & \\ & & & n\end{pmatrix}\begin{pmatrix}2 & & & \\ & 3 & & \\ & & \ddots & \\ & & & n+1\end{pmatrix}$.

2. 已知矩阵

$$\boldsymbol{A}=\begin{pmatrix}1 & 0 & 3\\ 0 & 2 & 1\\ 0 & 0 & 1\end{pmatrix},\boldsymbol{B}=\begin{pmatrix}1 & 0 & 0\\ 0 & 2 & 1\\ 3 & 0 & 1\end{pmatrix}$$

求：(1) $\boldsymbol{AB},\boldsymbol{BA}$；(2) $(\boldsymbol{A}+\boldsymbol{B})(\boldsymbol{A}-\boldsymbol{B}),\boldsymbol{A}^2-\boldsymbol{B}^2$.

3. 求与矩阵 $\boldsymbol{A}=\begin{pmatrix}1 & 1\\ 0 & 1\end{pmatrix}$ 可交换的所有矩阵.

4. 设有 3 阶方阵

$$\boldsymbol{A}=\begin{pmatrix}a_1 & c_1 & d_1\\ a_2 & c_2 & d_2\\ a_3 & c_3 & d_3\end{pmatrix},\boldsymbol{B}=\begin{pmatrix}b_1 & c_1 & d_1\\ b_2 & c_2 & d_2\\ b_3 & c_3 & d_3\end{pmatrix}$$

且已知$|\boldsymbol{A}|=\frac{1}{2}$，$|\boldsymbol{B}|=2$，求$|2\boldsymbol{A}+\boldsymbol{B}|$.

5. 计算下列矩阵，其中为 k 正整数：

(1) $\begin{pmatrix} \cos\theta & \sin\theta \\ -\sin\theta & \cos\theta \end{pmatrix}^k$；　(2) $\begin{bmatrix} 1 & 1 & 0 \\ 0 & 1 & 1 \\ 0 & 0 & 1 \end{bmatrix}^k$.

6. 证明：若实对称方阵 $\boldsymbol{A}$ 满足 $\boldsymbol{A}^2=\boldsymbol{O}$，则 $\boldsymbol{A}=\boldsymbol{O}$.

7. 求下列方阵的逆矩阵：

(1) $\begin{bmatrix} 1 & 0 & 0 \\ 1 & 2 & 0 \\ 1 & 2 & 3 \end{bmatrix}$；　(2) $\begin{bmatrix} 2 & 2 & -2 \\ 2 & 5 & -4 \\ -2 & -4 & 5 \end{bmatrix}$.

8. 求解下列矩阵方程：

(1) $\begin{pmatrix} 1 & 2 \\ 2 & 3 \end{pmatrix}\boldsymbol{X}=\begin{pmatrix} 0 & 2 & 1 \\ 2 & -1 & 3 \end{pmatrix}$；

(2) $\begin{pmatrix} 1 & 4 \\ -1 & 2 \end{pmatrix}\boldsymbol{X}\begin{pmatrix} 2 & 0 \\ -1 & 1 \end{pmatrix}=\begin{pmatrix} 3 & 1 \\ 0 & -1 \end{pmatrix}$；

(3) $\boldsymbol{X}=\boldsymbol{A}\boldsymbol{X}+\boldsymbol{B}$，其中 $\boldsymbol{A}=\begin{bmatrix} 0 & 1 & 0 \\ -1 & 1 & 1 \\ -1 & 0 & -1 \end{bmatrix}$，$\boldsymbol{B}=\begin{bmatrix} 1 & -1 \\ 2 & 0 \\ 5 & -3 \end{bmatrix}$.

9. 已知 $\boldsymbol{A}$ 为三阶方阵，且$|\boldsymbol{A}|=3$，求：

(1) $|(3\boldsymbol{A})^{-1}|$；　(2) $\left|\frac{1}{3}\boldsymbol{A}^*-4\boldsymbol{A}^{-1}\right|$；

(3) $|\boldsymbol{A}^*|$；　(4) $(\boldsymbol{A}^*)^{-1}$.

10. 设 $\boldsymbol{P}^{-1}\boldsymbol{A}=\boldsymbol{B}\boldsymbol{P}^{-1}$，且

$$\boldsymbol{B}=\begin{bmatrix} 1 & 0 & 0 \\ 0 & 2 & 0 \\ 0 & 0 & 3 \end{bmatrix},\boldsymbol{P}^{-1}=\begin{bmatrix} 1 & 0 & -1 \\ 2 & -1 & -1 \\ -2 & 1 & 2 \end{bmatrix}$$

求 $\boldsymbol{A}$ 与 $\boldsymbol{A}^k$.

11. 设 n 阶方阵 $\boldsymbol{A}$ 满足 $\boldsymbol{A}^2-3\boldsymbol{A}-2\boldsymbol{E}=\boldsymbol{O}$，证明：$\boldsymbol{A}$ 及 $\boldsymbol{A}-\boldsymbol{E}$ 都是可逆矩阵，且写出 $\boldsymbol{A}^{-1}$ 及$(\boldsymbol{A}-\boldsymbol{E})^{-1}$.

12. 设 $\boldsymbol{A}$ 为 n 方阵，且 $\boldsymbol{A}^3=\boldsymbol{O}$，证明：$\boldsymbol{E}-\boldsymbol{A}$ 及 $\boldsymbol{E}+\boldsymbol{A}$ 都是可逆矩阵.

13. 利用矩阵分块求矩阵

$$A=\begin{pmatrix}1&2&0&0\\2&3&0&0\\0&0&3&2\\0&0&4&3\end{pmatrix}$$

的逆矩阵.

14. 把下列矩阵利用初等行变换化为行阶梯形矩阵与行最简形矩阵.

(1) $\begin{pmatrix}1&-1&1\\3&-1&2\\2&-2&3\end{pmatrix}$；(2) $\begin{pmatrix}1&0&2&-1\\2&0&3&1\\3&0&4&-3\end{pmatrix}$；(3) $\begin{pmatrix}1&3&-1&-2\\2&-1&2&3\\3&2&1&1\\1&-4&3&5\end{pmatrix}$.

15. 用矩阵的初等变换判定下列矩阵是否可逆,如可逆,求其逆矩阵.

(1) $\begin{pmatrix}2&2&3\\1&-1&0\\-3&-1&-3\end{pmatrix}$；　　(2) $\begin{pmatrix}1&2&-1\\3&-2&1\\1&-1&-1\end{pmatrix}$.

16. 求下列矩阵的秩.

(1) $\begin{pmatrix}1&-5&6&-2\\2&-1&3&-2\\-1&-4&3&0\end{pmatrix}$；　　(2) $\begin{pmatrix}1&3&-1&-2\\2&-1&2&3\\3&2&1&1\\1&-4&3&5\end{pmatrix}$；

(3) $\begin{pmatrix}3&2&-1&-3&-2\\2&-1&3&1&-3\\7&0&5&-1&-8\end{pmatrix}$.

17. 设矩阵 $A=\begin{pmatrix}1&\lambda&-1&2\\2&-1&\lambda&5\\1&10&-6&1\end{pmatrix}$,且 $R(A)=3$,求 λ 的值.

18. 设矩阵 $A=\begin{pmatrix}k&1&1&1\\1&k&1&1\\1&1&k&1\\1&1&1&k\end{pmatrix}$,问 k 取何值时,(1) $R(A)=1$;(2) $R(A)=2$;(3) $R(A)=3$;(4) $R(A)=4$.

19. 已知 n 阶矩阵 A,B 满足 $AB=A+B$,试证 $A-E$ 可逆,并求 $(A-E)^{-1}$,其中 E 是 n 阶单位阵.

20. 设 n 阶方阵满足 $A^2-4A-6E=0$,试证 $A+E$ 可逆,并求其逆矩阵.

第三章　线性方程组与向量组的线性相关性

在第一章中，我们利用行列式这个工具，得到了当方程个数与未知量个数相等且方程组的系数行列式不为零时的线性方程组的求解方法（克拉默法则）；但当方程个数与未知量个数不相等或方程组的系数行列式为零时，线性方程组该如何求解呢？在本章中，我们将利用向量组的线性相关性来解决线性方程组的有解、无解问题. 在有解时，是有惟一解还是无穷多解？在有无穷多解时，解的表示及相互间的关系等问题.

§1　消元法解线性方程组

一、一般形式的线性方程组

一般形式的线性方程组为

$$\begin{cases} a_{11}x_1+a_{12}x_2+\cdots+a_{1n}x_n=b_1, \\ a_{21}x_1+a_{22}x_2+\cdots+a_{2n}x_n=b_2, \\ \cdots\cdots\cdots\cdots\cdots\cdots\cdots\cdots \\ a_{m1}x_1+a_{m2}x_2+\cdots+a_{mn}x_n=b_m. \end{cases} \tag{3.1.1}$$

此方程组中含有 n 个未知量 $x_1,x_2,\cdots,x_n$ 和 m 个方程.

若记矩阵 $\boldsymbol{A}=(a_{ij})_{m\times n}$，$\boldsymbol{X}=\begin{pmatrix} x_1 \\ x_2 \\ \vdots \\ x_n \end{pmatrix}$，$\boldsymbol{B}=\begin{pmatrix} b_1 \\ b_2 \\ \vdots \\ b_n \end{pmatrix}$，则方程组(3.1.1)的矩阵形式为

$$\boldsymbol{A}_{m\times n}\boldsymbol{X}_{n\times 1}=\boldsymbol{B}_{m\times 1}$$

其中 $m\times n$ 矩阵 $\boldsymbol{A}$ 称为线性方程组(3.1.1)的**系数矩阵.** $\boldsymbol{m\times(n+1)}$矩阵

$$\widetilde{\boldsymbol{A}}=(\boldsymbol{A}\vdots\boldsymbol{B})$$

称为线性方程组(3.1.1)的增广矩阵.显然线性方程组与它的增广矩阵是一一对应的,且增广矩阵的第 i 行表示线性方程组(3.1.1)的第 i 个方程,$i=1,2,\cdots,m$.

如方程组(3.1.1)中的常数项 $b_1,b_2,\cdots,b_n$ 全为零,这样的线性方程组称为**齐次线性方程组**;常数项 $b_1,b_2,\cdots,b_n$ 不全为零的方程组称为**非齐次线性方程组.**

二、线性方程组的同解变换

解线性方程组最基本且最简便的方法是消元法,在进行消元过程中不外乎进行下列三种变换.

(1) 交换两个方程的位置;

(2) 用一个非零常数乘以某一个方程;

(3) 一个方程乘以某常数加到另一个方程上去,

这三种变换均为线性方程组的**同解变换.**

为表述方便,对线性方程组的同解变换使用如下记号:

(1) 交换第 i 个方程与第 j 个方程的位置,记为 $r_i\leftrightarrow r_j$;

(2) 用一个非零常数 k 乘以第 i 个方程,记为 $r_i\times k$;

(3) 第 j 个方程乘以常数 k 加到第 i 个方程,记为 r_i+kr_j.

三、消元法解线性方程组

因为线性方程组与其增广矩阵是一一对应的,所以对线性方程组进行上述的三种同解变换,相当于对该线性方程组的增广矩阵进行对应的三种初等行变换.当线性方程组经过若干次消元(即同解变换)得到同解的另一线性方程组时,其过程相当于线性方程组的增广矩阵经过若干次初等行变换得到另一线性方程组的增广矩阵.

例 1　求解线性方程组

$$\begin{cases}2x_1+x_2+x_3=2,\\ x_1+3x_2+x_3=5,\\ x_1+x_2+5x_3=-7,\\ 2x_1+3x_2-3x_3=14.\end{cases}$$

解 线性方程组$\begin{cases}2x_1+x_2+x_3=2\\x_1+3x_2+x_3=5\\x_1+x_2+5x_3=-7\\2x_1+3x_2-3x_3=14\end{cases}$的增广矩阵$\widetilde{\boldsymbol{A}}=\begin{pmatrix}2&1&1&\vdots&2\\1&3&1&\vdots&5\\1&1&5&\vdots&-7\\2&3&-3&\vdots&14\end{pmatrix}$

$$\xrightarrow{r_1\leftrightarrow r_2}\begin{pmatrix}1&3&1&\vdots&5\\2&1&1&\vdots&2\\1&1&5&\vdots&-7\\2&3&-3&\vdots&14\end{pmatrix}$$

$$\xrightarrow[\substack{r_3-r_1\\r_4-2r_1}]{r_2-2r_1}\begin{pmatrix}1&3&1&\vdots&5\\0&-5&-1&\vdots&-8\\0&-2&4&\vdots&-12\\0&-3&-5&\vdots&4\end{pmatrix}$$

$$\xrightarrow[r_2\leftrightarrow r_3]{r_3\times\left(-\frac{1}{2}\right)}\begin{pmatrix}1&3&1&\vdots&5\\0&1&-2&\vdots&6\\0&-5&-1&\vdots&-8\\0&-3&-5&\vdots&4\end{pmatrix}$$

$$\xrightarrow[r_4+3r_2]{r_3+5r_2}\begin{pmatrix}1&3&1&\vdots&5\\0&1&-2&\vdots&6\\0&0&-11&\vdots&22\\0&0&-11&\vdots&22\end{pmatrix}$$

$$\xrightarrow[r_3\times\left(-\frac{1}{11}\right)]{r_4-r_3}\begin{pmatrix}1&3&1&\vdots&5\\0&1&-2&\vdots&6\\0&0&1&\vdots&-2\\0&0&0&\vdots&0\end{pmatrix}$$

$$\xrightarrow[r_1-r_3]{r_2+2r_3}\begin{pmatrix}1&3&0&\vdots&7\\0&1&0&\vdots&2\\0&0&1&\vdots&-2\\0&0&0&\vdots&0\end{pmatrix}$$

$$\xrightarrow{r_1-3r_2}\begin{pmatrix}1&0&0&\vdots&1\\0&1&0&\vdots&2\\0&0&1&\vdots&-2\\0&0&0&\vdots&0\end{pmatrix}$$

故可得方程组$\begin{cases} x_1 \quad\quad = 1, \\ \quad x_2 \quad = 2, \\ \quad\quad x_3 = -2. \end{cases}$

所以方程组的惟一解为 $x_1=1, x_2=2, x_3=-2$.

由于线性方程组的解与未知量的符号无关，利用消元法求解线性方程组完全可用其对应的增广矩阵的初等行变换过程来替代.

例 2　求解线性方程组

$$\begin{cases} x_1+3x_2-3x_3=2, \\ 3x_1-x_2+2x_3=3, \\ 4x_1+2x_2-x_3=2. \end{cases}$$

解　对方程组的增广矩阵进行初等行变换.

$$\widetilde{\boldsymbol{A}}=\begin{pmatrix} 1 & 3 & -3 & \vdots & 2 \\ 3 & -1 & 2 & \vdots & 3 \\ 4 & 2 & -1 & \vdots & 2 \end{pmatrix} \overset{r_2-3r_1}{\underset{r_3-4r_1}{\sim}} \begin{pmatrix} 1 & 3 & -3 & \vdots & 2 \\ 0 & -10 & 11 & \vdots & -3 \\ 0 & -10 & 11 & \vdots & -6 \end{pmatrix}$$

$$\overset{r_3-r_2}{\sim} \begin{pmatrix} 1 & 3 & -3 & \vdots & 2 \\ 0 & -10 & 11 & \vdots & -3 \\ 0 & 0 & 0 & \vdots & -3 \end{pmatrix}.$$

上式最后一个矩阵的最后一行对应的方程为 $0=-3$，此为矛盾方程，故原方程组无解.

例 3　求解线性方程组

$$\begin{cases} x_1 \ -x_2-x_3-3x_4=-2, \\ x_1 \ -x_2+x_3+5x_4=4, \\ -4x_1+4x_2+x_3 \quad\quad =-1. \end{cases}$$

解　对方程组的增广矩阵进行初等行变换.

$$\widetilde{\boldsymbol{A}}=\begin{pmatrix} 1 & -1 & -1 & -3 & \vdots & -2 \\ 1 & -1 & 1 & 5 & \vdots & 4 \\ -4 & 4 & 1 & 0 & \vdots & -1 \end{pmatrix} \overset{r_2-r_1}{\underset{r_3+4r_1}{\sim}} \begin{pmatrix} 1 & -1 & -1 & -3 & \vdots & -2 \\ 0 & 0 & 2 & 8 & \vdots & 6 \\ 0 & 0 & -3 & -12 & \vdots & -9 \end{pmatrix}$$

$$\overset{\frac{1}{2}r_2}{\sim} \begin{pmatrix} 1 & -1 & -1 & -3 & \vdots & -2 \\ 0 & 0 & 1 & 4 & \vdots & 3 \\ 0 & 0 & -3 & -12 & \vdots & -9 \end{pmatrix} \overset{r_1+r_2}{\underset{r_3+3r_2}{\sim}} \begin{pmatrix} 1 & -1 & 0 & 1 & \vdots & 1 \\ 0 & 0 & 1 & 4 & \vdots & 3 \\ 0 & 0 & 0 & 0 & \vdots & 0 \end{pmatrix}$$

原方程组的同解方程组

$$\begin{cases} x_1-x_2 \quad +x_4=1, \\ \quad\quad\quad x_3+4x_4=3. \end{cases}$$

即

$$\begin{cases} x_1 = x_2 - x_4 + 1, \\ x_3 = -4x_4 + 3. \end{cases}$$

其中未知量 x_2,x_4 称为自由未知量,x_1,x_3 称为非自由未知量,一般取行最简形矩阵非零行的第一个非零元对应的未知量为非自由未知量,此时原方程组有无穷多解. 令自由未知量 $x_2=c_1$,$x_4=c_2$,方程组的解可表示为

$$\begin{cases} x_1 = 1 + c_1 - c_2, \\ x_2 = \quad c_1, \\ x_3 = 3 \quad - 4c_2, \\ x_4 = \quad\quad c_2. \end{cases}$$

其中 c_1,c_2 为任意常数. 此形式表示的线性方程组的解习惯上称为**一般解或通解.**

从前面的 3 个实例可以看出,用消元法解线性方程组,实质上就是对该方程组的增广矩阵施以初等行变换,化为行最简形矩阵.

综上所述,用消元法解线性方程组的一般步骤如下:

1. 写出线性方程组(3.1.1)的增广矩阵$\widetilde{\mathbf{A}}$.

2. 对增广矩阵$\widetilde{\mathbf{A}}$施行初等行变换化成行最简形矩阵. 不妨设$\widetilde{\mathbf{A}}$的行最简形矩阵为

$$\begin{pmatrix} 1 & 0 & \cdots & 0 & c_{1,r+1} & \cdots & c_{1n} & \vdots & d_1 \\ 0 & 1 & \cdots & 0 & c_{2,r+1} & \cdots & c_{2n} & \vdots & d_2 \\ \vdots & \vdots & & \vdots & \vdots & & \vdots & \vdots & \vdots \\ 0 & 0 & \cdots & 1 & c_{r,r+1} & \cdots & c_{rn} & \vdots & d_r \\ 0 & 0 & \cdots & 0 & 0 & \cdots & 0 & \vdots & d_{r+1} \\ \vdots & \vdots & & \vdots & \vdots & & \vdots & \vdots & \vdots \\ 0 & 0 & \cdots & 0 & 0 & \cdots & 0 & \vdots & 0 \end{pmatrix}$$

此时,该增广矩阵对应线性方程组

$$\begin{cases} x_1 \qquad + c_{1,r+1}x_{r+1} + \cdots + c_{1n}x_n = d_1, \\ \quad x_2 \qquad + c_{2,r+1}x_{r+1} + \cdots + c_{2n}x_n = d_2, \\ \quad\quad \cdots \qquad \cdots \qquad \cdots \qquad \cdots \\ \qquad\quad x_r + c_{r,r+1}x_{r+1} + \cdots + c_{rn}x_n = d_r, \\ \qquad\qquad\qquad\qquad\qquad 0 = d_{r+1}, \\ \qquad\qquad\qquad\qquad\qquad 0 = 0, \\ \qquad\qquad\qquad\qquad\qquad \cdots \\ \qquad\qquad\qquad\qquad\qquad 0 = 0. \end{cases} \tag{3.1.2}$$

且方程组(3.1.2)与方程组(3.1.1)是同解方程组.

从阶梯形方程组(3.1.2)可得原方程组(3.1.1)的解具有以下三种情形：

1. 如果方程组(3.1.2)中的 $d_{r+1} \neq 0$(如例 2),则方程组(3.1.2)无解,从而方程组(3.1.1)无解.

2. 如果方程组(3.1.2)中的 $d_{r+1}=0$,则

当 $r=n$ 时,方程组(3.1.2)可改写为

$$\begin{cases} x_1 \qquad = d_1, \\ \quad x_2 \quad = d_2, \\ \quad\quad \cdots \ \cdots \\ \qquad x_n = d_n. \end{cases}$$

此时方程组(3.1.2)有惟一解,从而方程组(3.1.1)也有惟一解(如例 1).

当 $r<n$ 时,方程组(3.1.2)可改写为

$$\begin{cases} x_1 \qquad = d_1 - c_{1,r+1}x_{r+1} - \cdots - c_{1n}x_n, \\ \quad x_2 \quad = d_2 - c_{2,r+1}x_{r+1} - \cdots - c_{2n}x_n, \\ \quad\quad \cdots \qquad \cdots \qquad \cdots \qquad \cdots \\ \qquad x_r = d_r - c_{r,r+1}x_{r+1} - \cdots - c_{rn}x_n. \end{cases}$$

其中 $x_{r+1},\cdots,x_n$ 为自由未知量. 此时方程组(3.1.2)有无穷多解,则方程组(3.1.1)也有无穷多解. 令自由未知量 $x_{r+1}=k_1,\cdots,x_n=k_{n-r}$,则方程组(3.1.2)的通解为

$$\begin{cases} x_1 = d_1 - c_{1,r+1}k_1 - \cdots - c_{1n}k_{n-r}, \\ x_2 = d_2 - c_{2,r+1}k_1 - \cdots - c_{2n}k_{n-r}, \\ \cdots\cdots\cdots\cdots\cdots\cdots \\ x_r = d_r - c_{r,r+1}k_1 - \cdots - c_{rn}k_{n-r}, \\ x_{r+1} = k_1, \\ \cdots\cdots\cdots\cdots\cdots\cdots \\ x_n = k_{n-r}. \end{cases}$$

其中 $k_1,\cdots,k_{n-r}$ 为任意常数,这也是方程组(3.1.1)的通解(如例 3).

结合矩阵的秩,有:

当 $d_{r+1}\neq 0$ 时,方程组(3.1.1)系数矩阵的秩 $R(\mathbf{A})=r$,而增广矩阵的秩 $R(\widetilde{\mathbf{A}})=r+1$,则 $R(\widetilde{\mathbf{A}})\neq R(\mathbf{A})$,此时方程组(3.1.1)无解.

当 $d_{r+1}=0$ 时,方程组(3.1.1)系数矩阵的秩 $R(\mathbf{A})=r$,增广矩阵的秩 $R(\widetilde{\mathbf{A}})=r$,则 $R(\widetilde{\mathbf{A}})=R(\mathbf{A})$,此时方程组(3.1.1)有解.且当 $r=n$ 时方程组(3.1.1)有惟一解;当 $r<n$ 时方程组(3.1.1)有无穷多解.

综上分析可得以下定理.

定理 3.1.1　线性方程组(3.1.1)有解的充分必要条件是 $R(\mathbf{A})=R(\widetilde{\mathbf{A}})$.且当 $R(\mathbf{A})=n$ 时,方程组有惟一解;当 $R(\mathbf{A})<n$ 时,方程组有无穷多解,其中 n 为未知量的个数.

推论　线性方程组(3.1.1)无解的充分必要条件是 $R(A)\neq R(\widetilde{A})$.

例 4　当 a,b 取何值时,线性方程组

$$\begin{cases} x_1 + x_2 + x_3 + x_4 = 1, \\ x_2 - x_3 + 2x_4 = 1, \\ 2x_1 + 3x_2 + (a+2)x_3 + 4x_4 = b+3, \\ 3x_1 + 5x_2 + x_3 + (a+8)x_4 = 5 \end{cases}$$

(1) 有惟一解;(2) 无解;(3) 有无穷多解.

解　对方程组的增广矩阵施行初等行变换使其变成行阶梯形.

$$\widetilde{\mathbf{A}} = \begin{pmatrix} 1 & 1 & 1 & 1 & \vdots & 1 \\ 0 & 1 & -1 & 2 & \vdots & 1 \\ 2 & 3 & a+2 & 4 & \vdots & b+3 \\ 3 & 5 & 1 & a+8 & \vdots & 5 \end{pmatrix}$$

$$\xrightarrow[r_4-3r_1]{r_3-2r_1}\begin{pmatrix}1&1&1&1&\vdots&1\\0&1&-1&2&\vdots&1\\0&1&a&2&\vdots&b+1\\0&2&-2&a+5&\vdots&2\end{pmatrix}\xrightarrow[r_4-2r_2]{r_3-r_2}\begin{pmatrix}1&1&1&1&\vdots&1\\0&1&-1&2&\vdots&1\\0&0&a+1&0&\vdots&b\\0&0&0&a+1&\vdots&0\end{pmatrix}$$

可得：

(1)当 $a\neq-1$ 时，因 $R(\widetilde{\mathbf{A}})=R(\mathbf{A})=4$，故方程组有惟一解；

(2)当 $a=-1,b\neq0$ 时，因 $R(\mathbf{A})=2$，而 $R(\widetilde{\mathbf{A}})=3$，故方程组无解；

(3)当 $a=-1,b=0$ 时，因 $R(\widetilde{\mathbf{A}})=R(\mathbf{A})=2<4$，故方程组有无穷多解.

对于一般形式的齐次线性方程组

$$\begin{cases}a_{11}x_1+a_{12}x_2+\cdots+a_{1n}x_n=0\\a_{21}x_1+a_{22}x_2+\cdots+a_{2n}x_n=0\\\cdots\cdots\cdots\cdots\cdots\cdots\\a_{m1}x_1+a_{m2}x_2+\cdots+a_{mn}x_n=0\end{cases}\tag{3.1.3}$$

其矩阵形式为

$$\mathbf{A}_{m\times n}\mathbf{X}_{n\times 1}=\mathbf{O}_{m\times 1}$$

显然方程组(3.1.3)至少有零解(未知量全为零的解)，由定理 3.1.1 易得以下结论.

定理 3.1.2　齐次线性方程组(3.1.3)有非零解的充分必要条件是 $R(\mathbf{A})<n$.

推论　当 $m<n$ 时，齐次线性方程组(3.1.3)有非零解.

例 5　求解齐次线性方程组

$$\begin{cases}x_1+2x_2+x_3-x_4=0,\\3x_1+6x_2-x_3-3x_4=0,\\5x_1+10x_2+x_3-5x_4=0.\end{cases}$$

解　方程组的系数矩阵

$$\mathbf{A}=\begin{pmatrix}1&2&1&-1\\3&6&-1&-3\\5&10&1&-5\end{pmatrix}\xrightarrow[r_3-5r_1]{r_2-3r_1}\begin{pmatrix}1&2&1&-1\\0&0&-4&0\\0&0&-4&0\end{pmatrix}$$

$$\xrightarrow[(-\frac{1}{4})\times r_2]{r_3-r_2}\begin{pmatrix}1&2&1&-1\\0&0&1&0\\0&0&0&0\end{pmatrix}\xrightarrow{r_1-r_2}\begin{pmatrix}1&2&0&-1\\0&0&1&0\\0&0&0&0\end{pmatrix}$$

得 $R(\mathbf{A})=2<4$，故方程组有非零解. 取 x_2,x_4 为自由未知量，得同解方程组为

$$\begin{cases} x_1 = -2x_2 + x_4, \\ x_3 = 0. \end{cases}$$

令 $x_2 = c_1, x_4 = c_2$，则方程组的通解为

$$\begin{cases} x_1 = -2c_1 + c_2, \\ x_2 = c_1, \\ x_3 = 0, \\ x_4 = c_2. \end{cases}$$

其中 c_1, c_2 为任意常数.

例 6 当 λ 取何值时，齐次线性方程组

$$\begin{cases} 3x_1 + x_2 - x_3 = 0, \\ 3x_1 + 2x_2 + 3x_3 = 0, \\ x_2 + \lambda x_3 = 0 \end{cases}$$

有非零解？

解 方程组的系数矩阵

$$\boldsymbol{A} = \begin{pmatrix} 3 & 1 & -1 \\ 3 & 2 & 3 \\ 0 & 1 & \lambda \end{pmatrix} \overset{r_2 - r_1}{\sim} \begin{pmatrix} 3 & 1 & -1 \\ 0 & 1 & 4 \\ 0 & 1 & \lambda \end{pmatrix} \overset{r_3 - r_2}{\sim} \begin{pmatrix} 3 & 1 & -1 \\ 0 & 1 & 4 \\ 0 & 0 & \lambda - 4 \end{pmatrix}$$

则当 $\lambda = 4$ 时，因 $R(\boldsymbol{A}) = 2 < 3$，故线性方程组有非零解.

§2 向量组的线性相关性

在上一节中，我们利用消元法得到了线性方程组有解、无解的充分必要条件，及有解时解的求法，但对线性方程组解的结构不甚明了. 本节和下一节引入向量的理论，它是线性代数的核心理论，且利用向量理论可以解决线性方程组解的结构问题.

一、向量及其线性运算

向量的概念是平面的二维向量及空间的三维向量的推广. 通过建立坐标系使一个向量与它的坐标（即有序数组）一一对应，从而把向量的运算转化为有序数组（即坐标）的代数运算，这样的推广在线性代数中极为重要.

定义 3.2.1 n 个数 $a_1, a_2, \cdots, a_n$ 组成的有序数组，称为 ***n* 维向量**，常用 $\boldsymbol{\alpha}$、$\boldsymbol{\beta}$、$\boldsymbol{\gamma}$ 等表示 n 维向量. 记为

$$\boldsymbol{\alpha} = (a_1, a_2, \cdots, a_n) \text{或} \boldsymbol{\alpha} = (a_1 a_2 \cdots a_n)$$

称以这种形式表示的向量为**行向量**；而以一列的形式表示的 n 维向量

$$\boldsymbol{\alpha}=\begin{pmatrix}a_1\\a_2\\\vdots\\a_n\end{pmatrix}$$

称为 n 维**列向量**，也常表示为 $\boldsymbol{\alpha}=(a_1,a_2,\cdots,a_n)^{\mathrm{T}}$. 其中 a_i 称为 n 维向量的**第 i 个分量**. 以后若不加声明，本书中提到的 n 维向量均指 n 维列向量.

特别地，分量全为零的向量称为**零向量**；n 维向量

$$\boldsymbol{\alpha}=\begin{pmatrix}-a_1\\-a_2\\\vdots\\-a_n\end{pmatrix}$$

称为 n 维向量　$\boldsymbol{\alpha}=\begin{pmatrix}a_1\\a_2\\\vdots\\a_n\end{pmatrix}$ 的**负向量**，记为 $-\boldsymbol{\alpha}$.

显然，一个 n 维行向量就是一个 $1\times n$ 矩阵；而一个 n 维列向量就是一个 $n\times 1$ 矩阵.

例如，含有 n 个未知量的线性方程组的解就是一个 n 维列向量，线性方程组的第 i 个方程的未知量的系数即组成一个 n 维行向量；$m\times n$ 矩阵的每一列都可看作一个 m 维列向量或每一行可看作一个 n 维行向量. 将 m 个 n 维行向量按行排列就可构成一个 $m\times n$ 矩阵；相仿，将 n 个 m 维列向量按列排列也可构成一个 $m\times n$ 矩阵.

设有两个 n 维向量 $\boldsymbol{\alpha}=(a_1,a_2,\cdots,a_n)^{\mathrm{T}}$，$\boldsymbol{\beta}=(b_1,b_2,\cdots,b_n)^{\mathrm{T}}$，若它们的分量都对应相等，即 $a_i=b_i$，$i=1,2,\cdots,n$，则称向量 $\boldsymbol{\alpha}$ 与 $\boldsymbol{\beta}$ **相等**，记作 $\boldsymbol{\alpha}=\boldsymbol{\beta}$.

下面将在二维、三维向量中我们熟知的加法与数乘运算推广至 n 维向量.

定义 3.2.2　设有两个 n 维向量，

$$\boldsymbol{\alpha}=\begin{pmatrix}a_1\\a_2\\\vdots\\a_n\end{pmatrix},\boldsymbol{\beta}=\begin{pmatrix}b_1\\b_2\\\vdots\\b_n\end{pmatrix}$$

k 为实数，n 维向量

$$\begin{pmatrix} a_1+b_1 \\ a_2+b_2 \\ \vdots \\ a_n+b_n \end{pmatrix}$$

称为向量 $\boldsymbol{\alpha}$ 与 $\boldsymbol{\beta}$ 的和，记作 $\boldsymbol{\alpha}+\boldsymbol{\beta}$. n 维向量

$$\begin{pmatrix} ka_1 \\ ka_2 \\ \vdots \\ ka_n \end{pmatrix}$$

称为数 k 与向量 $\boldsymbol{\alpha}$ 的**乘积**，记作 $k\boldsymbol{\alpha}$. 通常将向量的加法与数乘运算统称为**向量的线性运算**.

因为 n 维向量其实就是矩阵，且 n 维向量的加法、数乘运算与矩阵的加法、数乘运算一致，所以 n 维向量的线性运算满足的规律与矩阵也相同，即

$\boldsymbol{\alpha}+\boldsymbol{\beta}=\boldsymbol{\beta}+\boldsymbol{\alpha}$，$(\boldsymbol{\alpha}+\boldsymbol{\beta})+\boldsymbol{\gamma}=\boldsymbol{\alpha}+(\boldsymbol{\beta}+\boldsymbol{\gamma})$，$\boldsymbol{\alpha}+\boldsymbol{0}=\boldsymbol{\alpha}$，$\boldsymbol{\alpha}+(-\boldsymbol{\alpha})=\boldsymbol{0}$；

$1\cdot\boldsymbol{\alpha}=\boldsymbol{\alpha}$，$\lambda(\mu\boldsymbol{\alpha})=\mu(\lambda\boldsymbol{\alpha})$，$\lambda(\boldsymbol{\alpha}+\boldsymbol{\beta})=\lambda\boldsymbol{\alpha}+\lambda\boldsymbol{\beta}$，$(\lambda+\mu)\boldsymbol{\alpha}=\lambda\boldsymbol{\alpha}+\mu\boldsymbol{\alpha}$.

其中 $\boldsymbol{\alpha},\boldsymbol{\beta},\boldsymbol{\gamma}$ 是同维向量，$\boldsymbol{0}$ 是零向量，λ,μ 是常数.

由定义 3.2.2 及上述向量的线性运算规律易得向量的以下性质：

性质 1 $0\cdot\boldsymbol{\alpha}=\boldsymbol{0}$；

性质 2 $k\cdot\boldsymbol{0}=\boldsymbol{0}$，$k$ 是常数；

性质 3 $(-1)\cdot\boldsymbol{\alpha}=-\boldsymbol{\alpha}$；

性质 4 若 $k\cdot\boldsymbol{\alpha}=\boldsymbol{0}$，则或者 $k=0$，或者 $\boldsymbol{\alpha}=\boldsymbol{0}$.

二、向量组的线性组合

若干个同维的向量可组成一个向量组，如 $\boldsymbol{e}_1=\begin{pmatrix} 1 \\ 0 \\ \vdots \\ 0 \end{pmatrix}$，$\boldsymbol{e}_2=\begin{pmatrix} 0 \\ 1 \\ \vdots \\ 0 \end{pmatrix}$，$\boldsymbol{e}_n=\begin{pmatrix} 0 \\ 0 \\ \vdots \\ 1 \end{pmatrix}$ 是一个向量组，习惯上把 $\boldsymbol{e}_1,\boldsymbol{e}_2,\cdots,\boldsymbol{e}_n$ 称为**坐标单位向量组**，简称**单位向

量组. $m\times n$ 矩阵 $\boldsymbol{A}=(a_{ij})_{m\times n}$ 的列 $\begin{pmatrix} a_{1j} \\ a_{2j} \\ \vdots \\ a_{mj} \end{pmatrix}$，$(j=1,2,3\cdots,n)$ 即组成 m 维的一个向量组，称为矩阵 $\boldsymbol{A}$ 的**列向量组**；矩阵 $\boldsymbol{A}=(a_{ij})_{m\times n}$ 的行 $(a_{i1},a_{i2},\cdots,a_{in})$ $(i=1,2,\cdots,m)$ 即组成 n 维的一个向量组，称为矩阵 $\boldsymbol{A}$ 的**行向量组.**

线性方程组(3.1.1)可表示为常数项组成的列向量与未知量的系数组成的列向量的线性关系式

$$x_1\boldsymbol{\alpha}_1+x_2\boldsymbol{\alpha}_2+\cdots+x_n\boldsymbol{\alpha}_n=\boldsymbol{\beta}$$

此式也称为线性方程组(3.1.1)的向量形式，其中

$$\boldsymbol{\alpha}_j=\begin{pmatrix} a_{1j} \\ a_{2j} \\ \vdots \\ a_{mj} \end{pmatrix},j=1,2,\cdots,n;\boldsymbol{\beta}=\begin{pmatrix} b_1 \\ b_2 \\ \vdots \\ b_m \end{pmatrix}$$

均为 m 维向量. 于是讨论线性方程组(3.1.1)是否有解，相当于讨论是否存在一组数 $x_1=k_1,x_2=k_2,\cdots,x_n=k_n$，使得表示式

$$k_1\boldsymbol{\alpha}_1+k_2\boldsymbol{\alpha}_2+\cdots+k_n\boldsymbol{\alpha}_n=\boldsymbol{\beta}$$

成立，即常数项组成的列向量 $\boldsymbol{\beta}$ 是否可表示成方程组的系数矩阵的列向量组 $\boldsymbol{\alpha}_1,\boldsymbol{\alpha}_2,\cdots,\boldsymbol{\alpha}_n$ 的线性表示式. 如可以，则方程组有解；否则，方程组无解.

定义 3.2.3　设 $\boldsymbol{\beta},\boldsymbol{\alpha}_1,\boldsymbol{\alpha}_2,\cdots,\boldsymbol{\alpha}_s$ 为一组 n 维向量，若存在一组数 $k_1,k_2,\cdots,k_s$，使得

$$\boldsymbol{\beta}=k_1\boldsymbol{\alpha}_1+k_2\boldsymbol{\alpha}_2+\cdots+k_s\boldsymbol{\alpha}_s \tag{3.2.1}$$

成立，则称向量 $\boldsymbol{\beta}$ 是向量组 $\boldsymbol{\alpha}_1,\boldsymbol{\alpha}_2,\cdots,\boldsymbol{\alpha}_s$ 的**线性组合**，或称向量 $\boldsymbol{\beta}$ 可由向量组 $\boldsymbol{\alpha}_1,\boldsymbol{\alpha}_2,\cdots,\boldsymbol{\alpha}_s$ **线性表示.**

例 1　(1) 零向量可由任意一个同维向量组线性表示，因为

$$\boldsymbol{0}=0\cdot\boldsymbol{\alpha}_1+0\cdot\boldsymbol{\alpha}_2+\cdots+0\cdot\boldsymbol{\alpha}_s.$$

(2) 任一 n 维向量 $\boldsymbol{\alpha}=\begin{pmatrix} a_1 \\ a_2 \\ \vdots \\ a_n \end{pmatrix}$ 可由 n 维单位向量组 $\boldsymbol{e}_1=\begin{pmatrix} 1 \\ 0 \\ \vdots \\ 0 \end{pmatrix},\boldsymbol{e}_2=\begin{pmatrix} 0 \\ 1 \\ \vdots \\ 0 \end{pmatrix},\cdots,$

$\boldsymbol{e}_n=\begin{pmatrix} 0 \\ 0 \\ \vdots \\ 1 \end{pmatrix}$

线性表示，表示式为$\boldsymbol{\alpha}=a_1\boldsymbol{e}_1+a_2\boldsymbol{e}_2+\cdots+a_n\boldsymbol{e}_n$.

(3) 向量组$\boldsymbol{\alpha}_1,\boldsymbol{\alpha}_2,\cdots,\boldsymbol{\alpha}_s$中的任一向量$\boldsymbol{\alpha}_j(j=1,2,\cdots,s)$都是此向量组的一个线性组合，因为$\boldsymbol{\alpha}_j=0\cdot\boldsymbol{\alpha}_1+0\cdot\boldsymbol{\alpha}_2+\cdots+1\cdot\boldsymbol{\alpha}_j+\cdots+0\cdot\boldsymbol{\alpha}_s$.

(4) 设$\boldsymbol{\alpha}_1=\begin{pmatrix}1\\0\\2\\-1\end{pmatrix},\boldsymbol{\alpha}_2=\begin{pmatrix}3\\0\\4\\1\end{pmatrix},\boldsymbol{\beta}=\begin{pmatrix}-1\\0\\0\\-3\end{pmatrix}$，因为$\boldsymbol{\beta}=2\boldsymbol{\alpha}_1-\boldsymbol{\alpha}_2$，所以向量$\boldsymbol{\beta}$可由向量组$\boldsymbol{\alpha}_1,\boldsymbol{\alpha}_2$线性表示.

如何判别向量$\boldsymbol{\beta}$能否由向量组$\boldsymbol{\alpha}_1,\boldsymbol{\alpha}_2,\cdots,\boldsymbol{\alpha}_s$线性表示呢？从定义(3.2.3)不难得到下列结论.

定理 3.2.1　向量$\boldsymbol{\beta}$可由向量组$\boldsymbol{\alpha}_1,\boldsymbol{\alpha}_2,\cdots,\boldsymbol{\alpha}_n$线性表示的充分必要条件是：以向量组$\boldsymbol{\alpha}_1,\boldsymbol{\alpha}_2,\cdots,\boldsymbol{\alpha}_n$为系数矩阵、向量$\boldsymbol{\beta}$为常数项列向量的线性方程组(3.1.3)有解，即

$$R(\boldsymbol{\alpha}_1,\boldsymbol{\alpha}_2,\cdots,\boldsymbol{\alpha}_n)=R(\boldsymbol{\alpha}_1,\boldsymbol{\alpha}_2,\cdots,\boldsymbol{\alpha}_n,\boldsymbol{\beta})$$

至于向量$\boldsymbol{\beta}$可由向量组$\boldsymbol{\alpha}_1,\boldsymbol{\alpha}_2,\cdots,\boldsymbol{\alpha}_n$线性表示的表示式，只需解线性方程组

$$k_1\boldsymbol{\alpha}_1+k_2\boldsymbol{\alpha}_2+\cdots+k_n\boldsymbol{\alpha}_n=\boldsymbol{\beta}$$

如果解是唯一的，则说明表示式唯一；如果解不唯一，则说明表示式不唯一.

例 2　设向量$\boldsymbol{\beta}_1=\begin{pmatrix}2\\6\\8\\7\end{pmatrix},\boldsymbol{\beta}_2=\begin{pmatrix}2\\10\\8\\7\end{pmatrix}$，向量组$\mathbf{A}$：

$$\boldsymbol{\alpha}_1=\begin{pmatrix}1\\3\\2\\0\end{pmatrix},\boldsymbol{\alpha}_2=\begin{pmatrix}-2\\-1\\1\\5\end{pmatrix},\boldsymbol{\alpha}_3=\begin{pmatrix}3\\5\\2\\-4\end{pmatrix},\boldsymbol{\alpha}_4=\begin{pmatrix}-1\\-3\\-2\\5\end{pmatrix}$$

问向量$\boldsymbol{\beta}_1,\boldsymbol{\beta}_2$能否由向量组$\mathbf{A}$线性表示？

解　设$\boldsymbol{\beta}_1=k_1\boldsymbol{\alpha}_1+k_2\boldsymbol{\alpha}_2+k_3\boldsymbol{\alpha}_3+k_4\boldsymbol{\alpha}_4$，则该线性方程组的增广矩阵

$$\widetilde{\mathbf{A}}_1=(\mathbf{A}\vdots\boldsymbol{\beta}_1)=\begin{pmatrix}1&-2&3&-1&\vdots&2\\3&-1&5&-3&\vdots&6\\2&1&2&-2&\vdots&8\\0&5&-4&5&\vdots&7\end{pmatrix}$$

$$\overset{r_2-3r_1}{\underset{r_3-2r_1}{\sim}}\begin{pmatrix}1 & -2 & 3 & -1 & \vdots & 2\\0 & 5 & -4 & 0 & \vdots & 0\\0 & 5 & -4 & 0 & \vdots & 4\\0 & 5 & -4 & 5 & \vdots & 7\end{pmatrix}\overset{r_3-r_2}{\underset{\substack{r_4-r_2\\r_3\leftrightarrow r_4}}{\sim}}\begin{pmatrix}1 & -2 & 3 & -1 & \vdots & 2\\0 & 5 & -4 & 0 & \vdots & 0\\0 & 0 & 0 & 5 & \vdots & 7\\0 & 0 & 0 & 0 & \vdots & 4\end{pmatrix}$$

因为 $R(\boldsymbol{A})=3, R(\widetilde{\boldsymbol{A}}_1)=4$，所以向量 $\boldsymbol{\beta}_1$ 不能由向量组 $\boldsymbol{A}$ 线性表示.

设 $\boldsymbol{\beta}_2=k_1\boldsymbol{\alpha}_1+k_2\boldsymbol{\alpha}_2+k_3\boldsymbol{\alpha}_3+k_4\boldsymbol{\alpha}_4$，则该线性方程组的增广矩阵

$$\widetilde{\boldsymbol{A}}_2=(\boldsymbol{A}\vdots\boldsymbol{\beta}_2)=\begin{pmatrix}1 & -2 & 3 & -1 & \vdots & 2\\3 & -1 & 5 & -3 & \vdots & 10\\2 & 1 & 2 & -2 & \vdots & 8\\0 & 5 & -4 & 5 & \vdots & 7\end{pmatrix}$$

$$\overset{r_2-3r_1}{\underset{r_3-2r_1}{\sim}}\begin{pmatrix}1 & -2 & 3 & -1 & \vdots & 2\\0 & 5 & -4 & 0 & \vdots & 4\\0 & 5 & -4 & 0 & \vdots & 4\\0 & 5 & -4 & 5 & \vdots & 7\end{pmatrix}\overset{r_3-r_2}{\underset{\substack{r_4-r_2\\r_3\leftrightarrow r_4}}{\sim}}\begin{pmatrix}1 & -2 & 3 & -1 & \vdots & 2\\0 & 5 & -4 & 0 & \vdots & 0\\0 & 0 & 0 & 5 & \vdots & 3\\0 & 0 & 0 & 0 & \vdots & 0\end{pmatrix}$$

因为 $R(\boldsymbol{A})=3, R(\widetilde{\boldsymbol{A}}_2)=3$，所以向量 $\boldsymbol{\beta}_2$ 能由向量组 $\boldsymbol{A}$ 线性表示. 且从上式中易求得

$$k_1=\frac{13}{5}-\frac{7}{5}c, k_2=\frac{4}{5}c, k_3=c, k_4=\frac{3}{5}$$

其中 c 为任意常数；如取 $c=5$，则可得 $\boldsymbol{\beta}_2$ 由向量组 $\boldsymbol{A}$ 线性表示的表示式

$$\boldsymbol{\beta}_2=-\frac{22}{5}\boldsymbol{\alpha}_1+4\boldsymbol{\alpha}_2+5\boldsymbol{\alpha}_3+\frac{3}{5}\boldsymbol{\alpha}_4.$$

定义 3.2.4　如果向量组 $\boldsymbol{\alpha}_1,\boldsymbol{\alpha}_2,\cdots,\boldsymbol{\alpha}_s$ 中的每一个向量都可以由向量组 $\boldsymbol{\beta}_1,\boldsymbol{\beta}_2,\cdots,\boldsymbol{\beta}_t$ 线性表示，则称向量组 $\boldsymbol{\alpha}_1,\boldsymbol{\alpha}_2,\cdots,\boldsymbol{\alpha}_s$ 可由向量组 $\boldsymbol{\beta}_1,\boldsymbol{\beta}_2,\cdots,\boldsymbol{\beta}_t$ 线性表示；如果向量组 $\boldsymbol{\alpha}_1,\boldsymbol{\alpha}_2,\cdots,\boldsymbol{\alpha}_s$ 与向量组 $\boldsymbol{\beta}_1,\boldsymbol{\beta}_2,\cdots,\boldsymbol{\beta}_t$ 可以互相线性表示，则称向量组 $\boldsymbol{\alpha}_1,\boldsymbol{\alpha}_2,\cdots,\boldsymbol{\alpha}_s$ 与向量组 $\boldsymbol{\beta}_1,\boldsymbol{\beta}_2,\cdots,\boldsymbol{\beta}_t$ 等价.

向量组的等价是向量组与向量组之间的一种关系. 易得这种等价关系满足：

1. 自反性　向量组与自身向量组等价；

2. 对称性　若向量组 $\boldsymbol{\alpha}_1,\boldsymbol{\alpha}_2,\cdots,\boldsymbol{\alpha}_s$ 与向量组 $\boldsymbol{\beta}_1,\boldsymbol{\beta}_2,\cdots,\boldsymbol{\beta}_t$ 等价，则向量组 $\boldsymbol{\beta}_1,\boldsymbol{\beta}_2,\cdots,\boldsymbol{\beta}_t$ 也与向量组 $\boldsymbol{\alpha}_1,\boldsymbol{\alpha}_2,\cdots,\boldsymbol{\alpha}_s$ 等价；

3. 传递性　若向量组 $\boldsymbol{\alpha}_1,\boldsymbol{\alpha}_2,\cdots,\boldsymbol{\alpha}_s$ 与向量组 $\boldsymbol{\beta}_1,\boldsymbol{\beta}_2,\cdots,\boldsymbol{\beta}_t$ 等价，且向量组 $\boldsymbol{\beta}_1,\boldsymbol{\beta}_2,\cdots,\boldsymbol{\beta}_t$ 与向量组 $\boldsymbol{\gamma}_1,\boldsymbol{\gamma}_2,\cdots,\boldsymbol{\gamma}_p$ 等价，则向量组 $\boldsymbol{\alpha}_1,\boldsymbol{\alpha}_2,\cdots,\boldsymbol{\alpha}_s$ 也与向量组 $\boldsymbol{\gamma}_1,\boldsymbol{\gamma}_2,\cdots,\boldsymbol{\gamma}_p$ 等价.

三、线性相关与线性无关

对于线性方程组(3.1.1)，我们利用新的概念——向量组的线性组合，可把方程组是否有解的问题转化为方程组的常数列向量能否由方程组的系数矩阵的列向量组线性表示的问题，借此解决方程组解的结构问题.

与线性方程组(3.1.1)相仿，齐次线性方程组(3.1.3)可表示为

$$x_1\boldsymbol{\alpha}_1+x_2\boldsymbol{\alpha}_2+\cdots+x_n\boldsymbol{\alpha}_n=\mathbf{0}$$

此式称为齐次线性方程组(3.1.3)的**向量式方程**，其中 $\boldsymbol{\alpha}_1,\boldsymbol{\alpha}_2,\cdots,\boldsymbol{\alpha}_n$ 是方程组的系数矩阵的列向量组. 因

$$0\cdot\boldsymbol{\alpha}_1+0\cdot\boldsymbol{\alpha}_2+\cdots+0\cdot\boldsymbol{\alpha}_n=\mathbf{0}$$

总成立，所以方程组(3.1.3)必有零解. 我们更关注方程组(3.1.3)除了零解以外的解——非零解是否存在，即是否存在一组不全为零的数 $k_1,k_2,\cdots,k_n$，使得

$$k_1\boldsymbol{\alpha}_1+k_2\boldsymbol{\alpha}_2+\cdots+k_n\boldsymbol{\alpha}_n=\mathbf{0}$$

成立. 例如，齐次线性方程组

$$\begin{cases} x_1-3x_2=0, \\ -2x_1+6x_2=0. \end{cases}$$

除了有零解外，还有其他的解，如 $x_1=3,x_2=1$，即方程组的系数矩阵的列向量组 $\boldsymbol{\alpha}_1=\begin{pmatrix}1\\-2\end{pmatrix},\boldsymbol{\alpha}_2=\begin{pmatrix}-3\\6\end{pmatrix}$ 与零向量 $\mathbf{0}=\begin{pmatrix}0\\0\end{pmatrix}$ 间，有 $0\cdot\boldsymbol{\alpha}_1+0\cdot\boldsymbol{\alpha}_2=\mathbf{0}$ 成立，也有 $3\boldsymbol{\alpha}_1+\boldsymbol{\alpha}_2=\mathbf{0}$ 成立，这说明向量 $\boldsymbol{\alpha}_1,\boldsymbol{\alpha}_2$ 之间有某种“特殊”关系. 而齐次线性方程组

$$\begin{cases} x_1-3x_2=0, \\ -x_1+6x_2=0. \end{cases}$$

只有零解，即方程组的系数组成的列向量组 $\boldsymbol{\alpha}_1=\begin{pmatrix}1\\-1\end{pmatrix},\boldsymbol{\alpha}_2=\begin{pmatrix}-3\\6\end{pmatrix}$，与零向量 $\mathbf{0}=\begin{pmatrix}0\\0\end{pmatrix}$，间，只有 $0\cdot\boldsymbol{\alpha}_1+0\cdot\boldsymbol{\alpha}_2=\mathbf{0}$ 成立，这也说明向量 $\boldsymbol{\alpha}_1,\boldsymbol{\alpha}_2$ 之间没有某种“特殊”关系.

定义 3.2.5 对于向量组 $\boldsymbol{\alpha}_1,\boldsymbol{\alpha}_2,\cdots,\boldsymbol{\alpha}_n$，若存在不全为零的数 $\lambda_1,\lambda_2,\cdots,\lambda_n$，使得

$$\lambda_1\boldsymbol{\alpha}_1+\lambda_2\boldsymbol{\alpha}_2+\cdots+\lambda_n\boldsymbol{\alpha}_n=\mathbf{0} \tag{3.2.2}$$

成立，则称向量组 $\boldsymbol{\alpha}_1,\boldsymbol{\alpha}_2,\cdots,\boldsymbol{\alpha}_n$ **线性相关**. 否则，即当且仅当 $\lambda_1=\lambda_2=\cdots=\lambda_n$

$=0$ 时(3.2.2)式成立,则称向量组 $\boldsymbol{\alpha}_1,\boldsymbol{\alpha}_2,\cdots,\boldsymbol{\alpha}_n$ **线性无关**.

由定义知,上例中,向量组 $\boldsymbol{\alpha}_1=\begin{pmatrix}1\\-2\end{pmatrix},\boldsymbol{\alpha}_2=\begin{pmatrix}-3\\6\end{pmatrix}$线性相关;而向量组 $\boldsymbol{\alpha}_1=\begin{pmatrix}1\\-1\end{pmatrix},\boldsymbol{\alpha}_2=\begin{pmatrix}-3\\6\end{pmatrix}$线性无关.

例 3 $\boldsymbol{\alpha}_1=\begin{pmatrix}1\\0\\1\end{pmatrix},\boldsymbol{\alpha}_2=\begin{pmatrix}-1\\2\\2\end{pmatrix},\boldsymbol{\alpha}_3=\begin{pmatrix}1\\2\\4\end{pmatrix}$,问向量组 $\boldsymbol{\alpha}_1,\boldsymbol{\alpha}_2$ 及向量组 $\boldsymbol{\alpha}_1,\boldsymbol{\alpha}_2,\boldsymbol{\alpha}_3$ 的线性相关性如何?

解 对向量组 $\boldsymbol{\alpha}_1,\boldsymbol{\alpha}_2$,设 $\lambda_1\boldsymbol{\alpha}_1+\lambda_2\boldsymbol{\alpha}_2=\mathbf{0}$,即

$$\lambda_1\begin{pmatrix}1\\0\\1\end{pmatrix}+\lambda_2\begin{pmatrix}-1\\2\\2\end{pmatrix}=\begin{pmatrix}0\\0\\0\end{pmatrix}$$

可得

$$\begin{cases}\lambda_1-\lambda_2=0,\\ \qquad 2\lambda_2=0,\\ \lambda_1+2\lambda_2=0.\end{cases}$$

解得 $\lambda_1=\lambda_2=0$,故向量组 $\boldsymbol{\alpha}_1,\boldsymbol{\alpha}_2$ 线性无关.

对向量组 $\boldsymbol{\alpha}_1,\boldsymbol{\alpha}_2,\boldsymbol{\alpha}_3$,设 $\lambda_1\boldsymbol{\alpha}_1+\lambda_2\boldsymbol{\alpha}_2+\lambda_3\boldsymbol{\alpha}_3=\mathbf{0}$,即

$$\lambda_1\begin{pmatrix}1\\0\\1\end{pmatrix}+\lambda_2\begin{pmatrix}-1\\2\\2\end{pmatrix}+\lambda_3\begin{pmatrix}1\\2\\4\end{pmatrix}=\begin{pmatrix}0\\0\\0\end{pmatrix}$$

可得

$$\begin{cases}\lambda_1-\lambda_2+\lambda_3=0\\ \qquad 2\lambda_2+2\lambda_3=0\\ \lambda_1+2\lambda_2+4\lambda_3=0\end{cases}$$

解得

$$\begin{cases}\lambda_1=-2c\\ \lambda_2=-c\\ \lambda_3=c\end{cases}$$

取 $c=-1$,得 $\lambda_1=2,\lambda_2=1,\lambda_3=-1$,则有

$$2\boldsymbol{\alpha}_1+\boldsymbol{\alpha}_2-\boldsymbol{\alpha}_3=\mathbf{0}$$

所以向量组 $\boldsymbol{\alpha}_1,\boldsymbol{\alpha}_2,\boldsymbol{\alpha}_3$ 线性相关.

从例 2 判别一个向量组的线性相关性的方法，易得以下结论.

定理 3.2.2　1. m 维向量组 $\boldsymbol{\alpha}_1,\boldsymbol{\alpha}_2,\cdots,\boldsymbol{\alpha}_n$ 线性相关的充分必要条件是：以 $\boldsymbol{\alpha}_1,\boldsymbol{\alpha}_2,\cdots,\boldsymbol{\alpha}_n$ 为列向量组成的矩阵 $\boldsymbol{A}$ 的秩小于向量的个数 n，即 $R(\boldsymbol{A})<n$.

2. m 维向量组 $\boldsymbol{\alpha}_1,\boldsymbol{\alpha}_2,\cdots,\boldsymbol{\alpha}_n$ 线性无关的充分必要条件是：以 $\boldsymbol{\alpha}_1,\boldsymbol{\alpha}_2,\cdots,\boldsymbol{\alpha}_n$ 为列向量组成的矩阵 A 的秩等于向量的个数 n，即 $R(A)=n$.

推论　n 个 n 维向量 $\boldsymbol{\alpha}_1,\boldsymbol{\alpha}_2,\cdots,\boldsymbol{\alpha}_n$ 线性无关的充分必要条件是 $|A|\neq 0$；n 个 n 维向量 $\boldsymbol{\alpha}_1,\boldsymbol{\alpha}_2,\cdots,\boldsymbol{\alpha}_n$ 线性相关的充分必要条件是 $|A|=0$. 其中 $A=(\boldsymbol{\alpha}_1,\boldsymbol{\alpha}_2,\cdots,\boldsymbol{\alpha}_n)$.

例 4　已知 $\boldsymbol{\alpha}_1=\begin{pmatrix}1\\3\\2\\0\end{pmatrix},\boldsymbol{\alpha}_2=\begin{pmatrix}-2\\-1\\1\\5\end{pmatrix},\boldsymbol{\alpha}_3=\begin{pmatrix}3\\5\\2\\-4\end{pmatrix},\boldsymbol{\alpha}_4=\begin{pmatrix}-1\\-3\\-2\\5\end{pmatrix}$，判别向量组 $\boldsymbol{A}$：$\boldsymbol{\alpha}_1,\boldsymbol{\alpha}_2,\boldsymbol{\alpha}_4$ 及向量组 $\boldsymbol{B}$：$\boldsymbol{\alpha}_1,\boldsymbol{\alpha}_2,\boldsymbol{\alpha}_3,\boldsymbol{\alpha}_4$ 的线性相关性.

解　记 $\boldsymbol{A}=(\boldsymbol{\alpha}_1,\boldsymbol{\alpha}_2,\boldsymbol{\alpha}_4)$，$\boldsymbol{B}=(\boldsymbol{\alpha}_1,\boldsymbol{\alpha}_2,\boldsymbol{\alpha}_3,\boldsymbol{\alpha}_4)$，则

$$B=\begin{pmatrix}1&-2&3&-1\\3&-1&5&-3\\2&1&2&-2\\0&5&-4&5\end{pmatrix}\overset{r_2-3r_1}{\underset{r_3-2r_1}{\sim}}\begin{pmatrix}1&-2&3&-1\\0&5&-4&0\\0&5&-4&0\\0&5&-4&5\end{pmatrix}\overset{r_3-r_2}{\underset{\substack{r_4-r_2\\r_3\leftrightarrow r_4}}{\sim}}\begin{pmatrix}1&-2&3&-1\\0&5&-4&0\\0&0&0&5\\0&0&0&0\end{pmatrix}$$

因只对矩阵 B 作初等行变换，各列的次序没有改变，则从上述矩阵的第 1、2、4 列组成的矩阵可得 $R(\boldsymbol{A})=3$，所以向量组 $\boldsymbol{A}$：$\boldsymbol{\alpha}_1,\boldsymbol{\alpha}_2,\boldsymbol{\alpha}_4$ 线性无关；又因 $R(\boldsymbol{B})=3<4$，所以向量组 $\boldsymbol{B}$：$\boldsymbol{\alpha}_1,\boldsymbol{\alpha}_2,\boldsymbol{\alpha}_3,\boldsymbol{\alpha}_4$ 线性相关.

例 5　证明下列命题：

(1) 含有零向量的向量组必线性相关；

(2) 一个零向量线性相关，一个非零向量线性无关；

(3) 坐标单位向量组线性无关；

(4) 如果向量组所含向量的个数大于向量组中向量的维数，则该向量组线性相关.

特别地，$n+1$ 个 n 维向量必定线性相关.

证　(1) 设含有零向量的向量组为 $\boldsymbol{\alpha}_1,\boldsymbol{\alpha}_2,\cdots,\boldsymbol{\alpha}_s,\boldsymbol{0}$，因存在不全为零的数 $0,0,\cdots,0,1$，使得

$$0\cdot\boldsymbol{\alpha}_1+0\cdot\boldsymbol{\alpha}_2+\cdots+0\cdot\boldsymbol{\alpha}_s+1\cdot\boldsymbol{0}=\boldsymbol{0}$$

所以 $\boldsymbol{\alpha}_1,\boldsymbol{\alpha}_2,\cdots,\boldsymbol{\alpha}_s,\boldsymbol{0}$ 线性相关.

(2) 因为对任意的 $k\neq 0$，有 $k\cdot\boldsymbol{0}=\boldsymbol{0}$ 成立，所以一个零向量线性相关；而

当一个向量 $\boldsymbol{\alpha}\neq\mathbf{0}$ 时,当且仅当只有 $k=0$ 时才有 $k\cdot\boldsymbol{\alpha}=\mathbf{0}$ 成立,所以一个非零向量线性无关.

(3) 因 $R(\boldsymbol{e}_1,\boldsymbol{e}_2,\cdots,\boldsymbol{e}_n)=R(E_n)=n$,所以坐标单位向量组线性无关.

(4) 设向量组为 n 个 m 维向量组成的向量组 $\alpha_1,\alpha_2,\cdots,\alpha_n$,其中 $m<n$. 记 $A=(\boldsymbol{\alpha}_1,\boldsymbol{\alpha}_2,\cdots,\boldsymbol{\alpha}_n)$,则 $R(A)\leqslant\min\{m,n\}=m<n$,所以该向量组线性相关.

例 6　若向量组 $\boldsymbol{\alpha}_1,\boldsymbol{\alpha}_2,\boldsymbol{\alpha}_3$ 线性无关,则向量组 $\boldsymbol{\alpha}_1+\boldsymbol{\alpha}_2,\boldsymbol{\alpha}_2+\boldsymbol{\alpha}_3,\boldsymbol{\alpha}_3+\boldsymbol{\alpha}_1$ 线性无关.

证　设有一组数 k_1,k_2,k_3,使得

$$k_1(\boldsymbol{\alpha}_1+\boldsymbol{\alpha}_2)+k_2(\boldsymbol{\alpha}_2+\boldsymbol{\alpha}_3)+k_3(\boldsymbol{\alpha}_3+\boldsymbol{\alpha}_1)=\mathbf{0} \tag{3.2.3}$$

成立,整理可得

$$(k_1+k_3)\boldsymbol{\alpha}_1+(k_1+k_2)\boldsymbol{\alpha}_2+(k_2+k_3)\boldsymbol{\alpha}_3=\mathbf{0}$$

因为向量组 $\boldsymbol{\alpha}_1,\boldsymbol{\alpha}_2,\boldsymbol{\alpha}_3$ 线性无关,则

$$\begin{cases} k_1 \qquad +k_3=0, \\ k_1+k_2 \qquad =0, \\ \qquad k_2+k_3=0. \end{cases}$$

可得方程组仅有零解,即只有 $k_1=k_2=k_3=0$ 时(3.2.3)才成立,所以向量组 $\boldsymbol{\alpha}_1+\boldsymbol{\alpha}_2,\boldsymbol{\alpha}_2+\boldsymbol{\alpha}_3,\boldsymbol{\alpha}_3+\boldsymbol{\alpha}_1$ 线性无关.

定理 3.2.3　如果向量组中有一部分向量组(称为部分组)线性相关,则整个向量组线性相关.

证　不妨设向量组 $\boldsymbol{\alpha}_1,\boldsymbol{\alpha}_2,\cdots,\boldsymbol{\alpha}_s,\alpha_{s+1},\cdots,\boldsymbol{\alpha}_n$ 中的部分组 $\boldsymbol{\alpha}_1,\boldsymbol{\alpha}_2,\cdots,\boldsymbol{\alpha}_s$ 线性相关,其中 $s\leqslant n$,由向量组线性相关的定义,存在一组不全为零的数 k_1, $k_2,\cdots,k_s$,使得

$$k_1\boldsymbol{\alpha}_1+k_2\boldsymbol{\alpha}_2+\cdots+k_s\boldsymbol{\alpha}_s=\mathbf{0}$$

成立.则存在一组不全为零的数 $k_1,k_2,\cdots,k_s,0,\cdots,0$,使得

$$k_1\boldsymbol{\alpha}_1+k_2\boldsymbol{\alpha}_2+\cdots+k_s\boldsymbol{\alpha}_s+0\cdot\boldsymbol{\alpha}_{s+1}+\cdots+0\cdot\boldsymbol{\alpha}_n=\mathbf{0}$$

所以向量组 $\boldsymbol{\alpha}_1,\boldsymbol{\alpha}_2,\cdots,\boldsymbol{\alpha}_s,\boldsymbol{\alpha}_{s+1},\cdots,\boldsymbol{\alpha}_n$ 线性相关.

推论　线性无关的向量组中的任一部分组必线性无关.

上述两结论讨论了向量组中向量个数的增加与减少对向量组的相关性的影响.

定理 3.2.4　若 m 维向量组 $\boldsymbol{A}:\boldsymbol{\alpha}_j=(a_{1j},a_{2j},\cdots,a_{mj})^{\mathrm{T}}(j=1,2,\cdots,n)$ 线性无关,则在每个向量上添加 $k(k\geqslant1)$ 个分量后得到的 $m+k$ 维的新的向量组(称为接长向量组)$\boldsymbol{B}:\boldsymbol{\beta}_j=(a_{1j},\cdots,a_{mj},a_{m+1,j},\cdots,a_{m+k,j})^{\mathrm{T}}(j=1,2,\cdots,n)$ 也线

性无关.

证 因为向量组 **A** 线性无关,则齐次线性方程组

$$\begin{cases} a_{11}x_1+a_{12}x_2+\cdots+a_{1n}x_n=0 \\ a_{21}x_1+a_{22}x_2+\cdots+a_{2n}x_n=0 \\ \cdots\cdots\cdots\cdots\cdots\cdots\cdots\cdots \\ a_{m1}x_1+a_{m2}x_2+\cdots+a_{mn}x_n=0 \end{cases} \quad (3.2.4)$$

只有零解. 考虑以向量组 $\boldsymbol{B}:\boldsymbol{\beta}_1,\boldsymbol{\beta}_2,\cdots,\boldsymbol{\beta}_n$ 为系数列向量的齐次线性方程组

$$\begin{cases} a_{11}x_1+a_{12}x_2+\cdots+a_{1n}x_n=0 \\ \cdots\cdots\cdots\cdots\cdots\cdots\cdots\cdots \\ a_{m1}x_1+a_{m2}x_2+\cdots+a_{mn}x_n=0 \\ a_{m+1,1}x_1+a_{m+1,2}x_2+\cdots+a_{m+1,n}x_n=0 \\ \cdots\cdots\cdots\cdots\cdots\cdots\cdots\cdots \\ a_{m+k,1}x_1+a_{m+k,2}x_2+\cdots+a_{m+k,n}x_n=0 \end{cases} \quad (3.2.5)$$

在(3.2.5)式的 $m+k$ 个方程中,前 m 个方程即为(3.2.4). 因为方程组(3.2.4)只有零解,所以方程组(3.2.5)也只有零解,于是向量组 **B** 线性无关.

推论 若 m 维向量组 $\boldsymbol{\alpha}_1,\boldsymbol{\alpha}_2,\cdots,\boldsymbol{\alpha}_n$ 线性相关,则将其每个向量去掉 $i(i<m)$ 个分量后得到的 $m-i$ 维的新的向量组也线性相关.

上述两结论讨论了向量组中向量维数的增加与减少对向量组的相关性的影响.

四、关于线性组合与线性相关的几个重要定理

定理 3.2.5 向量组 $\boldsymbol{\alpha}_1,\boldsymbol{\alpha}_2,\cdots,\boldsymbol{\alpha}_n(n\geqslant 2)$ 线性相关的充分必要条件是:该向量组中至少有一个向量可由其余向量线性表示.

证 必要性. 因为向量组 $\boldsymbol{\alpha}_1,\boldsymbol{\alpha}_2,\cdots,\boldsymbol{\alpha}_n$ 线性相关,所以存在一组不全为零的数 $k_1,k_2,\cdots,k_n$,使得

$$k_1\boldsymbol{\alpha}_1+k_2\boldsymbol{\alpha}_2+\cdots+k_n\boldsymbol{\alpha}_n=\mathbf{0}$$

成立. 不妨设 $k_1\neq 0$,于是有

$$\boldsymbol{\alpha}_1=\left(-\frac{k_2}{k_1}\right)\boldsymbol{\alpha}_2+\left(-\frac{k_3}{k_1}\right)\boldsymbol{\alpha}_3+\cdots+\left(-\frac{k_n}{k_1}\right)\boldsymbol{\alpha}_n$$

即 $\boldsymbol{\alpha}_1$ 可由 $\boldsymbol{\alpha}_2,\cdots,\boldsymbol{\alpha}_n$ 线性表示.

充分性. 因为向量组 $\boldsymbol{\alpha}_1,\boldsymbol{\alpha}_2,\cdots,\boldsymbol{\alpha}_n$ 中至少有一个向量可由其余向量线性表示,不妨设 $\boldsymbol{\alpha}_j$ 可由 $\boldsymbol{\alpha}_1,\boldsymbol{\alpha}_2,\cdots,\boldsymbol{\alpha}_{j-1},\boldsymbol{\alpha}_{j+1},\cdots,\boldsymbol{\alpha}_n$ 线性表示,即

$$\boldsymbol{\alpha}_j=k_1\boldsymbol{\alpha}_1+k_2\boldsymbol{\alpha}_2+\cdots+k_{j-1}\boldsymbol{\alpha}_{j-1}+k_{j+1}\boldsymbol{\alpha}_{j+1}+\cdots+k_n\boldsymbol{\alpha}_n$$

则存在一组不全为零的数 $k_1,k_2,\cdots,k_{j-1},-1,k_{j+1},\cdots,k_n$ 使得

$$k_1\boldsymbol{\alpha}_1+k_2\boldsymbol{\alpha}_2+\cdots+k_{j-1}\boldsymbol{\alpha}_{j-1}+(-1)\boldsymbol{\alpha}_j+k_{j+1}\boldsymbol{\alpha}_{j+1}+\cdots+k_n\boldsymbol{\alpha}_n=\mathbf{0}$$

成立,即向量组 $\boldsymbol{\alpha}_1,\boldsymbol{\alpha}_2,\cdots,\boldsymbol{\alpha}_n$ 线性相关.

定理 3.2.6　设向量组 $\boldsymbol{\alpha}_1,\boldsymbol{\alpha}_2,\cdots,\boldsymbol{\alpha}_n$ 线性无关,而向量组 $\boldsymbol{\alpha}_1,\boldsymbol{\alpha}_2,\cdots,\boldsymbol{\alpha}_n,\boldsymbol{\beta}$ 线性相关,则向量 $\boldsymbol{\beta}$ 必可由向量组 $\boldsymbol{\alpha}_1,\boldsymbol{\alpha}_2,\cdots,\boldsymbol{\alpha}_n$ 线性表示,且表示式惟一.

证　向量组 $\boldsymbol{\alpha}_1,\boldsymbol{\alpha}_2,\cdots,\boldsymbol{\alpha}_n,\boldsymbol{\beta}$ 线性相关,则存在一组不全为零的数 k_1, $k_2,\cdots,k_n,k$,使得

$$k_1\boldsymbol{\alpha}_1+k_2\boldsymbol{\alpha}_2+\cdots+k_n\boldsymbol{\alpha}_n+k\boldsymbol{\beta}=\mathbf{0} \tag{3.2.6}$$

此时必有 $k\neq0$,否则(3.2.6)式即成为

$$k_1\boldsymbol{\alpha}_1+k_2\boldsymbol{\alpha}_2+\cdots+k_n\boldsymbol{\alpha}_n=\mathbf{0}$$

且 $k_1,k_2,\cdots,k_n$ 不全为零,这与向量组 $\boldsymbol{\alpha}_1,\boldsymbol{\alpha}_2,\cdots,\boldsymbol{\alpha}_n$ 线性无关矛盾.因此 $k\neq 0$,从而

$$\boldsymbol{\beta}=\left(-\frac{k_1}{k}\right)\boldsymbol{\alpha}_1+\left(-\frac{k_2}{k}\right)\boldsymbol{\alpha}_2+\cdots+\left(-\frac{k_n}{k}\right)\boldsymbol{a}_n$$

即向量 $\boldsymbol{\beta}$ 可由向量组 $\boldsymbol{\alpha}_1,\boldsymbol{\alpha}_2,\cdots,\boldsymbol{\alpha}_n$ 线性表示.

再证表示式的惟一性.假设 $\boldsymbol{\beta}$ 可由向量组 $\boldsymbol{\alpha}_1,\boldsymbol{\alpha}_2,\cdots,\boldsymbol{\alpha}_n$ 线性表示为

$$\boldsymbol{\beta}=l_1\boldsymbol{\alpha}_1+l_2\boldsymbol{\alpha}_2+\cdots+l_n\boldsymbol{\alpha}_n,\boldsymbol{\beta}=\lambda_1\boldsymbol{\alpha}_1+\lambda_2\boldsymbol{\alpha}_2+\cdots+\lambda_n\boldsymbol{\alpha}_n$$

则两式相减得

$$(l_1-\lambda_1)\boldsymbol{\alpha}_1+(l_2-\lambda_2)\boldsymbol{\alpha}_2+\cdots+(l_n-\lambda_n)\boldsymbol{\alpha}_n=\mathbf{0}$$

因为向量组 $\boldsymbol{\alpha}_1,\boldsymbol{\alpha}_2,\cdots,\boldsymbol{\alpha}_n$ 线性无关,有

$$l_1-\lambda_1=l_2-\lambda_2=\cdots=l_n-\lambda_n=0$$

即 $l_1=\lambda_1,l_2=\lambda_2,\cdots,l_n=\lambda_n$,所以表示式惟一.

定理 3.2.7　设向量组 $\boldsymbol{A}:\boldsymbol{\alpha}_1,\boldsymbol{\alpha}_2,\cdots,\boldsymbol{\alpha}_s$ 可由向量组 $\boldsymbol{B}:\boldsymbol{\beta}_1,\boldsymbol{\beta}_2,\cdots,\boldsymbol{\beta}_t$ 线性表示,且 $s>t$,则向量组 $\boldsymbol{A}$ 必线性相关.

证　因向量组 $\boldsymbol{A}$ 可由向量组 $\boldsymbol{B}$ 线性表示,不妨设

$$\boldsymbol{\alpha}_j=c_{1j}\boldsymbol{\beta}_1+c_{2j}\boldsymbol{\beta}_2+\cdots+c_{tj}\boldsymbol{\beta}_t,(j=1,2,\cdots,s) \tag{3.2.7}$$

如果有一组数 $k_1,k_2,\cdots,k_s$ 使得

$$k_1\boldsymbol{\alpha}_1+k_2\boldsymbol{\alpha}_2+\cdots+k_s\boldsymbol{\alpha}_s=\mathbf{0} \tag{3.2.8}$$

成立,只需证明 $k_1,k_2,\cdots,k_s$ 不全为零,即得向量组 A 线性相关.

将(3.2.7)式代入(3.2.8)式得

$$\begin{aligned}&k_1(c_{11}\boldsymbol{\beta}_1+c_{21}\boldsymbol{\beta}_2+\cdots+c_{t1}\boldsymbol{\beta}_t)\\&+k_2(c_{12}\boldsymbol{\beta}_1+c_{22}\boldsymbol{\beta}_2+\cdots+c_{t2}\boldsymbol{\beta}_t)\\&+\cdots+k_s(c_{1s}\boldsymbol{\beta}_1+c_{2s}\boldsymbol{\beta}_2+\cdots+c_{ts}\boldsymbol{\beta}_s)=\mathbf{0}\end{aligned} \tag{3.2.9}$$

整理,可得

$$\begin{aligned}&(c_{11}k_1+c_{12}k_2+\cdots+c_{1s}k_s)\boldsymbol{\beta}_1\\&+(c_{21}k_1+c_{22}k_2+\cdots+c_{2s}k_s)\boldsymbol{\beta}_2\\&+\cdots+(c_{t1}k_1+c_{t2}k_2+\cdots+c_{ts}k_s)\boldsymbol{\beta}_t=\mathbf{0}\end{aligned}\tag{3.2.10}$$

要使(3.2.10)式成立,可令

$$\begin{cases}c_{11}k_1+c_{12}k_2+\cdots+c_{1s}k_s=0\\c_{21}k_1+c_{22}k_2+\cdots+c_{2s}k_s=0\\\cdots\cdots\cdots\cdots\cdots\cdots\cdots\cdots\cdots\\c_{t1}k_1+c_{t2}k_2+\cdots+c_{ts}k_2=0\end{cases}\tag{3.2.11}$$

考虑以 $k_1,k_2,\cdots,k_s$ 为未知量的齐次线性方程组(3.2.11),因为 $s>t$,故方程组(3.2.11)有非零解,即有不全为零的数 $k_1,k_2,\cdots,k_s$,使得(3.2.11)成立,而(3.2.11)成立必有(3.2.10)成立;从而有不全为零的数 $k_1,k_2,\cdots,k_s$ 使得(3.2.9)成立,也就是(3.2.8)式成立. 所以向量组 **A** 线性相关.

推论 1 如果向量组 $\mathbf{A}:\boldsymbol{\alpha}_1,\boldsymbol{\alpha}_2,\cdots,\boldsymbol{\alpha}_s$ 可由向量组 $\boldsymbol{B}:\boldsymbol{\beta}_1,\boldsymbol{\beta}_2,\cdots,\boldsymbol{\beta}_t$ 线性表示,且向量组 $\mathbf{A}:\boldsymbol{\alpha}_1,\boldsymbol{\alpha}_2,\cdots,\boldsymbol{\alpha}_s$ 线性无关,则 $s\leqslant t$.

推论 2 设向量组 $\mathbf{A}:\boldsymbol{\alpha}_1,\boldsymbol{\alpha}_2,\cdots,\boldsymbol{\alpha}_s$ 与向量组 $\boldsymbol{B}:\boldsymbol{\beta}_1,\boldsymbol{\beta}_2,\cdots,\boldsymbol{\beta}_t$ 等价,且两向量组都线性无关,则 $s=t$.

例 7 设向量组 $\boldsymbol{\alpha}_1,\boldsymbol{\alpha}_2,\boldsymbol{\alpha}_3$ 线性相关,向量组 $\boldsymbol{\alpha}_2,\boldsymbol{\alpha}_3,\boldsymbol{\alpha}_4$ 线性无关. 问

(1) $\boldsymbol{\alpha}_1$ 能否由 $\boldsymbol{\alpha}_2,\boldsymbol{\alpha}_3$ 线性表示?

(2) $\boldsymbol{\alpha}_4$ 能否由 $\boldsymbol{\alpha}_1,\boldsymbol{\alpha}_2,\boldsymbol{\alpha}_3$ 线性表示?

解 (1) 能. 向量组 $\boldsymbol{\alpha}_2,\boldsymbol{\alpha}_3,\boldsymbol{\alpha}_4$ 线性无关,由定理 3.2.3 的推论得,$\boldsymbol{\alpha}_2,\boldsymbol{\alpha}_3$ 线性无关;又向量组 $\boldsymbol{\alpha}_1,\boldsymbol{\alpha}_2,\boldsymbol{\alpha}_3$ 线性相关,由定理 3.2.6 即可得 $\boldsymbol{\alpha}_1$ 可由 $\boldsymbol{\alpha}_2,\boldsymbol{\alpha}_3$ 线性表示.

(2) 不能. 如果 $\boldsymbol{\alpha}_4$ 能由 $\boldsymbol{\alpha}_1,\boldsymbol{\alpha}_2,\boldsymbol{\alpha}_3$ 线性表示,而由(1)知 $\boldsymbol{\alpha}_1$ 可由 $\boldsymbol{\alpha}_2,\boldsymbol{\alpha}_3$ 线性表示,那么 $\boldsymbol{\alpha}_4$ 能由 $\boldsymbol{\alpha}_2,\boldsymbol{\alpha}_3$ 线性表示,即向量组 $\boldsymbol{\alpha}_2,\boldsymbol{\alpha}_3,\boldsymbol{\alpha}_4$ 线性相关,与已知条件矛盾.

§3 向量组的极大无关组与向量组的秩

一个向量组可能包含许多个向量,甚至无穷多个向量;我们在研究向量组中的向量时,希望能找到向量组的一个部分组,该部分组能够“代表”整个向量组,且能够刻画这个向量组的性质. 而对给定的一个向量组,只要其中的向量不全是零向量,总能找到该向量组中由 r 个向量构成的部分组是线性无关的,

而所有多于 r 个向量的部分组则一定线性相关. 例如，对所有的 n 维向量，坐标单位向量组就起到了这样的作用：任一 n 维向量能由 $\boldsymbol{e}_1,\boldsymbol{e}_2,\cdots,\boldsymbol{e}_n$ 线性表示，且 $\boldsymbol{e}_1,\boldsymbol{e}_2,\cdots,\boldsymbol{e}_n$ 是线性无关的，如再增加一个 n 维向量则必定线性相关. 这样的部分组就是下面要定义的向量组的极大无关组.

定义 3.3.1　设 $\boldsymbol{\alpha}_1,\boldsymbol{\alpha}_2,\cdots,\boldsymbol{\alpha}_r$ 是向量组 $\boldsymbol{A}$ 的部分组，如果满足：

(1) $\boldsymbol{\alpha}_1,\boldsymbol{\alpha}_2,\cdots,\boldsymbol{\alpha}_r$ 线性无关；

(2) 向量组 $\boldsymbol{A}$ 中每一个向量均可由 $\boldsymbol{\alpha}_1,\boldsymbol{\alpha}_2,\cdots,\boldsymbol{\alpha}_r$ 线性表示；

则称向量组 $\boldsymbol{\alpha}_1,\boldsymbol{\alpha}_2,\cdots,\boldsymbol{\alpha}_r$ 为向量组 $\boldsymbol{A}$ 的**极大线性无关组**，简称**极大无关组**.

显然，一个线性无关的向量组的极大无关组就是该向量组本身. 全由零向量组成的向量组没有极大无关组.

例如向量组 $\boldsymbol{\alpha}_1=\begin{pmatrix}1\\0\end{pmatrix},\boldsymbol{\alpha}_2=\begin{pmatrix}0\\1\end{pmatrix},\boldsymbol{\alpha}_3=\begin{pmatrix}1\\1\end{pmatrix}$，易得 $\boldsymbol{\alpha}_1,\boldsymbol{\alpha}_2$ 线性无关，$\boldsymbol{\alpha}_1,\boldsymbol{\alpha}_2,\boldsymbol{\alpha}_3$ 线性相关，则 $\boldsymbol{\alpha}_1,\boldsymbol{\alpha}_2$ 是向量组 $\boldsymbol{\alpha}_1,\boldsymbol{\alpha}_2,\boldsymbol{\alpha}_3$ 的极大无关组. 另外，容易看出 $\boldsymbol{\alpha}_2,\boldsymbol{\alpha}_3$ 及 $\boldsymbol{\alpha}_1,\boldsymbol{\alpha}_3$ 也是向量组 $\boldsymbol{\alpha}_1,\boldsymbol{\alpha}_2,\boldsymbol{\alpha}_3$ 的极大无关组，因此，一个向量组的极大无关组一般不唯一. 我们也发现 $\boldsymbol{\alpha}_1,\boldsymbol{\alpha}_2,\boldsymbol{\alpha}_3$ 的三个极大无关组中所含的向量个数相等，这并不是偶然的.

定理 3.3.1　(1) 向量组与它的极大无关组等价；

(2) 向量组的任意两个极大无关组等价，且所含向量的个数相等.

证　(1) 设向量组 $\boldsymbol{A}$ 有极大无关组 $\boldsymbol{\alpha}_1,\boldsymbol{\alpha}_2,\cdots,\boldsymbol{\alpha}_s$. 由定义，向量组 $\boldsymbol{A}$ 中的任一向量 $\boldsymbol{\gamma}$ 可由向量组 $\boldsymbol{\alpha}_1,\boldsymbol{\alpha}_2,\cdots,\boldsymbol{\alpha}_s$ 线性表示，即向量组 $\boldsymbol{A}$ 可由向量组 $\boldsymbol{\alpha}_1,\boldsymbol{\alpha}_2,\cdots,\boldsymbol{\alpha}_s$ 线性表示. 又向量组 $\boldsymbol{\alpha}_1,\boldsymbol{\alpha}_2,\cdots,\boldsymbol{\alpha}_s$ 是向量组 $\boldsymbol{A}$ 的一个部分组，向量组 $\boldsymbol{\alpha}_1,\boldsymbol{\alpha}_2,\cdots,\boldsymbol{\alpha}_s$ 当然能由向量组 $\boldsymbol{A}$ 线性表示. 所以向量组 $\boldsymbol{A}$ 与它的极大无关组 $\boldsymbol{\alpha}_1,\boldsymbol{\alpha}_2,\cdots,\boldsymbol{\alpha}_s$ 等价.

(2) 设向量组 $\boldsymbol{A}$ 有两个极大无关组，分别为 $\boldsymbol{\alpha}_1,\boldsymbol{\alpha}_2,\cdots,\boldsymbol{\alpha}_s$ 及 $\boldsymbol{\beta}_1,\boldsymbol{\beta}_2,\cdots,\boldsymbol{\beta}_t$. 由(1)知，向量组 $\boldsymbol{\alpha}_1,\boldsymbol{\alpha}_2,\cdots,\boldsymbol{\alpha}_s$ 与向量组 $\boldsymbol{A}$ 等价，向量组 $\boldsymbol{A}$ 也与向量组 $\boldsymbol{\beta}_1,\boldsymbol{\beta}_2,\cdots,\boldsymbol{\beta}_t$ 等价，由等价关系的传递性得，向量组 $\boldsymbol{\alpha}_1,\boldsymbol{\alpha}_2,\cdots,\boldsymbol{\alpha}_s$ 与向量组 $\boldsymbol{\beta}_1,\boldsymbol{\beta}_2,\cdots,\boldsymbol{\beta}_t$ 等价.

再证明 $s=t$. 因为向量组 $\boldsymbol{\alpha}_1,\boldsymbol{\alpha}_2,\cdots,\boldsymbol{\alpha}_s$ 与向量组 $\boldsymbol{\beta}_1,\boldsymbol{\beta}_2,\cdots,\boldsymbol{\beta}_t$ 等价，且向量组 $\boldsymbol{\alpha}_1,\boldsymbol{\alpha}_2,\cdots,\boldsymbol{\alpha}_s$ 及 $\boldsymbol{\beta}_1,\boldsymbol{\beta}_2,\cdots,\boldsymbol{\beta}_t$ 都线性无关，由上节定理 3.2.7 的推论 2 得，$s=t$.

定义 3.3.2　向量组 $\boldsymbol{\alpha}_1,\boldsymbol{\alpha}_2,\cdots,\boldsymbol{\alpha}_n$ 的极大无关组中所含向量的个数称为该**向量组的秩**，记为 $\boldsymbol{R}(\boldsymbol{\alpha}_1,\boldsymbol{\alpha}_2,\cdots,\boldsymbol{\alpha}_n)$.

若将向量组组成一个矩阵，那么矩阵的秩与该向量组的秩实际是相等的.

定理 3.3.2　矩阵的秩、矩阵的列向量组的秩(称为矩阵的**列秩**)及矩阵的行向量组的秩(称为矩阵的**行秩**)相等.

证　略

我们还可以得到如下结论：如果对列向量组 $\boldsymbol{\alpha}_1,\boldsymbol{\alpha}_2,\cdots,\boldsymbol{\alpha}_n$ 组成的矩阵 $\boldsymbol{A}$ 施以初等行变换得到矩阵 $\boldsymbol{B}$，$\boldsymbol{B}$ 的列向量组为 $\boldsymbol{\beta}_1,\boldsymbol{\beta}_2,\cdots,\boldsymbol{\beta}_n$，则矩阵 $\boldsymbol{A}$ 与矩阵 $\boldsymbol{B}$ 的列向量组有相同的线性关系.

对矩阵 $\boldsymbol{A}$ 施以初等行变换得到矩阵 $\boldsymbol{B}$，则存在可逆矩阵 $\boldsymbol{P}$，使 $\boldsymbol{PA}=\boldsymbol{B}$，即

$$\boldsymbol{P}(\boldsymbol{\alpha}_1,\boldsymbol{\alpha}_2,\cdots,\boldsymbol{\alpha}_n)=(\boldsymbol{P\alpha}_1,\boldsymbol{P\alpha}_2,\cdots,\boldsymbol{P\alpha}_n)=(\boldsymbol{\beta}_1,\boldsymbol{\beta}_2,\cdots,\boldsymbol{\beta}_n)$$

可得 $\boldsymbol{\beta}_i=\boldsymbol{P\alpha}_i,i=1,2,\cdots,n$. 假设向量组 $\boldsymbol{\alpha}_1,\boldsymbol{\alpha}_2,\cdots,\boldsymbol{\alpha}_n$ 向量间的线性关系可表示为

$$k_1\boldsymbol{\alpha}_1+k_2\boldsymbol{\alpha}_2+\cdots+k_n\boldsymbol{\alpha}_n=\boldsymbol{0} \tag{3.3.1}$$

等式两边左乘矩阵 $\boldsymbol{P}$，得

$$k_1\boldsymbol{P\alpha}_1+k_2\boldsymbol{P\alpha}_2+\cdots+k_n\boldsymbol{P\alpha}_n=\boldsymbol{0}$$

即

$$k_1\boldsymbol{\beta}_1+k_2\boldsymbol{\beta}_2+\cdots+k_n\boldsymbol{\beta}_n=\boldsymbol{0} \tag{3.3.2}$$

(3.3.1)与(3.3.2)说明向量组 $\boldsymbol{\alpha}_1,\boldsymbol{\alpha}_2,\cdots,\boldsymbol{\alpha}_n$ 与 $\boldsymbol{\beta}_1,\boldsymbol{\beta}_2,\cdots,\boldsymbol{\beta}_n$ 有相同的线性关系.

一般地，求列向量组的极大无关组及秩的方法是：将列向量组组成矩阵，并对其进行初等行变换使之成为行阶梯形，求得矩阵的秩即为所求列向量组的秩，此行阶梯形的非零行的第一个非零元所在列对应的向量组成的向量组即为所求列向量组的一个极大无关组.

例 1　求向量组 $\boldsymbol{\alpha}_1=\begin{pmatrix}1\\2\\2\\3\end{pmatrix},\boldsymbol{\alpha}_2=\begin{pmatrix}1\\-1\\-3\\6\end{pmatrix},\boldsymbol{\alpha}_3=\begin{pmatrix}-2\\-1\\1\\-9\end{pmatrix},\boldsymbol{\alpha}_4=\begin{pmatrix}1\\1\\-1\\6\end{pmatrix}$ 的秩和一个极大无关组，并求其余向量用该极大无关组线性表示的表达式.

解　记矩阵 $\boldsymbol{A}=(\boldsymbol{\alpha}_1,\boldsymbol{\alpha}_2,\boldsymbol{\alpha}_3,\boldsymbol{\alpha}_4)$，用初等行变换把 $\boldsymbol{A}$ 化为行阶梯形矩阵，即

$$\boldsymbol{A}=\begin{pmatrix}1&1&-2&1\\2&-1&-1&1\\2&-3&1&-1\\3&6&-9&6\end{pmatrix}\underset{\substack{r_3-2r_1\\r_4-3r_1}}{\overset{r_2-2r_1}{\sim}}\begin{pmatrix}1&1&-2&1\\0&-3&3&-1\\0&-5&5&-3\\0&3&-3&3\end{pmatrix}\underset{\substack{r_4+3r_1\\r_4-r_3}}{\overset{\substack{r_4\times\frac{1}{3}\leftrightarrow r_2\\r_3+5r_2}}{\sim}}\begin{pmatrix}1&1&-2&1\\0&1&-1&1\\0&0&0&2\\0&0&0&0\end{pmatrix}$$

得 $R(\boldsymbol{A})=3$，所以向量组 $\boldsymbol{\alpha}_1,\boldsymbol{\alpha}_2,\boldsymbol{\alpha}_3,\boldsymbol{\alpha}_4$ 的秩等于 3.

因为矩阵 $\boldsymbol{A}$ 变换后的非零行首非零元对应的向量为 $\boldsymbol{\alpha}_1,\boldsymbol{\alpha}_2,\boldsymbol{\alpha}_4$，所以向量组 $\boldsymbol{\alpha}_1,\boldsymbol{\alpha}_2,\boldsymbol{\alpha}_3,\boldsymbol{\alpha}_4$ 的一个极大无关组为 $\boldsymbol{\alpha}_1,\boldsymbol{\alpha}_2,\boldsymbol{\alpha}_4$.

再求 $\boldsymbol{\alpha}_3$ 由 $\boldsymbol{\alpha}_1,\boldsymbol{\alpha}_2,\boldsymbol{\alpha}_4$ 线性表示的表达式. 设 $\boldsymbol{\alpha}_3=k_1\boldsymbol{\alpha}_1+k_2\boldsymbol{\alpha}_2+k_3\boldsymbol{\alpha}_4$，利用上述矩阵 $\boldsymbol{A}$ 的初等行变换过程，只需将 $\boldsymbol{\alpha}_3$ 与 $\boldsymbol{\alpha}_4$ 所在的列交换后得

$$(\boldsymbol{\alpha}_1,\boldsymbol{\alpha}_2,\boldsymbol{\alpha}_4,\boldsymbol{\alpha}_3)=\begin{pmatrix}1&1&1&-2\\0&1&1&-1\\0&0&2&0\\0&0&0&0\end{pmatrix}\underset{\substack{r_1-r_3\\r_1-r_2}}{\overset{\substack{r_4\times\left(\frac{1}{2}\right)\\r_2+r_3}}{\sim}}\begin{pmatrix}1&0&0&-1\\0&1&0&-1\\0&0&1&0\\0&0&0&0\end{pmatrix}$$

解得 $k_1=-1,k_2=-1,k_3=0$，所以 $\boldsymbol{\alpha}_3=-\boldsymbol{\alpha}_1-\boldsymbol{\alpha}_2$.

例 2　证明：如果向量组 $\boldsymbol{A}$ 能由向量组 $\boldsymbol{B}$ 线性表示，那么向量组 $\boldsymbol{A}$ 的秩不大于向量组 $\boldsymbol{B}$ 的秩.

证　设向量组 $\boldsymbol{A}$ 的一个极大无关组为 $\boldsymbol{\alpha}_1,\boldsymbol{\alpha}_2,\cdots,\boldsymbol{\alpha}_r$，向量组 $\boldsymbol{B}$ 的秩为 s，只要证 $r\leqslant s$.

因为向量组 $\boldsymbol{A}$ 能由向量组 $\boldsymbol{B}$ 线性表示，而向量组 $\boldsymbol{A}$ 的极大无关组 $\boldsymbol{\alpha}_1,\boldsymbol{\alpha}_2,\cdots,\boldsymbol{\alpha}_r$ 能由向量组 $\boldsymbol{A}$ 线性表示，所以向量组 $\boldsymbol{A}$ 的极大无关组 $\boldsymbol{\alpha}_1,\boldsymbol{\alpha}_2,\cdots,\boldsymbol{\alpha}_r$ 能由向量组 $\boldsymbol{B}$ 线性表示，再由上节定理 3.2.7 的推论 1，可得 $r\leqslant s$.

从例 2 不难得出结论：**等价向量组的秩必相等**.

例 3　设 $\boldsymbol{A},\boldsymbol{B}$ 是 $m\times n$ 矩阵，证明：$R(\boldsymbol{A}\pm\boldsymbol{B})\leqslant R(\boldsymbol{A})+R(\boldsymbol{B})$.

证　记 $\boldsymbol{A}=(\boldsymbol{\alpha}_1,\boldsymbol{\alpha}_2,\cdots,\boldsymbol{\alpha}_n)$，$\boldsymbol{B}=(\boldsymbol{\beta}_1,\boldsymbol{\beta}_2,\cdots,\boldsymbol{\beta}_n)$，则

$$\boldsymbol{A}\pm\boldsymbol{B}=(\boldsymbol{\alpha}_1\pm\boldsymbol{\beta}_1,\boldsymbol{\alpha}_2\pm\boldsymbol{\beta}_2,\cdots,\boldsymbol{\alpha}_n\pm\boldsymbol{\beta}_n)$$

显然向量组 $\boldsymbol{\alpha}_1\pm\boldsymbol{\beta}_1,\boldsymbol{\alpha}_2\pm\boldsymbol{\beta}_2,\cdots,\boldsymbol{\alpha}_n\pm\boldsymbol{\beta}_n$ 能由向量组 $\boldsymbol{\alpha}_1,\boldsymbol{\alpha}_2,\cdots,\boldsymbol{\alpha}_n,\boldsymbol{\beta}_1,\boldsymbol{\beta}_2,\cdots,\boldsymbol{\beta}_n$ 线性表示.

所以

$$R(\boldsymbol{A}\pm\boldsymbol{B})=R(\boldsymbol{\alpha}_1\pm\boldsymbol{\beta}_1,\boldsymbol{\alpha}_2\pm\boldsymbol{\beta}_2,\cdots,\boldsymbol{\alpha}_n\pm\boldsymbol{\beta}_n)\leqslant R(\boldsymbol{\alpha}_1,\boldsymbol{\alpha}_2,\cdots,\boldsymbol{\alpha}_n,\boldsymbol{\beta}_1,\boldsymbol{\beta}_2,\cdots,\boldsymbol{\beta}_n)$$

又

$$R(\boldsymbol{\alpha}_1,\boldsymbol{\alpha}_2,\cdots,\boldsymbol{\alpha}_n,\boldsymbol{\beta}_1,\boldsymbol{\beta}_2,\cdots,\boldsymbol{\beta}_n)\leqslant(\boldsymbol{\alpha}_1,\boldsymbol{\alpha}_2,\cdots,\boldsymbol{\alpha}_n)+R(\boldsymbol{\beta}_1,\boldsymbol{\beta}_2,\cdots,\boldsymbol{\beta}_n)=R(\boldsymbol{A})+R(\boldsymbol{B})$$

所以

$$R(\boldsymbol{A}\pm\boldsymbol{B})\leqslant R(\boldsymbol{A})+R(\boldsymbol{B}).$$

§4　线性方程组解的结构

对于线性方程组(3.1.1)，我们已知道：当其增广矩阵$\widetilde{\boldsymbol{A}}$的秩与系数矩阵

$\mathbf{A}$ 的秩满足$R(\widetilde{\mathbf{A}})=R(\mathbf{A})=r<n$ 时，方程组(3.1.1)一定有无穷多解，且通过消元法已能求得它的解；但它是否代表了线性方程组(3.1.1)的全部解呢？本节利用向量组线性相关性理论来研究线性方程组解的结构.

一、齐次线性方程组解的结构

齐次线性方程组(3.1.3)的矩阵形式为

$$\mathbf{A}_{m\times n}\mathbf{X}_{n\times 1}=\mathbf{O}_{m\times 1} \tag{3.4.1}$$

若 $x_1=c_1,x_2=c_2,\cdots,x_n=c_n$ 是齐次线性方程组(3.4.1)的解，则 $\boldsymbol{\xi}=(c_1,c_2,\cdots,c_n)^T$ 称为方程组(3.4.1)的**解向量**，简称为方程组(3.4.1)的**解**.

齐次方程组(3.4.1)的解具有下列性质：

性质 1　若 $\boldsymbol{\xi}_1,\boldsymbol{\xi}_2$ 为齐次线性方程组(3.4.1)的两个解，则 $\boldsymbol{\xi}_1+\boldsymbol{\xi}_2$ 也是它的解.

性质 2　若 $\boldsymbol{\xi}$ 为齐次线性方程组(3.4.1)的解，k 为常数，则 $k\boldsymbol{\xi}$ 也是它的解.

由性质 1、性质 2 可知，如果方程组(3.4.1)有解 $\boldsymbol{\xi}_1,\boldsymbol{\xi}_2,\cdots,\boldsymbol{\xi}_t$，那么它们的线性组合

$$k_1\boldsymbol{\xi}_1+k_2\boldsymbol{\xi}_2+\cdots+k_t\boldsymbol{\xi}_t$$

也是方程组(3.4.1)的解，其中 $k_1,k_2,\cdots,k_t$ 是任意常数. 那么当线性方程组(3.4.1)有非零解时，能否找到解向量组的一个极大无关组，将全部解由该极大无关组线性表示？为此，引入齐次线性方程组基础解系的概念.

定义 3.4.1　设 $\boldsymbol{\xi}_1,\boldsymbol{\xi}_2,\cdots,\boldsymbol{\xi}_t$ 是齐次线性方程组(3.4.1)的解向量，若其满足：

(1) $\boldsymbol{\xi}_1,\boldsymbol{\xi}_2,\cdots,\boldsymbol{\xi}_t$ 线性无关；

(2) 齐次线性方程组(3.4.1)的任一解向量都能由 $\boldsymbol{\xi}_1,\boldsymbol{\xi}_2,\cdots,\boldsymbol{\xi}_t$ 线性表示，

则称向量组 $\boldsymbol{\xi}_1,\boldsymbol{\xi}_2,\cdots,\boldsymbol{\xi}_t$ 为齐次线性方程组(3.4.1)的**基础解系**.

显然，当一个向量组是齐次线性方程组的解向量组时，该向量组的极大无关组即为方程组的基础解系，且线性方程组的基础解系不唯一.

定理 3.4.1　如果齐次线性方程组(3.4.1)的系数矩阵的秩 $R(\mathbf{A})=r<n$，则方程组(3.4.1)的基础解系一定存在，且每个基础解系中恰含有 $n-r$ 个解向量.

证　因 $R(\mathbf{A})=r<n$，由本章§1 中的讨论知，对齐次线性方程组(3.4.1)

的系数矩阵施以初等行变换，则系数矩阵可化为形如

$$\begin{pmatrix} 1 & 0 & \cdots & 0 & c_{1,r+1} & c_{1,r+2} & \cdots & c_{1n} \\ 1 & 0 & \cdots & 0 & c_{2,r+1} & c_{2,r+2} & \cdots & c_{2n} \\ \vdots & \vdots & & \vdots & \vdots & \vdots & & \vdots \\ 0 & 0 & \cdots & 1 & c_{r,r+1} & c_{r,r+2} & \cdots & c_{rn} \\ 0 & 0 & \cdots & 0 & 0 & 0 & \cdots & 0 \\ \vdots & \vdots & & \vdots & \vdots & \vdots & & \vdots \\ 0 & 0 & \cdots & 0 & 0 & 0 & \cdots & 0 \end{pmatrix} \tag{3.4.2}$$

的矩阵. 得方程组(3.4.1)的解为

$$\begin{cases} x_1 = -c_{1,r+1}x_{r+1} - c_{1,r+2}x_{r+2} - \cdots - c_{1n}x_n, \\ x_2 = -c_{2,r+1}x_{r+1} - c_{2,r+2}x_{r+2} - \cdots - c_{2n}x_n, \\ \cdots\cdots\cdots\cdots\cdots\cdots\cdots\cdots\cdots\cdots\cdots\cdots \\ x_r = -c_{r,r+1}x_{r+1} - c_{r,r+2}x_{r+2} - \cdots - c_{rn}x_n. \end{cases} \tag{3.4.3}$$

其中 $x_{r+1},x_{r+2},\cdots,x_n$ 为自由未知量.

对自由未知量 $x_{r+1},x_{r+2},\cdots,x_n$ 分别取值

$$\begin{pmatrix} x_{r+1} \\ x_{r+2} \\ \vdots \\ x_n \end{pmatrix} = \begin{pmatrix} 1 \\ 0 \\ \vdots \\ 0 \end{pmatrix}, \begin{pmatrix} 0 \\ 1 \\ \vdots \\ 0 \end{pmatrix}, \cdots, \begin{pmatrix} 0 \\ 0 \\ \vdots \\ 1 \end{pmatrix} \tag{3.4.4}$$

将(3.4.4)分别代入(3.4.2)的右端，可得齐次线性方程组(3.4.1)的 $n-r$ 个解向量

$$\boldsymbol{\xi}_1 = \begin{pmatrix} -c_{1,r+1} \\ -c_{2,r+1} \\ \vdots \\ -c_{r,r+1} \\ 1 \\ 0 \\ \vdots \\ 0 \end{pmatrix}, \boldsymbol{\xi}_2 = \begin{pmatrix} -c_{1,r+2} \\ -c_{2,r+2} \\ \vdots \\ -c_{r,r+2} \\ 0 \\ 1 \\ \vdots \\ 0 \end{pmatrix}, \cdots, \boldsymbol{\xi}_{n-r} = \begin{pmatrix} -c_{1n} \\ -c_{2n} \\ \vdots \\ -c_{rn} \\ 0 \\ 0 \\ \vdots \\ 1 \end{pmatrix}$$

下面证明解向量组 $\boldsymbol{\xi}_1,\boldsymbol{\xi}_2,\cdots,\boldsymbol{\xi}_{n-r}$ 就是齐次线性方程组的一个基础解系.

首先，因为(3.4.4)的向量组线性无关，该向量的接长向量组 $\boldsymbol{\xi}_1,\boldsymbol{\xi}_2,\cdots,\boldsymbol{\xi}_{n-r}$ 也线性无关.

其次，证明齐次线性方程组(3.4.1)的任意一个解向量

$$\boldsymbol{X}=(d_1,d_2,\cdots,d_n)^{\mathrm{T}}$$

都可由 $\boldsymbol{\xi}_1,\boldsymbol{\xi}_2,\cdots,\boldsymbol{\xi}_{n-r}$ 线性表示. $\boldsymbol{X}=(d_1,d_2,\cdots,d_n)^{\mathrm{T}}$ 满足(3.4.3),即

$$\begin{cases} d_1=-c_{1,r+1}d_{r+1}-c_{1,r+2}d_{r+2}-\cdots-c_{1n}d_n, \\ d_2=-c_{2,r+1}d_{r+1}-c_{2,r+2}d_{r+2}-\cdots-c_{2n}d_n, \\ \cdots\cdots\cdots\cdots\cdots\cdots\cdots\cdots\cdots\cdots\cdots\cdots \\ d_r=-c_{r,r+1}d_{r+1}-c_{r,r+2}d_{r+2}-\cdots-c_{rn}d_n. \end{cases} \tag{3.4.5}$$

令

$$\widetilde{\boldsymbol{X}}=d_{r+1}\boldsymbol{\xi}_1+d_{r+2}\boldsymbol{\xi}_2+\cdots+d_n\boldsymbol{\xi}_{n-r}$$

则 $\widetilde{X}$ 是齐次线性方程组(3.4.1)的解,且

$$\boldsymbol{X}-\widetilde{\boldsymbol{X}}=\begin{pmatrix} d_1+c_{1,r+1}d_{r+1}+c_{1,r+2}d_{r+2}+\cdots+c_{1n}d_n \\ d_2+d_{2,r+1}d_{r+1}+c_{2,r+2}d_{r+2}+\cdots+c_{2n}d_n \\ \vdots \\ d_r+c_{r,r+1}d_{r+1}+c_{r,r+2}d_{r+2}+\cdots+c_{rn}d_n \\ 0 \\ 0 \\ \vdots \\ 0 \end{pmatrix}$$

由(3.4.5),得 $\boldsymbol{X}=\widetilde{\boldsymbol{X}}=\boldsymbol{0}$,即

$$\boldsymbol{X}=d_{r+1}\boldsymbol{\xi}_1+d_{r+2}\boldsymbol{\xi}_2+\cdots+d_n\boldsymbol{\xi}_{n-r}$$

所以方程组(3.4.1)的任一解 $\boldsymbol{X}$ 可由 $\boldsymbol{\xi}_1,\boldsymbol{\xi}_2,\cdots,\boldsymbol{\xi}_{n-r}$ 的线性表示,即 $\boldsymbol{\xi}_1,\boldsymbol{\xi}_2,\cdots,\boldsymbol{\xi}_{n-r}$ 是齐次线性方程组(3.4.1)的基础解系,且含有 $n-r$ 个解向量.

对方程组(3.4.1)不同的基础解系,由基础解系的定义知它们是等价的线性无关向量组,且它们所含向量的个数相等,所以齐次线性方程组(3.4.1)的任一基础解系都含有 $n-r$ 个解向量.

至此,齐次线性方程组(3.4.1)的解的结构完全清楚了. 当方程组(3.4.1)有非零解时,只需找到方程组的基础解系,则方程组的任意解都可由基础解系线性表示. 如何找到解向量组的基础解系呢? 定理 3.4.1 的证明过程已给出了基础解系的求法:

(1) 利用消元法求得齐次线性方程组的一般解;

(2) 将一般解中的 $n-r$ 个自由未知量组成的向量组分别取为 $n-r$ 维的坐标单位向量组(如(3.4.4)式),确定其余的 r 个分量后得到的 $n-r$ 个解向量即为方程组的基础解系.

例 1　求齐次线性方程组

$$\begin{cases}2x_1+x_2-2x_3+3x_4=0,\\3x_1+2x_2-x_3+2x_4=0,\\x_1+x_2+x_3-x_4=0\end{cases}$$

的基础解系与通解.

解　对方程组的系数矩阵 $\boldsymbol{A}$ 作初等行变换

$$\boldsymbol{A}=\begin{pmatrix}2&1&-2&3\\3&2&-1&2\\1&1&1&-1\end{pmatrix}\overset{\substack{r_1\leftrightarrow r_3\\}}{\underset{\substack{r_2-3r_1\\r_3-2r_1}}{\sim}}\begin{pmatrix}1&1&1&-1\\0&-1&-4&5\\0&-1&-4&5\end{pmatrix}\overset{\substack{r_3-r_2\\r_1+r_2}}{\underset{r_2\times(-1)}{\sim}}\begin{pmatrix}1&0&-3&4\\0&1&4&-5\\0&0&0&0\end{pmatrix}$$

得同解方程组为

$$\begin{cases}x_1=3x_3-4x_4,\\x_2=-4x_3+5x_4.\end{cases}$$

取 $\begin{pmatrix}x_3\\x_4\end{pmatrix}=\begin{pmatrix}1\\0\end{pmatrix},\begin{pmatrix}0\\1\end{pmatrix}$,得方程组的基础解系为

$$\boldsymbol{\xi}_1=\begin{pmatrix}3\\-4\\1\\0\end{pmatrix},\boldsymbol{\xi}_2=\begin{pmatrix}-4\\5\\0\\1\end{pmatrix}$$

从而得方程组的通解为 $X=k_1\boldsymbol{\xi}_1+k_2\boldsymbol{\xi}_2$,其中 k_1,k_2 是任意常数.

例 2　求齐次线性方程组

$$\begin{cases}x_1+2x_2-x_3+3x_4=0,\\2x_1+4x_2-2x_3+5x_4=0,\\-x_1-2x_2+x_3-3x_4=0\end{cases}$$

的基础解系与通解.

解　对方程组的系数矩阵 A 施以初等行变换

$$\boldsymbol{A}=\begin{pmatrix}1&2&-1&3\\2&4&-2&5\\-1&-2&1&-3\end{pmatrix}\overset{r_2-2r_1}{\underset{r_3+r_1}{\sim}}\begin{pmatrix}1&2&-1&3\\0&0&0&-1\\0&0&0&0\end{pmatrix}\overset{r_1+3r_2}{\underset{r_2\times(-1)}{\sim}}\begin{pmatrix}1&2&-1&0\\0&0&0&1\\0&0&0&0\end{pmatrix}$$

得同解方程组为

$$\begin{cases}x_1=-2x_2+x_3,\\x_4=0.\end{cases}$$

取$\begin{pmatrix} x_2 \\ x_3 \end{pmatrix}=\begin{pmatrix} 1 \\ 0 \end{pmatrix},\begin{pmatrix} 0 \\ 1 \end{pmatrix}$,得方程组的基础解系为

$$\boldsymbol{\xi}_1=\begin{pmatrix} -2 \\ 1 \\ 0 \\ 0 \end{pmatrix},\boldsymbol{\xi}_2=\begin{pmatrix} 1 \\ 0 \\ 1 \\ 0 \end{pmatrix}$$

从而得方程组的通解为 $\boldsymbol{X}=k_1\boldsymbol{\xi}_1+k_2\boldsymbol{\xi}_2$,其中 k_1,k_2 是任意常数.

二、非齐次线性方程组解的结构

非齐次线性方程组(3.1.1)的矩阵形式为

$$\boldsymbol{A}_{m\times n}\boldsymbol{X}_{n\times 1}=\boldsymbol{B}_{m\times 1} \tag{3.4.6}$$

令(3.4.6)式中的向量 B 为零向量得到的方程组

$$\boldsymbol{A}_{m\times n}\boldsymbol{X}_{n\times 1}=\boldsymbol{O}_{m\times 1} \tag{3.4.7}$$

称为非齐次线性方程组(3.4.6)的相应的齐次线性方程组.

非齐次线性方程组(3.4.6)的解具有以下性质:

性质 1 若 $\boldsymbol{\eta}_1,\boldsymbol{\eta}_2$ 为非齐次线性方程组(3.4.6)的两个解,则 $\boldsymbol{\eta}_1-\boldsymbol{\eta}_2$ 为其相应齐次线性方程组(3.4.7)的解.

性质 2 若 $\boldsymbol{\eta}_0$ 为非齐次线性方程组(3.4.6)的解,$\boldsymbol{\xi}$ 是其相应齐次线性方程组(3.4.7)的解,则 $\boldsymbol{\eta}_0+\boldsymbol{\xi}$ 为方程组(3.4.6)的解.

定理 3.4.2 如果 $\boldsymbol{\eta}_0$ 为非齐次线性方程组(3.4.6)的一个解,$\boldsymbol{\xi}_1,\boldsymbol{\xi}_2,\cdots,\boldsymbol{\xi}_{n-r}$是其相应齐次线性方程组(3.4.7)的基础解系,则

$$\boldsymbol{X}=\boldsymbol{\eta}_0+k_1\boldsymbol{\xi}_1+k_2\boldsymbol{\xi}_2+\cdots+k_{n-r}\boldsymbol{\xi}_{n-r} \tag{3.4.8}$$

为方程组(3.4.6)的全部解,其中 $k_1,k_2,\cdots,k_{n-r}$为任意常数.

证 设 $\boldsymbol{X}$ 是方程组(3.4.6)的任一解,因 $\boldsymbol{\eta}_0$ 为方程组(3.4.6)的解,则 $\boldsymbol{X}-\boldsymbol{\eta}_0$ 是方程组(3.4.6)相应的齐次线性方程组(3.4.7)的解,从而 $\boldsymbol{X}-\boldsymbol{\eta}_0$ 可由方程组(3.4.7)的基础解系 $\boldsymbol{\xi}_1,\boldsymbol{\xi}_2,\cdots,\boldsymbol{\xi}_{n-r}$线性表示,即存在常数 $k_1,k_2,\cdots,k_{n-r}$,使得

$$\boldsymbol{X}-\boldsymbol{\eta}_0=k_1\boldsymbol{\xi}_1+k_2\boldsymbol{\xi}_2+\cdots+k_{n-r}\boldsymbol{\xi}_{n-r}$$

即

$$\boldsymbol{X}=\boldsymbol{\eta}_0+k_1\boldsymbol{\xi}_1+k_2\boldsymbol{\xi}_2+\cdots+k_{n-r}\boldsymbol{\xi}_{n-r}.$$

至此,非齐次线性方程组(3.4.6)的解的结构也完全清楚了.当方程组有无穷多解时,分以下两步解决:

(1) 求非齐次线性方程组(3.4.6)相应的齐次线性方程组(3.4.7)的全部解;

(2) 求非齐次线性方程组(3.4.6)的一个解；

则相应齐次方程组(3.4.7)的全部解与非齐次方程组(3.4.6)的一个解之和即为非齐次方程组(3.4.6)的全部解，也称为其通解.

不难观察到，在本章§1中利用消元法得到非齐次线性方程组的一般解，将其改写为向量形式即为(3.4.8).

例 3　求非齐次线性方程组

$$\begin{cases} x_1+2x_2-x_3+3x_4=2, \\ 2x_1+4x_2-2x_3+5x_4=1, \\ -x_1-2x_2+x_3-x_4=4 \end{cases}$$

的通解.

解　对方程组的增广矩阵施以初等行变换

$$\widetilde{\boldsymbol{A}}=(\boldsymbol{A} \vdots \boldsymbol{B})=\begin{pmatrix} 1 & 2 & -1 & 3 & 2 \\ 2 & 4 & -2 & 5 & 1 \\ -1 & -2 & 1 & -1 & 4 \end{pmatrix} \underset{r_3+r_1}{\overset{r_2-2r_1}{\sim}} \begin{pmatrix} 1 & 2 & -1 & 3 & 2 \\ 0 & 0 & 0 & -1 & -3 \\ 0 & 0 & 0 & 2 & 6 \end{pmatrix}$$

$$\underset{r_2\times(-1)}{\overset{r_3+2r_2}{\sim}} \begin{pmatrix} 1 & 2 & -1 & 0 & -7 \\ 0 & 0 & 0 & 1 & 3 \\ 0 & 0 & 0 & 0 & 0 \end{pmatrix}$$

得 $R(\widetilde{\boldsymbol{A}})=R(\boldsymbol{A})=2<4$，所以方程组有无穷多解，并得同解方程组为

$$\begin{cases} x_1=-2x_2+x_3-7, \\ x_4=3. \end{cases}$$

令 $x_2=k_1, x_3=k_2$，得方程组的一般解为

$$\begin{cases} x_1=-7-2k_1+k_2, \\ x_2=\qquad k_1, \\ x_3=\qquad\qquad k_2, \\ x_4=3. \end{cases}$$

取 $k_1=0, k_2=0$，得非齐次线性方程组的一个解 $\boldsymbol{\eta}_0=\begin{pmatrix} -7 \\ 0 \\ 0 \\ 3 \end{pmatrix}$.

原方程组相应的齐次方程组为

$$\begin{cases} x_1=-2x_2+x_3, \\ x_4=0. \end{cases}$$

取$\begin{pmatrix} x_2 \\ x_3 \end{pmatrix}=\begin{pmatrix}1\\0\end{pmatrix},\begin{pmatrix}0\\1\end{pmatrix}$，可得相应的齐次方程组的基础解系

$$\boldsymbol{\xi}_1=\begin{pmatrix}-2\\1\\0\\0\end{pmatrix},\boldsymbol{\xi}_2=\begin{pmatrix}1\\0\\1\\0\end{pmatrix}$$

所以原方程组的通解为$\boldsymbol{X}=\boldsymbol{\eta}_0+c_1\boldsymbol{\xi}_1+c_2\boldsymbol{\xi}_2$，其中$c_1,c_2$为任意常数.

或：从得到原方程组的一般解后，将一般解改写为如下向量形式

$$\begin{pmatrix}x_1\\x_2\\x_3\\x_4\end{pmatrix}=\begin{pmatrix}-7\\0\\0\\3\end{pmatrix}+k_1\begin{pmatrix}-2\\1\\0\\0\end{pmatrix}+k_2\begin{pmatrix}1\\0\\1\\0\end{pmatrix}$$

此即为原方程组的通解，其中k_1,k_2为任意常数.

例 4　设线性方程组为

$$\begin{cases}x_1+x_2+(1+\lambda)x_3=\lambda,\\ x_1+x_2+(1-2\lambda-\lambda^2)x_3=3-\lambda-\lambda^2,\\ \lambda x_2-\lambda x_3=3-\lambda.\end{cases}$$

试问：当λ为何值时，方程组有唯一解、无解、无穷多解？并在有无穷多解时求其通解.

解　对方程组的增广矩阵$\widetilde{A}$施以初等行变换

$$\widetilde{\boldsymbol{A}}=(\boldsymbol{A}\vdots\boldsymbol{B})=\begin{pmatrix}1&1&1+\lambda&\lambda\\1&1&1-2\lambda-\lambda^2&3-\lambda-\lambda^2\\0&\lambda&-\lambda&3-\lambda\end{pmatrix}$$

$$\underset{r_2\leftrightarrow r_3}{\overset{r_2-r_1}{\sim}}\begin{pmatrix}1&1&1+\lambda&\lambda\\0&\lambda&-\lambda&3-\lambda\\0&0&-\lambda(\lambda+3)&(1-\lambda)(3+\lambda)\end{pmatrix}$$

由此可知：

(1) 当$\lambda\neq0$且$\lambda\neq-3$时，$R(\widetilde{\boldsymbol{A}})=R(\boldsymbol{A})=3$，方程组有惟一解；

(2) 当$\lambda=0$时，$R(\boldsymbol{A})=1,R(\widetilde{\boldsymbol{A}})=2,R(\boldsymbol{A})\neq R(\widetilde{\boldsymbol{A}})$，方程组无解；

(3) 当$\lambda=-3$时，$R(\boldsymbol{A})=R(\widetilde{\boldsymbol{A}})=2<3$，方程组有无穷多解. 此时

$$\widetilde{A}=(A \vdots B)\sim\begin{pmatrix}1&0&-1&-1\\0&1&-1&-2\\0&0&0&0\end{pmatrix}$$

得同解方程组为

$$\begin{cases}x_1=x_3-1,\\x_2=x_3-2.\end{cases}$$

令 $x_3=k$,得通解为

$$\begin{cases}x_1=-1+k,\\x_2=-2+k,\\x_3=\quad\quad k.\end{cases}$$

则当 $\lambda=-3$ 时方程组的通解为 $\begin{pmatrix}x_1\\x_2\\x_3\end{pmatrix}=\begin{pmatrix}-1\\-2\\0\end{pmatrix}+k\begin{pmatrix}1\\1\\1\end{pmatrix}$,其中 k 为任意常数.

习题三

1. 利用消元法求解下列线性方程组:

(1) $\begin{cases}x_1+2x_2-3x_3=0,\\2x_1+5x_2+2x_3=0,\\3x_1-x_2-4x_3=0,\\4x_1+9x_2-4x_3=0;\end{cases}$

(2) $\begin{cases}2x_1+x_2-5x_3+x_4=8,\\x_1-3x_2-6x_4=9,\\2x_2-x_3+2x_4=-5,\\x_1+4x_2-7x_3+6x_4=0;\end{cases}$

(3) $\begin{cases}x_1-2x_2+x_3+x_4=1,\\x_1-2x_2+x_3-x_4=-1,\\x_1-2x_2+x_3+5x_4=5;\end{cases}$

(4) $\begin{cases}x_1+x_2+2x_3+3x_4=1,\\x_2+x_3-4x_4=1,\\x_1+2x_2+3x_3-x_4=4,\\2x_1+3x_2-x_3-x_4=-6;\end{cases}$

(5) $\begin{cases}x_1+x_2-2x_3+3x_4=0,\\x_1+3x_2-9x_3+7x_4=0,\\3x_1-x_2+8x_3+x_4=0,\\x_1-x_2+5x_3-x_4=0;\end{cases}$

(6) $\begin{cases}x_1+x_2-3x_3-x_4=1,\\3x_1+2x_2-3x_3+4x_4=5,\\x_1+2x_2-9x_3-8x_4=-1.\end{cases}$

2. 当 k 取何值时,线性方程组

$$\begin{cases}kx_1+x_2+x_3=1,\\x_1+kx_2+x_3=k,\\x_1+x_2+kx_3=k^2.\end{cases}$$

(1) 有唯一解？　(2) 无解？　(3) 有无穷多解？并在有无穷多解时，求出其通解.

3. 当 a,b 取何值时，线性方程组

$$\begin{cases} x_1+2x_2-2x_3+2x_4=2, \\ \quad\quad x_2-x_3-x_4=1, \\ x_1+x_2-x_3+3x_4=a, \\ x_1-x_2+x_3+5x_4=b \end{cases}$$

无解？有解？并在有解时，求出其解.

4. 将下列各题中向量 $\boldsymbol{\beta}$ 表示为其余向量的线性组合.

(1) $\boldsymbol{\beta}=\begin{pmatrix}3\\5\\-6\end{pmatrix},\boldsymbol{\alpha}_1=\begin{pmatrix}1\\0\\1\end{pmatrix},\boldsymbol{\alpha}_2=\begin{pmatrix}1\\1\\1\end{pmatrix},\boldsymbol{\alpha}_3=\begin{pmatrix}0\\-1\\-1\end{pmatrix}$;

(2) $\boldsymbol{\beta}=\begin{pmatrix}4\\11\\11\end{pmatrix},\boldsymbol{\alpha}_1=\begin{pmatrix}2\\3\\3\end{pmatrix},\boldsymbol{\alpha}_2=\begin{pmatrix}-1\\4\\-2\end{pmatrix},\boldsymbol{\alpha}_3=\begin{pmatrix}-1\\-2\\4\end{pmatrix}$;

(3) $\boldsymbol{\beta}=\begin{pmatrix}1\\2\\2\\1\end{pmatrix},\boldsymbol{\alpha}_1=\begin{pmatrix}2\\1\\5\\-3\end{pmatrix},\boldsymbol{\alpha}_2=\begin{pmatrix}3\\0\\8\\-7\end{pmatrix}$.

5. 判别下列向量组的线性相关性.

(1) $\boldsymbol{\alpha}_1=\begin{pmatrix}2\\0\\3\end{pmatrix},\boldsymbol{\alpha}_2=\begin{pmatrix}1\\-1\\-2\end{pmatrix},\boldsymbol{\alpha}_3=\begin{pmatrix}-3\\1\\0\end{pmatrix}$;

(2) $\boldsymbol{\alpha}_1=\begin{pmatrix}1\\0\\1\end{pmatrix},\boldsymbol{\alpha}_2=\begin{pmatrix}0\\1\\1\end{pmatrix},\boldsymbol{\alpha}_3=\begin{pmatrix}0\\1\\-1\end{pmatrix},\boldsymbol{\alpha}_4=\begin{pmatrix}2\\1\\-1\end{pmatrix}$;

(3) $\boldsymbol{\alpha}_1=\begin{pmatrix}2\\-1\\5\\-3\end{pmatrix},\boldsymbol{\alpha}_2=\begin{pmatrix}5\\2\\1\\-2\end{pmatrix},\boldsymbol{\alpha}_3=\begin{pmatrix}1\\2\\-2\\1\end{pmatrix},\boldsymbol{\alpha}_4=\begin{pmatrix}2\\2\\3\\-1\end{pmatrix}$;

(4) $\boldsymbol{\alpha}_1=\begin{pmatrix}3\\4\\2\\0\end{pmatrix},\boldsymbol{\alpha}_2=\begin{pmatrix}-2\\0\\1\\4\end{pmatrix},\boldsymbol{\alpha}_3=\begin{pmatrix}1\\8\\7\\-4\end{pmatrix}$.

6. 已知向量组 $\boldsymbol{\alpha}_1,\boldsymbol{\alpha}_2,\boldsymbol{\alpha}_3$ 线性无关,证明向量组 $\boldsymbol{\alpha}_1,\boldsymbol{\alpha}_1+\boldsymbol{\alpha}_2,\boldsymbol{\alpha}_1+\boldsymbol{\alpha}_2+\boldsymbol{\alpha}_3$ 也线性无关.

7. 已知向量组 $\boldsymbol{\alpha}_1,\boldsymbol{\alpha}_2,\boldsymbol{\alpha}_3,\boldsymbol{\alpha}_4$ 线性相关,而向量组 $\boldsymbol{\alpha}_2,\boldsymbol{\alpha}_3,\boldsymbol{\alpha}_4,\boldsymbol{\alpha}_5$ 线性无关,证明 $\boldsymbol{\alpha}_1$ 可由向量组 $\boldsymbol{\alpha}_2,\boldsymbol{\alpha}_3,\boldsymbol{\alpha}_4$ 线性表示,但 $\boldsymbol{\alpha}_5$ 不能由向量组 $\boldsymbol{\alpha}_1,\boldsymbol{\alpha}_2,\boldsymbol{\alpha}_3$ 线性表示.

8. 已知向量组 $\boldsymbol{\alpha}_1=\begin{pmatrix}k\\2\\1\end{pmatrix},\boldsymbol{\alpha}_2=\begin{pmatrix}2\\k\\0\end{pmatrix},\boldsymbol{\alpha}_3=\begin{pmatrix}1\\-1\\1\end{pmatrix}$,讨论向量组 $\boldsymbol{\alpha}_1,\boldsymbol{\alpha}_2,\boldsymbol{\alpha}_3$ 的线性相关性.

9. 设向量组 $\boldsymbol{\alpha}_1,\boldsymbol{\alpha}_2,\boldsymbol{\alpha}_3$ 线性无关,且已知

$$\boldsymbol{\beta}_1=m\boldsymbol{\alpha}_1+\boldsymbol{\alpha}_2+n\boldsymbol{\alpha}_3,\boldsymbol{\beta}_2=\boldsymbol{\alpha}_1+n\boldsymbol{\alpha}_2+(n+1)\boldsymbol{\alpha}_3,\boldsymbol{\beta}_3=\boldsymbol{\alpha}_1+\boldsymbol{\alpha}_2+\boldsymbol{\alpha}_3$$

试问:(1) m,n 满足何关系时,$\boldsymbol{\beta}_1,\boldsymbol{\beta}_2,\boldsymbol{\beta}_3$ 线性无关?

(2) m,n 满足何关系时,$\boldsymbol{\beta}_1,\boldsymbol{\beta}_2,\boldsymbol{\beta}_3$ 线性相关?

10. 求下列向量组的秩及它的一个极大线性无关组,并将其余向量用极大无关组线性表示.

(1) $\boldsymbol{\alpha}_1=\begin{pmatrix}1\\2\\1\\-1\end{pmatrix},\boldsymbol{\alpha}_2=\begin{pmatrix}-1\\1\\2\\-3\end{pmatrix},\boldsymbol{\alpha}_3=\begin{pmatrix}-1\\4\\5\\-7\end{pmatrix}$;

(2) $\boldsymbol{\alpha}_1=\begin{pmatrix}2\\-1\\1\\3\end{pmatrix},\boldsymbol{\alpha}_2=\begin{pmatrix}1\\2\\-1\\2\end{pmatrix},\boldsymbol{\alpha}_3=\begin{pmatrix}3\\-1\\-2\\4\end{pmatrix},\boldsymbol{\alpha}_4=\begin{pmatrix}7\\2\\-3\\11\end{pmatrix}$;

(3) $\boldsymbol{\alpha}_1=\begin{pmatrix}2\\1\\-1\end{pmatrix},\boldsymbol{\alpha}_2=\begin{pmatrix}-2\\2\\4\end{pmatrix},\boldsymbol{\alpha}_3=\begin{pmatrix}1\\2\\3\end{pmatrix}$;

(4) $\boldsymbol{\alpha}_1=\begin{pmatrix}1\\2\\3\end{pmatrix},\boldsymbol{\alpha}_2=\begin{pmatrix}2\\1\\2\end{pmatrix},\boldsymbol{\alpha}_3=\begin{pmatrix}0\\3\\4\end{pmatrix},\boldsymbol{\alpha}_4=\begin{pmatrix}3\\3\\5\end{pmatrix},\boldsymbol{\alpha}_5=\begin{pmatrix}-5\\-1\\-3\end{pmatrix}$.

11. 向量组 $\boldsymbol{\alpha}_1=\begin{pmatrix}1\\2\\-1\\1\end{pmatrix},\boldsymbol{\alpha}_2=\begin{pmatrix}2\\0\\t\\0\end{pmatrix},\boldsymbol{\alpha}_3=\begin{pmatrix}0\\-4\\5\\-2\end{pmatrix}$ 的秩为 2，求常数 t.

12. 设向量组

$$\boldsymbol{\alpha}_1=\begin{pmatrix}a\\3\\1\end{pmatrix},\boldsymbol{\alpha}_2=\begin{pmatrix}2\\b\\3\end{pmatrix},\boldsymbol{\alpha}_3=\begin{pmatrix}1\\2\\1\end{pmatrix},\boldsymbol{\alpha}_4=\begin{pmatrix}2\\3\\1\end{pmatrix}$$

的秩为 2，求常数 a,b.

13. 已知向量组 $\boldsymbol{A}:\boldsymbol{\alpha}_1,\boldsymbol{\alpha}_2,\boldsymbol{\alpha}_3$，向量组 $\boldsymbol{B}:\boldsymbol{\alpha}_1,\boldsymbol{\alpha}_2,\boldsymbol{\alpha}_3,\boldsymbol{\alpha}_4$，且 $R(\boldsymbol{A})=R(\boldsymbol{B})=3$；证明：向量组 $\boldsymbol{\alpha}_1,\boldsymbol{\alpha}_2,\boldsymbol{\alpha}_3,\boldsymbol{\alpha}_4-\boldsymbol{\alpha}_3$ 的秩为 3.

14. 求下列齐次线性方程组的一个基础解系和通解.

(1) $\begin{cases}x_1+x_2-3x_4=0,\\x_1-x_2-2x_3-x_4=0,\\4x_1-2x_2+6x_3+3x_4=0;\end{cases}$　(2) $\begin{cases}x_1+x_2-2x_3+3x_4=0,\\x_1+3x_2-9x_3+7x_4=0,\\3x_1-x_2+8x_3+x_4=0,\\x_1-x_2+5x_3-x_4=0;\end{cases}$

(3) $\begin{cases}2x_1-4x_2+5x_3+3x_4=0,\\3x_1-6x_2+4x_3+2x_4=0,\\4x_1-8x_2+17x_3+11x_4=0.\end{cases}$

15. 求下列非齐次线性方程组的通解.

(1) $\begin{cases}x_1-2x_2+x_3+x_4=1,\\x_1-2x_2+x_3-x_4=-1,\\x_1-2x_2+x_3+5x_4=5;\end{cases}$　(2) $\begin{cases}x_1-2x_2+3x_3-4x_4=4,\\x_2-x_3+x_4=-3,\\x_1+3x_2-3x_4=-1,\\-7x_2+3x_3+x_4=-3;\end{cases}$

(3) $\begin{cases}x_1+x_2+x_3+x_4+x_5=1,\\3x_1+2x_2+x_3+x_4-3x_5=0,\\x_2+2x_3+2x_4+6x_5=3,\\5x_1+4x_2+3x_3+3x_4-x_5=2.\end{cases}$

16. 当 λ 为何值时，方程组

$$\begin{cases}x_1+(\lambda^2+1)x_2+2x_3=\lambda,\\\lambda x_1+\lambda x_2+(2\lambda+1)x_3=0,\\x_1+(2\lambda+1)x_2+2x_3=2\end{cases}$$

有解？并求其解.

17. 设四元非齐次线性方程组 $\boldsymbol{AX}=\boldsymbol{B}$ 的系数矩阵 $\boldsymbol{A}$ 的秩 $R(\boldsymbol{A})=3$，已知 $\boldsymbol{\eta}_1,\boldsymbol{\eta}_2,\boldsymbol{\eta}_3$ 是方程组的三个解向量，且

$$\boldsymbol{\eta}_1+\boldsymbol{\eta}_2=\begin{pmatrix}3\\0\\2\\4\end{pmatrix},\boldsymbol{\eta}_2+\boldsymbol{\eta}_3=\begin{pmatrix}2\\0\\1\\2\end{pmatrix}$$

求 $\boldsymbol{AX}=\boldsymbol{B}$ 的通解.

18. 设 $\boldsymbol{\eta}_1,\boldsymbol{\eta}_2,\cdots,\boldsymbol{\eta}_r$ 是非齐次线性方程组 $\boldsymbol{AX}=\boldsymbol{B}$ 的 r 个解，$k_1,k_2,\cdots,k_r$ 为实数且满足

$$k_1+k_2+\cdots+k_r=1$$

证明 $k_1\boldsymbol{\eta}_1+k_2\boldsymbol{\eta}_2+\cdots+k_r\boldsymbol{\eta}_r$ 也是该方程组的解.

第四章　特征值、特征向量与矩阵的相似对角化

本章介绍矩阵的特征值和特征向量的概念、性质以及矩阵的对角化问题，这些内容是线性代数中比较重要的内容之一，它们在工程技术和经济管理以及其他许多学科中有着广泛的应用.

§1　特征值与特征向量

一、特征值与特征向量的概念

定义 4.1.1　设 $\boldsymbol{A}$ 为 n 阶矩阵，如果存在数 λ 和 n 维非零列向量 $\boldsymbol{x}$，使得

$$\boldsymbol{A}\boldsymbol{x}=\lambda\boldsymbol{x} \tag{4.1.1}$$

成立，则称数 λ 为矩阵 $\boldsymbol{A}$ 的**特征值**，相应的非零向量 $\boldsymbol{x}$ 称为 $\boldsymbol{A}$ 的对应于(或属于)特征值 λ 的**特征向量**.

注意　矩阵的特征向量一定是非零向量，即 $\boldsymbol{x}\neq\boldsymbol{0}$.

从定义 4.1.1 可知，如果 $\boldsymbol{x}$ 是 $\boldsymbol{A}$ 的对应于特征值 λ 的特征向量，即有 $\boldsymbol{A}\boldsymbol{x}=\lambda\boldsymbol{x}$，则对任意非零常数 k，有

$$\boldsymbol{A}(k\boldsymbol{x})=k(\boldsymbol{A}\boldsymbol{x})=k(\lambda\boldsymbol{x})=\lambda(k\boldsymbol{x})$$

即 $k\boldsymbol{x}$ 也是 $\boldsymbol{A}$ 的对应于特征值 λ 的特征向量，因此 $\boldsymbol{A}$ 的对应于特征值 λ 的特征向量有无穷多个.

若 $\boldsymbol{x}_1,\boldsymbol{x}_2$ 是 $\boldsymbol{A}$ 的对应于特征值 λ 的两个特征向量，则当 $\boldsymbol{x}_1+\boldsymbol{x}_2\neq\boldsymbol{0}$ 时，有

$$\boldsymbol{A}(\boldsymbol{x}_1+\boldsymbol{x}_2)=\boldsymbol{A}\boldsymbol{x}_1+\boldsymbol{A}\boldsymbol{x}_2=\lambda\boldsymbol{x}_1+\lambda\boldsymbol{x}_2=\lambda(\boldsymbol{x}_1+\boldsymbol{x}_2)$$

由此可得，$\boldsymbol{x}_1+\boldsymbol{x}_2$ 也是 $\boldsymbol{A}$ 的对应于特征值 λ 的特征向量.

综上可知，如果 $\boldsymbol{x}_1,\boldsymbol{x}_2,\cdots,\boldsymbol{x}_s$ 都是 $\boldsymbol{A}$ 的对应于某特征值 λ 的特征向量，那

么 $\boldsymbol{x}_1,\boldsymbol{x}_2,\cdots,\boldsymbol{x}_s$ 的任意非零线性组合

$$k_1\boldsymbol{x}_1+k_2\boldsymbol{x}_2+\cdots+k_s\boldsymbol{x}_s(\neq\boldsymbol{0})$$

也是 $\boldsymbol{A}$ 的对应于特征值 λ 的特征向量.

二、求给定矩阵的特征值和特征向量

考虑如下问题：对于给定的 n 阶矩阵 $\boldsymbol{A}$，如何求出 $\boldsymbol{A}$ 的特征值和特征向量呢？它们之间的内在联系又是什么？下面我们从特征值与特征向量的定义出发来讨论这个问题.

如果 λ 为 n 阶矩阵 $\boldsymbol{A}$ 的特征值，$\boldsymbol{x}$ 为 $\boldsymbol{A}$ 的对应于特征值 λ 的特征向量，则

$$\boldsymbol{A}\boldsymbol{x}=\lambda\boldsymbol{x}$$

即

$$(\boldsymbol{A}-\lambda\boldsymbol{E})\boldsymbol{x}=\boldsymbol{0}$$

这就是说，特征向量 $\boldsymbol{x}$ 是 n 个方程 n 个未知量的齐次线性方程组

$$(\boldsymbol{A}-\lambda\boldsymbol{E})\boldsymbol{x}=\boldsymbol{0} \tag{4.1.2}$$

的非零解，则 n 阶方阵 $\boldsymbol{A}$ 的特征值是使方程组(4.1.2)有非零解的 λ 值，即满足方程

$$|\boldsymbol{A}-\lambda\boldsymbol{E}|=0$$

的 λ 都是方阵 $\boldsymbol{A}$ 的特征值. 于是，我们给出以下概念：

定义 4.1.2　设 n 阶方阵

$$\boldsymbol{A}=\begin{pmatrix} a_{11} & a_{12} & \cdots & a_{1n} \\ a_{21} & a_{22} & \cdots & a_{2n} \\ \vdots & \vdots & & \vdots \\ a_{n1} & a_{n2} & \cdots & a_{nn} \end{pmatrix},$$

称 n 阶行列式

$$f(\lambda)=|\boldsymbol{A}-\lambda\boldsymbol{E}|=\begin{vmatrix} a_{11}-\lambda & a_{12} & \cdots & a_{1n} \\ a_{21} & a_{22}-\lambda & \cdots & a_{2n} \\ \vdots & \vdots & & \vdots \\ a_{n1} & a_{n2} & \cdots & a_{nn}-\lambda \end{vmatrix}$$

为矩阵 $\boldsymbol{A}$ 的**特征多项式**，它是关于 λ 的一个 n 次多项式，称方程 $|\boldsymbol{A}-\lambda\boldsymbol{E}|=0$ 为矩阵 $\boldsymbol{A}$ 的**特征方程**，称齐次线性方程组 $(\boldsymbol{A}-\lambda\boldsymbol{E})\boldsymbol{x}=\boldsymbol{0}$ 为**特征方程组**.

由上面的讨论，可以得到求 n 阶方阵 $\boldsymbol{A}$ 的特征值与特征向量的计算步骤：

(1) 求 $\boldsymbol{A}$ 的特征多项式 $|\boldsymbol{A}-\lambda\boldsymbol{E}|$；

(2) 求出特征方程$|\boldsymbol{A}-\lambda\boldsymbol{E}|=0$的所有根，即矩阵$\boldsymbol{A}$的全部特征值；

(3) 对于$\boldsymbol{A}$的每一个不同的特征值λ_j，求出相应的特征方程组$(\boldsymbol{A}-\lambda_j\boldsymbol{E})\cdot\boldsymbol{x}=\boldsymbol{0}$的一个基础解系$\boldsymbol{\xi}_{j1},\boldsymbol{\xi}_{j2},\cdots,\boldsymbol{\xi}_{jt}$，得到$\boldsymbol{A}$的对应于特征值$\lambda_j$的线性无关的特征向量，而$\boldsymbol{A}$的对应于特征值$\lambda_j$的全部特征向量为

$$k_1\boldsymbol{\xi}_{j1}+k_2\boldsymbol{\xi}_{j2}+\cdots+k_t\boldsymbol{\xi}_{jt}$$

其中$k_1,k_2,\cdots,k_t$是不全为零的任意常数.

例 1 求矩阵$\boldsymbol{A}=\begin{pmatrix}3&-1\\-1&3\end{pmatrix}$的全部特征值与特征向量.

解 矩阵$\boldsymbol{A}$的特征多项式为

$$|\boldsymbol{A}-\lambda\boldsymbol{E}|=\begin{vmatrix}3-\lambda&-1\\-1&3-\lambda\end{vmatrix}=(4-\lambda)(2-\lambda)$$

所以矩阵$\boldsymbol{A}$的特征值为$\lambda_1=2,\lambda_2=4$.

当$\lambda_1=2$时，解特征方程组$(\boldsymbol{A}-2\boldsymbol{E})\boldsymbol{x}=\boldsymbol{0}$. 由于

$$\boldsymbol{A}-2\boldsymbol{E}=\begin{pmatrix}1&-1\\-1&1\end{pmatrix}\stackrel{r}{\sim}\begin{pmatrix}1&-1\\0&0\end{pmatrix}$$

得同解方程组为

$$x_1=x_2$$

取$x_2=1$，得到方程组的基础解系，即$\boldsymbol{A}$的对应于$\lambda_1=2$的线性无关的特征向量为

$$\boldsymbol{\xi}_{11}=\begin{pmatrix}1\\1\end{pmatrix}$$

所以$\boldsymbol{A}$的对应于$\lambda_1=2$的全部特征向量为$k_1\boldsymbol{\xi}_{11}$，其中k_1为任意非零常数.

当$\lambda_2=4$时，解特征方程组$(\boldsymbol{A}-4\boldsymbol{E})\boldsymbol{x}=\boldsymbol{0}$. 由于

$$\boldsymbol{A}-4\boldsymbol{E}=\begin{pmatrix}-1&-1\\-1&-1\end{pmatrix}\stackrel{r}{\sim}\begin{pmatrix}1&1\\0&0\end{pmatrix}$$

得同解方程组为

$$x_1=-x_2$$

取$x_2=1$，得到方程组的基础解系，即$\boldsymbol{A}$的对应于$\lambda_2=4$的线性无关的特征向量为

$$\boldsymbol{\xi}_{21}=\begin{pmatrix}-1\\1\end{pmatrix}$$

所以$\boldsymbol{A}$的对应于$\lambda_2=4$的全部特征向量为$k_2\boldsymbol{\xi}_{21}$，其中k_2为任意非零常数.

例 2　求矩阵 $\boldsymbol{A}=\begin{pmatrix}-1&1&0\\-4&3&0\\1&0&2\end{pmatrix}$ 的全部特征值与特征向量.

解　矩阵 $\boldsymbol{A}$ 的特征多项式为

$$|\boldsymbol{A}-\lambda\boldsymbol{E}|=\begin{vmatrix}-1-\lambda&1&0\\-4&3-\lambda&0\\1&0&2-\lambda\end{vmatrix}=(1-\lambda)^2(2-\lambda)$$

所以矩阵 $\boldsymbol{A}$ 的特征值为 $\lambda_1=\lambda_2=1,\lambda_3=2$.

当 $\lambda_1=\lambda_2=1$ 时,解特征方程组 $(\boldsymbol{A}-\boldsymbol{E})x=\boldsymbol{0}$. 由于

$$\boldsymbol{A}-\boldsymbol{E}=\begin{pmatrix}-2&1&0\\-4&2&0\\1&0&1\end{pmatrix}\overset{r}{\sim}\begin{pmatrix}1&0&1\\0&1&2\\0&0&0\end{pmatrix}$$

得同解方程组为

$$\begin{cases}x_1=-x_3,\\x_2=-2x_3.\end{cases}$$

取 $x_3=1$,得到方程组的基础解系,即 $\boldsymbol{A}$ 的对应于 $\lambda_1=\lambda_2=1$ 的线性无关的特征向量为

$$\boldsymbol{\xi}_{11}=\begin{pmatrix}-1\\-2\\1\end{pmatrix}$$

所以 $\boldsymbol{A}$ 的对应于 $\lambda_1=\lambda_2=1$ 的全部特征向量为 $k_1\boldsymbol{\xi}_{11}$,其中 k_1 为任意非零常数.

当 $\lambda_3=2$ 时,解特征方程组 $(\boldsymbol{A}-2\boldsymbol{E})\boldsymbol{x}=\boldsymbol{0}$. 由于

$$\boldsymbol{A}-2\boldsymbol{E}=\begin{pmatrix}-3&1&0\\-4&1&0\\1&0&0\end{pmatrix}\overset{r}{\sim}\begin{pmatrix}1&0&0\\0&1&0\\0&0&0\end{pmatrix}$$

得同解方程组为

$$\begin{cases}x_1=0,\\x_2=0.\end{cases}$$

取 $x_3=1$,得到方程组的基础解系,即 $\boldsymbol{A}$ 的对应于 $\lambda_3=2$ 的线性无关的特征向量为

$$\boldsymbol{\xi}_{21}=\begin{pmatrix}0\\0\\1\end{pmatrix}$$

所以 $\boldsymbol{A}$ 的对应于 $\lambda_3=2$ 的全部特征向量为 $k_2\boldsymbol{\xi}_{21}$，其中 k_2 为任意非零常数.

例 3　求矩阵 $\boldsymbol{A}=\begin{pmatrix}-1 & 1 & 2\\ -2 & 2 & 2\\ -2 & 1 & 3\end{pmatrix}$ 的全部特征值与特征向量.

解　矩阵 $\boldsymbol{A}$ 的特征多项式

$$|\boldsymbol{A}-\lambda\boldsymbol{E}|=\begin{vmatrix}-1-\lambda & 1 & 2\\ -2 & 2-\lambda & 2\\ -2 & 1 & 3-\lambda\end{vmatrix}=(1-\lambda)^2(2-\lambda)$$

所以矩阵 $\boldsymbol{A}$ 的特征值为 $\lambda_1=\lambda_2=1,\lambda_3=2$.

当 $\lambda_1=\lambda_2=1$ 时，解特征方程组 $(\boldsymbol{A}-\boldsymbol{E})x=\boldsymbol{0}$. 由于

$$\boldsymbol{A}-\boldsymbol{E}=\begin{pmatrix}-2 & 1 & 2\\ -2 & 1 & 2\\ -2 & 1 & 2\end{pmatrix}\overset{r}{\sim}\begin{pmatrix}1 & -\frac{1}{2} & -1\\ 0 & 0 & 0\\ 0 & 0 & 0\end{pmatrix}$$

得同解方程组为

$$x_1=\frac{1}{2}x_2+x_3$$

取 $\begin{pmatrix}x_2\\ x_3\end{pmatrix}=\begin{pmatrix}2\\ 0\end{pmatrix},\begin{pmatrix}0\\ 1\end{pmatrix}$，得 $\boldsymbol{A}$ 的对应于 $\lambda_1=\lambda_2=1$ 的线性无关的特征向量为

$$\boldsymbol{\xi}_{11}=\begin{pmatrix}1\\ 2\\ 0\end{pmatrix},\boldsymbol{\xi}_{12}=\begin{pmatrix}1\\ 0\\ 1\end{pmatrix}$$

所以 $\boldsymbol{A}$ 的对应于 $\lambda_1=\lambda_2=1$ 的全部特征向量为 $k_1\boldsymbol{\xi}_{11}+k_2\boldsymbol{\xi}_{12}$，其中 k_1,k_2 为不全为零的任意常数.

当 $\lambda_3=2$ 时，解特征方程组 $(\boldsymbol{A}-2\boldsymbol{E})\boldsymbol{x}=\boldsymbol{0}$. 由于

$$\boldsymbol{A}-2\boldsymbol{E}=\begin{pmatrix}-3 & 1 & 2\\ -2 & 0 & 2\\ -2 & 1 & 1\end{pmatrix}\overset{r}{\sim}\begin{pmatrix}1 & 0 & -1\\ 0 & 1 & -1\\ 0 & 0 & 9\end{pmatrix}$$

得同解方程组为

$$\begin{cases}x_1=x_3,\\ x_2=x_3.\end{cases}$$

取 $x_3=1$，得 $\boldsymbol{A}$ 的对应于 $\lambda_3=2$ 的线性无关的特征向量为

$$\xi_{21}=\begin{pmatrix}1\\1\\1\end{pmatrix}$$

所以 $\boldsymbol{A}$ 的对应于 $\lambda_3=2$ 的全部特征向量为 $k_3\xi_{21}$，其中 k_3 为任意非零常数.

例 4　证明对角矩阵的主对角线上的元素是它的全部特征值.

证　设 $\boldsymbol{A}=\begin{pmatrix}a_{11}&&&\\&a_{22}&&\\&&\ddots&\\&&&a_{nn}\end{pmatrix}$，则 $\boldsymbol{A}$ 的特征多项式

$$|\boldsymbol{A}-\lambda\boldsymbol{E}|=\begin{vmatrix}a_{11}-\lambda&&&\\&a_{22}-\lambda&&\\&&\ddots&\\&&&a_{nn}-\lambda\end{vmatrix}=(a_{11}-\lambda)(a_{22}-\lambda)\cdots(a_{nn}-\lambda)$$

故有 $\lambda_1=a_{11}\lambda_2=a_{22},\cdots,\lambda_n=a_{nn}$. 所以对角矩阵的主对角线上的元素是它的全部特征值.

三、特征值与特征向量的性质

矩阵的特征值具有如下性质.

性质 1　n 阶矩阵 $\boldsymbol{A}$ 与它的转置矩阵 $\boldsymbol{A}^{\mathrm{T}}$ 有相同的特征值.

证　由 $(\boldsymbol{A}-\lambda\boldsymbol{E})^{\mathrm{T}}=\boldsymbol{A}^{\mathrm{T}}-(\lambda\boldsymbol{E})^{\mathrm{T}}=\boldsymbol{A}^{\mathrm{T}}-\lambda\boldsymbol{E}$，得

$$|\boldsymbol{A}^{\mathrm{T}}-\lambda\boldsymbol{E}|=|(\boldsymbol{A}-\lambda\boldsymbol{E})^{\mathrm{T}}|=|\boldsymbol{A}-\lambda\boldsymbol{E}|$$

则 $\boldsymbol{A}$ 和 $\boldsymbol{A}^{\mathrm{T}}$ 有相同的特征多项式，所以它们的特征值相同.

性质 2　若 λ 是 n 阶矩阵 $\boldsymbol{A}$ 的特征值，$\boldsymbol{\xi}$ 是 $\boldsymbol{A}$ 的对应于特征值 λ 的特征向量，则

(1) $k\lambda$ 是矩阵 $k\boldsymbol{A}$ 的特征值，其中 k 是任意常数；

(2) λ^m 是矩阵 $\boldsymbol{A}^m$ 的特征值，其中 m 是正整数；

(3) $g(\lambda)=a_0+a_1\lambda+a_2\lambda^2+\cdots+a_m\lambda^m$ 是矩阵

$$g(\boldsymbol{A})=a_0\boldsymbol{E}+a_1\boldsymbol{A}+a_2\boldsymbol{A}^2+\cdots+a_m\boldsymbol{A}^m$$

的特征值，其中 m 是正整数.

证　由 $\boldsymbol{A\xi}=\lambda\boldsymbol{\xi}$，得

(1) $(k\boldsymbol{A})\boldsymbol{\xi}=k(\boldsymbol{A\xi})=k(\lambda\boldsymbol{\xi})=(k\lambda)\boldsymbol{\xi}$，所以 $k\lambda$ 是 $k\boldsymbol{A}$ 的特征值.

(2) $\boldsymbol{A}^2\boldsymbol{\xi}=\mathrm{A}(\boldsymbol{A})\boldsymbol{\xi}=\boldsymbol{A}(\lambda\boldsymbol{\xi})=\lambda(\boldsymbol{A\xi})=\lambda^2\boldsymbol{\xi}$，即 $\boldsymbol{A}^2\boldsymbol{\xi}=\lambda^2\boldsymbol{\xi}$；如此继续上述步骤 $m-2$ 次，得 $\boldsymbol{A}^m\boldsymbol{\xi}=\lambda^m\boldsymbol{\xi}$，所以 λ^m 是 $\boldsymbol{A}^m$ 的特征值.

(3) $g(\boldsymbol{A})\boldsymbol{\xi}=a_0\boldsymbol{\xi}+a_1\boldsymbol{A}\boldsymbol{\xi}+a_2\boldsymbol{A}^2\boldsymbol{\xi}+\cdots+a_m\boldsymbol{A}^m\boldsymbol{\xi}$

$$=(a_0+a_1\lambda+a_2\lambda^2+\cdots+a_m\lambda^m)\boldsymbol{\xi}=g(\lambda)\boldsymbol{\xi}$$

所以 $g(\lambda)$ 是 $g(\boldsymbol{A})$ 的特征值.

性质 3　当 $\boldsymbol{A}$ 可逆时，$\frac{1}{\lambda}$ 是 $\boldsymbol{A}^{-1}$ 的特征值，$\frac{|\boldsymbol{A}|}{\lambda}$ 为 $\boldsymbol{A}$ 的伴随矩阵 $\boldsymbol{A}^*$ 的特征值.

证　当 $\boldsymbol{A}$ 可逆时，得 $\lambda\neq0$，则 $\boldsymbol{A}^{-1}(\boldsymbol{A}\boldsymbol{\xi})=\boldsymbol{A}^{-1}(\lambda\boldsymbol{\xi})=\lambda\boldsymbol{A}^{-1}\boldsymbol{\xi}$，即

$$\boldsymbol{A}^{-1}\boldsymbol{\xi}=\frac{1}{\lambda}\boldsymbol{\xi}$$

所以 $\frac{1}{\lambda}$ 是 $\boldsymbol{A}^{-1}$ 的特征值.

由 $\boldsymbol{A}^*=|\boldsymbol{A}|\boldsymbol{A}^{-1}$，得 $\boldsymbol{A}^*\boldsymbol{\xi}=|\boldsymbol{A}|(\boldsymbol{A}^{-1}\boldsymbol{\xi})=\frac{|\boldsymbol{A}|}{\lambda}\boldsymbol{\xi}$，所以 $\frac{|\boldsymbol{A}|}{\lambda}$ 为 $\boldsymbol{A}$ 的伴随矩阵 $\boldsymbol{A}^*$ 的特征值.

注　由上述证明知道，矩阵 $k\boldsymbol{A},\boldsymbol{A}^m,g(\boldsymbol{A}),\boldsymbol{A}^{-1},\boldsymbol{A}^*$ 的特征值分别是 $k\lambda$，$\lambda^m,g(\lambda),\lambda^{-1},\frac{|\boldsymbol{A}|}{\lambda}$，且 $k\boldsymbol{A},\boldsymbol{A}^m,g(\boldsymbol{A}),\boldsymbol{A}^{-1},\boldsymbol{A}^*$ 的分别对应于特征值 $k\lambda,\lambda^m$，$g(\lambda),\lambda^{-1},\frac{|\boldsymbol{A}|}{\lambda}$ 的特征向量依然是 $\boldsymbol{\xi}$.

性质 4　设 n 阶矩阵 $\boldsymbol{A}=(a_{ij})$ 的 n 个特征值为 $\lambda_1,\lambda_2,\cdots,\lambda_n$，则

(1) $\sum\limits_{i=1}^{n}\lambda_i=\sum\limits_{i=1}^{n}a_{ii}$；

(2) $\prod\limits_{i=1}^{n}\lambda_i=|\boldsymbol{A}|$.

其中 $\sum\limits_{i=1}^{n}a_{ii}$ 为矩阵 $\boldsymbol{A}$ 的主对角线上元素之和，也称为矩阵 $\boldsymbol{A}$ 的**迹**，记为 $tr(\boldsymbol{A})$.（证明略）

例 5　设 3 阶矩阵 $\boldsymbol{A}$ 的特征值为 -1、1、2，计算下列行列式的值：

(1) $|\boldsymbol{A}^3-2\boldsymbol{A}+\boldsymbol{E}|$；　　(2) $|\boldsymbol{A}^*-\boldsymbol{A}^{-1}+\boldsymbol{A}|$.

解　因为 -1、1、2 是 3 阶矩阵 $\boldsymbol{A}$ 的特征值，所以 $|\boldsymbol{A}|=(-1)\times1\times2=-2$. 设 λ 是 $\boldsymbol{A}$ 的特征值，则 $\lambda^3-2\lambda+1$ 是 $\boldsymbol{A}^3-2\boldsymbol{A}+\boldsymbol{E}$ 的特征值，$\frac{|\boldsymbol{A}|}{\lambda}-\frac{1}{\lambda}+\lambda$ 是 $\boldsymbol{A}^*-\boldsymbol{A}^{-1}+\boldsymbol{A}$ 的特征值. 则 $\boldsymbol{A}^3-2\boldsymbol{A}+\boldsymbol{E}$ 的三个特征值分别为 2、0、5，$\boldsymbol{A}^*-\boldsymbol{A}^{-1}+\boldsymbol{A}$ 的三个特征值分别为 2、-2、$\frac{1}{2}$. 所以

(1) $|\boldsymbol{A}^3-2\boldsymbol{A}+\boldsymbol{E}|=2\times0\times5=0$;

(2) $|\boldsymbol{A}^*-\boldsymbol{A}^{-1}+\boldsymbol{A}|=(-2)\times2\times\dfrac{1}{2}=-2$.

下面介绍特征向量的一些性质.

定理 4.1.1　矩阵 $\boldsymbol{A}$ 的特征向量对应的特征值是唯一的.

证　假设 ξ 是 $\boldsymbol{A}$ 的对应于特征值 λ_1 和 $\lambda_2(\lambda_1\neq\lambda_2)$ 的特征向量,有

$$\boldsymbol{A\xi}=\lambda_1\boldsymbol{\xi},\boldsymbol{A\xi}=\lambda_2\boldsymbol{\xi}$$

则 $\lambda_1\boldsymbol{\xi}=\lambda_2\boldsymbol{\xi}$,故 $(\lambda_1-\lambda_2)\boldsymbol{\xi}=\boldsymbol{0}$. 因为 $\lambda_1-\lambda_2\neq0$,所以 $\boldsymbol{\xi}=\boldsymbol{0}$. 这与特征向量非零矛盾. 所以特征向量对应的特征值是唯一的.

定理 4.1.2　不同特征值对应的特征向量是线性无关的.

证　设 $\lambda_1,\lambda_2,\cdots,\lambda_m$ 是矩阵 $\boldsymbol{A}$ 的 m 个互不相同的特征值,$\boldsymbol{\xi}_1,\boldsymbol{\xi}_2,\cdots,\boldsymbol{\xi}_m$ 是分别对应于特征值 $\lambda_1,\lambda_2,\cdots,\lambda_m$ 的特征向量.

下面用数学归纳法证明 $\boldsymbol{\xi}_1,\boldsymbol{\xi}_2,\cdots,\boldsymbol{\xi}_m$ 线性无关.

当 $m=1$ 时,因为特征向量 $\boldsymbol{\xi}_1$ 是非零向量,而非零向量必线性无关,所以结论成立.

假设 $m=k-1$ 时结论成立,即分别对应于互异的特征值 $\lambda_1,\lambda_2,\cdots,\lambda_{k-1}$ 的 $k-1$ 个特征向量 $\boldsymbol{\xi}_1,\boldsymbol{\xi}_2,\cdots,\boldsymbol{\xi}_{k-1}$ 线性无关.

下面证明当 $m=k$ 时结论也成立,即对应于 k 个互异的特征值 $\lambda_1,\lambda_2,\cdots,\lambda_k$ 的特征向量 $\boldsymbol{\xi}_1,\boldsymbol{\xi}_2,\cdots,\boldsymbol{\xi}_k$ 线性无关.

设有一组数 $l_1,l_2,\cdots,l_k$,使得

$$l_1\boldsymbol{\xi}_1+l_2\boldsymbol{\xi}_2+\cdots+l_k\boldsymbol{\xi}_k=\boldsymbol{0} \tag{4.1.3}$$

首先,(4.1.3)式两边同时左乘 $\boldsymbol{A}$,得

$$\boldsymbol{A}(l_1\boldsymbol{\xi}_1+l_2\boldsymbol{\xi}_2+\cdots+l_k\boldsymbol{\xi}_k)=\boldsymbol{0}$$

因 $\boldsymbol{A\xi}_i=\lambda_i\boldsymbol{\xi}_i,i=1,2,\cdots,m$,所以有

$$l_1\lambda_1\boldsymbol{\xi}_1+l_2\lambda_2\boldsymbol{\xi}_2+\cdots+l_k\lambda_k\boldsymbol{\xi}_k=\boldsymbol{0} \tag{4.1.4}$$

其次,在(4.1.3)式两边同时乘以 λ_k,得

$$l_1\lambda_k\boldsymbol{\xi}_1+l_2\lambda_k\boldsymbol{\xi}_2+\cdots+l_k\lambda_k\boldsymbol{\xi}_k=\boldsymbol{0} \tag{4.1.5}$$

将(4.1.5)式减去(4.1.4)式,得

$$l_1(\lambda_k-\lambda_1)\boldsymbol{\xi}_1+l_2(\lambda_k-\lambda_2)\boldsymbol{\xi}_2+\cdots+l_{k-1}(\lambda_k-\lambda_{k-1})\boldsymbol{\xi}_{k-1}=\boldsymbol{0}$$

由归纳假设知 $\boldsymbol{\xi}_1,\boldsymbol{\xi}_2,\cdots,\boldsymbol{\xi}_{k-1}$ 线性无关,于是

$$l_i(\lambda_k-\lambda_i)=0$$

由于 $\lambda_1,\lambda_2,\cdots,\lambda_k$ 互不相同,所以 $\lambda_k-\lambda_i\neq0$,故必有 $l_i=0$,其中 $i=1,2,\cdots,k-1$. 于是(4.1.3)式化为 $l_k\boldsymbol{\xi}_k=\boldsymbol{0}$,又 $\boldsymbol{\xi}_k$ 不等于零,则 $l_k=0$,这就证明

了 $\boldsymbol{\xi}_1,\boldsymbol{\xi}_2,\cdots,\boldsymbol{\xi}_k$ 线性无关. 根据归纳法,定理成立.

推论 设 $\lambda_1,\lambda_2,\cdots,\lambda_m$ 是矩阵 $\boldsymbol{A}$ 的 m 个互不相同的特征值,$\boldsymbol{\xi}_{i1},\boldsymbol{\xi}_{i2},\cdots,\boldsymbol{\xi}_{ik_i}$,是 $\boldsymbol{A}$ 的对应于特征值 $\lambda_i(i=1,2,\cdots,m)$ 的线性无关的特征向量,则由这些特征向量所组成的向量组

$$\boldsymbol{\xi}_{11},\boldsymbol{\xi}_{12},\cdots,\boldsymbol{\xi}_{1k_1},\boldsymbol{\xi}_{21},\boldsymbol{\xi}_{22},\cdots,\boldsymbol{\xi}_{2k_2},\cdots,\boldsymbol{\xi}_{m1},\boldsymbol{\xi}_{m2},\cdots,\boldsymbol{\xi}_{mk_m}$$

也是线性无关的.

§2 相似矩阵

一、相似矩阵及其性质

定义 4.2.1 设 $\boldsymbol{A}$ 和 $\boldsymbol{B}$ 是 n 阶方阵,如果存在一个 n 阶可逆矩阵 $\boldsymbol{P}$,使得

$$\boldsymbol{P}^{-1}\boldsymbol{A}\boldsymbol{P}=\boldsymbol{B} \tag{4.2.1}$$

成立,则称矩阵 $\boldsymbol{A}$ **相似于**矩阵 $\boldsymbol{B}$,或称 $\boldsymbol{B}$ 是 $\boldsymbol{A}$ 的**相似矩阵**,记作 $\boldsymbol{A}$ 相似于 $\boldsymbol{B}$.

可以验证:对于 $\boldsymbol{A}=\begin{pmatrix}3 & 1\\ 5 & -1\end{pmatrix}$,$\boldsymbol{B}=\begin{pmatrix}4 & 0\\ 0 & -2\end{pmatrix}$,有 $\boldsymbol{P}=\begin{pmatrix}1 & 1\\ 1 & -5\end{pmatrix}$,使得

$$\boldsymbol{P}^{-1}\boldsymbol{A}\boldsymbol{P}=\boldsymbol{B}$$

即 $\boldsymbol{A}$ 相似于 $\boldsymbol{B}$.

相似矩阵具有如下性质.

性质 1 相似矩阵有相同的行列式.

证 若 $\boldsymbol{A}$ 相似于 $\boldsymbol{B}$,则存在可逆矩阵 $\boldsymbol{P}$,使得 $\boldsymbol{P}^{-1}\boldsymbol{A}\boldsymbol{P}=\boldsymbol{B}$,两边取行列式,得

$$|\boldsymbol{B}|=|\boldsymbol{P}^{-1}\boldsymbol{A}\boldsymbol{P}|=|\boldsymbol{P}^{-1}||\boldsymbol{A}||\boldsymbol{P}|=|\boldsymbol{P}^{-1}||\boldsymbol{P}||\boldsymbol{A}|=|\boldsymbol{P}^{-1}\boldsymbol{P}||\boldsymbol{A}|=|\boldsymbol{E}||\boldsymbol{A}|=|\boldsymbol{A}|$$

从而 $|\boldsymbol{A}|=|\boldsymbol{B}|$.

性质 2 相似矩阵有相同的特征多项式和特征值.

证 设 $\boldsymbol{A}$ 相似于 $\boldsymbol{B}$,则存在可逆矩阵 $\boldsymbol{P}$,使得 $\boldsymbol{P}^{-1}\boldsymbol{A}\boldsymbol{P}=\boldsymbol{B}$,故

$$\begin{aligned}|\boldsymbol{B}-\lambda\boldsymbol{E}|&=|\boldsymbol{P}^{-1}\boldsymbol{A}\boldsymbol{P}-\lambda\boldsymbol{E}|=|\boldsymbol{P}^{-1}\boldsymbol{A}\boldsymbol{P}-\boldsymbol{P}^{-1}(\lambda\boldsymbol{E})\boldsymbol{P}|=|\boldsymbol{P}^{-1}(\boldsymbol{A}-\lambda\boldsymbol{E})\boldsymbol{P}|\\&=|\boldsymbol{P}^{-1}||\boldsymbol{A}-\lambda\boldsymbol{E}||\boldsymbol{P}|=|\boldsymbol{A}-\lambda\boldsymbol{E}|\end{aligned}$$

即 $\boldsymbol{A}$ 与 $\boldsymbol{B}$ 有相同的特征多项式,从而 $\boldsymbol{A}$ 与 $\boldsymbol{B}$ 有相同的特征值.

性质 3 相似矩阵有相同的秩.

证 设 $\boldsymbol{A}$ 相似于 $\boldsymbol{B}$,则存在可逆矩阵 $\boldsymbol{P}$,使得 $\boldsymbol{P}^{-1}\boldsymbol{A}\boldsymbol{P}=\boldsymbol{B}$,所以 $R(\boldsymbol{A})=R(\boldsymbol{B})$. 由上面的讨论知道,相似矩阵具有很多共同的性质,利用这些性质,可以简化矩阵的运算. 下面我们讨论的主要问题是:对于 n 阶方阵 $\boldsymbol{A}$,能否找到

变换矩阵 $\boldsymbol{P}$，使 $\boldsymbol{P}^{-1}\boldsymbol{AP}$ 为对角阵，若可以，我们就称 $\boldsymbol{A}$ 与对角阵相似，也称 $\boldsymbol{A}$ 可以对角化.

具体地说，就是讨论如下问题：

1. 是否所有的方阵都能与对角矩阵相似？若不能，则需满足怎样的条件，才能使一个方阵与一个对角矩阵相似？

2. 如果一个方阵能与一个对角矩阵相似，即存在可逆矩阵 $\boldsymbol{P}$，使得 $\boldsymbol{P}^{-1}\boldsymbol{AP}$ 为对角矩阵，那么怎样求得可逆矩阵 $\boldsymbol{P}$？

3. 如果一个方阵能与一个对角矩阵相似，那么这个对角矩阵的具体形式是什么？

二、矩阵可以对角化的条件

定理 4.2.1　n 阶方阵 $\boldsymbol{A}$ 能与对角矩阵 $\boldsymbol{\Lambda}$ 相似的充分必要条件是 $\boldsymbol{A}$ 有 n 个线性无关的特征向量.

证　必要性. 设 n 阶方阵 $\boldsymbol{A}$ 能与对角矩阵 $\boldsymbol{\Lambda}$ 相似，其中

$$\boldsymbol{\Lambda}=\begin{pmatrix}\lambda_1 & & & \\ & \lambda_2 & & \\ & & \ddots & \\ & & & \lambda_n\end{pmatrix}$$

则存在可逆矩阵 $\boldsymbol{P}$，使得 $\boldsymbol{P}^{-1}\boldsymbol{AP}=\boldsymbol{\Lambda}$，即

$$\boldsymbol{AP}=\boldsymbol{P\Lambda} \tag{4.2.1}$$

把 $\boldsymbol{P}$ 按列分块，设 $\boldsymbol{P}$ 的列向量分别为 $\boldsymbol{\xi}_1,\boldsymbol{\xi}_2,\cdots,\boldsymbol{\xi}_n$，则(4.2.1)可写为

$$\boldsymbol{A}(\boldsymbol{\xi}_1,\boldsymbol{\xi}_2,\cdots,\boldsymbol{\xi}_n)=(\boldsymbol{\xi}_1,\boldsymbol{\xi}_2,\cdots,\boldsymbol{\xi}_n)\begin{pmatrix}\lambda_1 & & & \\ & \lambda_2 & & \\ & & \ddots & \\ & & & \lambda_n\end{pmatrix}$$

有 $(\boldsymbol{A\xi}_1,\boldsymbol{A\xi}_2,\cdots,\boldsymbol{A\xi}_n)=(\lambda_1\boldsymbol{\xi}_1,\lambda_2\boldsymbol{\xi}_2,\cdots,\lambda_n\boldsymbol{\xi}_n)$，得

$$\boldsymbol{A\xi}_1=\lambda_1\boldsymbol{\xi}_1,\boldsymbol{A\xi}_2=\lambda_2\boldsymbol{\xi}_2,\cdots,\boldsymbol{A\xi}_n=\lambda_n\boldsymbol{\xi}_n$$

因为 $\boldsymbol{P}$ 为可逆矩阵，所以 $\boldsymbol{\xi}_1,\boldsymbol{\xi}_2,\cdots,\boldsymbol{\xi}_n$ 线性无关. 上式表明 $\lambda_1,\lambda_2,\cdots,\lambda_n$ 是矩阵 $\boldsymbol{A}$ 的特征值，$\boldsymbol{\xi}_1,\boldsymbol{\xi}_2,\cdots,\boldsymbol{\xi}_n$ 是 $\boldsymbol{A}$ 的分别对应于特征值 $\lambda_1,\lambda_2,\cdots,\lambda_n$ 的线性无关的特征向量，所以 $\boldsymbol{A}$ 有 n 个线性无关的特征向量.

充分性. 设 $\boldsymbol{A}$ 有 n 个线性无关的特征向量 $\boldsymbol{\xi}_1,\boldsymbol{\xi}_2,\cdots,\boldsymbol{\xi}_n$，假设它们对应的特征值分别为 $\lambda_1,\lambda_2,\cdots,\lambda_n$，有

$$\boldsymbol{A\xi}_1=\lambda_1\boldsymbol{\xi}_1,\boldsymbol{A\xi}_2=\lambda_2\boldsymbol{\xi}_2,\cdots,\boldsymbol{A\xi}_n=\lambda_n\boldsymbol{\xi}_n$$

令矩阵 $\boldsymbol{P}=(\xi_1,\xi_2,\cdots,\xi_n)$，则 P 为可逆矩阵，且

$$\boldsymbol{AP}=\boldsymbol{A}(\xi_1,\xi_2,\cdots,\xi_n)=(\boldsymbol{A}\xi_1,\boldsymbol{A}\xi_2,\cdots,\boldsymbol{A}\xi_n)=(\lambda\xi_1,\lambda_2\xi_2,\cdots,\lambda_n\xi_n)$$

$$=(\xi_1,\xi_2,\cdots,\xi_n)\begin{pmatrix}\lambda_1 & & & \\ & \lambda_2 & & \\ & & \ddots & \\ & & & \lambda_n\end{pmatrix}=\boldsymbol{P}\begin{pmatrix}\lambda_1 & & & \\ & \lambda_2 & & \\ & & \ddots & \\ & & & \lambda_n\end{pmatrix}$$

有

$$\boldsymbol{P}^{-1}\boldsymbol{AP}=\begin{pmatrix}\lambda_1 & & & \\ & \lambda_2 & & \\ & & \ddots & \\ & & & \lambda_n\end{pmatrix}=\boldsymbol{\Lambda}$$

故 $\boldsymbol{A}$ 与对角矩阵 $\boldsymbol{\Lambda}$ 相似.

注 (1) 可逆矩阵 $\boldsymbol{P}$ 就是以 $\boldsymbol{A}$ 的 n 个线性无关的特征向量 $\xi_1,\xi_2,\cdots,\xi_n$ 作为列向量排列而成的矩阵.

(2) 对角矩阵 $\boldsymbol{\Lambda}$ 的主对角线上的元素 $\lambda_1,\lambda_2,\cdots,\lambda_n$ 是方阵 $\boldsymbol{A}$ 的特征值，且 $\lambda_1,\lambda_2,\cdots,\lambda_n$ 的排列顺序与它对应的特征向量 $\xi_1,\xi_2,\cdots,\xi_n$ 构成矩阵 $\boldsymbol{P}$ 的列向量时的排列顺序一致.

推论 若 n 阶方阵 $\boldsymbol{A}$ 有 n 个互异的特征值 $\lambda_1,\lambda_2,\cdots,\lambda_n$，则方阵 $\boldsymbol{A}$ 一定可与对角矩阵

$$\boldsymbol{\Lambda}=\begin{pmatrix}\lambda_1 & & & \\ & \lambda_2 & & \\ & & \ddots & \\ & & & \lambda_n\end{pmatrix}$$

相似.

注 方阵 $\boldsymbol{A}$ 有 n 个互异的特征值只是 $\boldsymbol{A}$ 可以对角化的充分条件而不是必要条件. 例如 $\boldsymbol{A}=\begin{pmatrix}-1 & 1 & 2\\ -2 & 2 & 2\\ -2 & 1 & 3\end{pmatrix}$，由上节例 3 知 $\boldsymbol{A}$ 有三个线性无关特征向量

$$\boldsymbol{\xi}_{11}=\begin{pmatrix}1\\2\\0\end{pmatrix},\boldsymbol{\xi}_{12}=\begin{pmatrix}1\\0\\1\end{pmatrix},\boldsymbol{\xi}_{21}=\begin{pmatrix}1\\1\\1\end{pmatrix}$$

所以 $\boldsymbol{A}$ 可以对角化. 若令 $\boldsymbol{P}=(\boldsymbol{\xi}_{11},\boldsymbol{\xi}_{12},\boldsymbol{\xi}_{21})=\begin{pmatrix}1&1&1\\2&0&1\\0&1&1\end{pmatrix}$ 则 $\boldsymbol{P}^{-1}\boldsymbol{AP}=\boldsymbol{\Lambda}=\begin{pmatrix}1&&\\&1&\\&&2\end{pmatrix}$.

这个例子说明当 $\boldsymbol{A}$ 有相同的特征值时，$\boldsymbol{A}$ 也可以对角化. 所以推论只是一个充分条件而非必要条件.

而对于 $\boldsymbol{A}=\begin{pmatrix}-1&1&0\\-4&3&0\\1&0&2\end{pmatrix}$，由上节例 2 知，$\boldsymbol{A}$ 只能找到两个线性无关的特征向量，所以 $\boldsymbol{A}$ 不能对角化，此时 $\boldsymbol{A}$ 的对应于二重特征值 $\lambda=1$ 的线性无关的特征向量个数仅为 1.

于是有

定理 4.2.2　n 阶方阵 $\boldsymbol{A}$ 与对角矩阵相似的充分必要条件是对于 $\boldsymbol{A}$ 的每一个 n_i 重特征值 λ_i，对应于特征值 λ_i 的线性无关的特征向量个数恰好是 n_i 个.

例 1　设矩阵 $\boldsymbol{A}=\begin{pmatrix}1&-1&1\\2&-2&2\\-1&1&-1\end{pmatrix}$，试求：

(1) 可逆矩阵 $\boldsymbol{P}$ 及对角矩阵 $\boldsymbol{\Lambda}$，使得 $\boldsymbol{P}^{-1}\boldsymbol{AP}=\boldsymbol{\Lambda}$；(2)$\boldsymbol{A}^m$.

解　(1) $\boldsymbol{A}$ 的特征多项式

$$|\boldsymbol{A}-\lambda\boldsymbol{E}|=\begin{vmatrix}1-\lambda&-1&1\\2&-2-\lambda&2\\-1&1&-1-\lambda\end{vmatrix}=-\lambda^2(2+\lambda)$$

所以 $\boldsymbol{A}$ 的特征值为 $\lambda_1=\lambda_2=0,\lambda_3=-2$.

当 $\lambda_1=\lambda_2=0$ 时，解特征方程组 $(\boldsymbol{A}-0\boldsymbol{E})\boldsymbol{x}=\boldsymbol{0}$，得基础解系为

$$\boldsymbol{\xi}_{11}=\begin{pmatrix}1\\1\\0\end{pmatrix},\boldsymbol{\xi}_{12}=\begin{pmatrix}-1\\0\\1\end{pmatrix}$$

当 $\lambda_2=-2$ 时，解特征方程组 $(\boldsymbol{A}+2\boldsymbol{E})\boldsymbol{x}=\boldsymbol{0}$，得基础解系为

$$\boldsymbol{\xi}_{21}=\begin{pmatrix}1\\2\\-1\end{pmatrix}$$

于是 3 阶矩阵 $\boldsymbol{A}$ 有 3 个线性无关的特征向量，所以 $\boldsymbol{A}$ 可以对角化. 令

$$\boldsymbol{P}=(\boldsymbol{\xi}_{11},\boldsymbol{\xi}_{12},\boldsymbol{\xi}_{21})=\begin{pmatrix}1&-1&1\\1&0&2\\0&1&-1\end{pmatrix}$$

则

$$\boldsymbol{P}^{-1}\boldsymbol{AP}=\boldsymbol{\Lambda}=\begin{pmatrix}0&&\\&0&\\&&-2\end{pmatrix}$$

(2) 因为 $\boldsymbol{P}^{-1}\boldsymbol{AP}=\boldsymbol{\Lambda}$，于是 $\boldsymbol{A}=\boldsymbol{P\Lambda P}^{-1}$，有 $\boldsymbol{A}^m=\boldsymbol{P\Lambda}^m\boldsymbol{P}^{-1}$. 又

$$\boldsymbol{P}^{-1}=\frac{1}{2}\begin{pmatrix}2&0&2\\-1&1&1\\-1&1&-1\end{pmatrix},\boldsymbol{\Lambda}^m=\begin{pmatrix}0&&\\&0&\\&&(-2)^m\end{pmatrix}$$

所以

$$\boldsymbol{A}^m=\begin{pmatrix}1&-1&1\\1&0&2\\0&1&-1\end{pmatrix}\begin{pmatrix}0&&\\&0&\\&&(-2)^m\end{pmatrix}\frac{1}{2}\begin{pmatrix}2&0&2\\-1&1&1\\-1&1&-1\end{pmatrix}$$

$$=\frac{1}{2}\begin{pmatrix}-(2)^m&(-2)^m&-(-2)^m\\-2(-2)^m&2(-2)^m&-2(-2)^m\\(-2)^m&-(-2)^m&(-2)^m\end{pmatrix}$$

注 把矩阵 $\boldsymbol{A}$ 先相似对角化再求 $\boldsymbol{A}^m$，是计算矩阵的高次幂的基本方法之一.

例 2 已知 3 阶方阵 $\boldsymbol{A}=\begin{pmatrix}0&0&1\\1&1&a\\1&0&0\end{pmatrix}$ 可以与对角矩阵相似，求 a 的值.

解 $\boldsymbol{A}$ 的特征多项式

$$|\boldsymbol{A}-\lambda\boldsymbol{E}|=\begin{vmatrix}-\lambda&0&1\\1&1-\lambda&a\\1&0&-\lambda\end{vmatrix}=-(1-\lambda)^2(1+\lambda)$$

所以 $\boldsymbol{A}$ 的特征值为 $\lambda_1=\lambda_2=1,\lambda_3=-1$.

因为 $\boldsymbol{A}$ 可以相似对角化，所以 $\boldsymbol{A}$ 对应于二重特征根 $\lambda_1=\lambda_2=1$ 的线性无关的特征向量应有 2 个，则 $R(\boldsymbol{A}-\boldsymbol{E})=1$. 由

$$\boldsymbol{A}-\boldsymbol{E}=\begin{pmatrix}-1&0&1\\1&0&a\\1&0&-1\end{pmatrix}\sim\begin{pmatrix}1&0&-1\\0&0&a+1\\0&0&0\end{pmatrix}$$

知，要使 $R(\boldsymbol{A}-\boldsymbol{E})=1$，必须 $a=-1$. 因此，当 $a=-1$ 时，$\boldsymbol{A}$ 可相似对角化.

§3　内积与正交化

一、向量的内积

类似中学数学中两个向量的数量积的定义，我们定义 n 维向量的内积.

定义 4.3.1　设 n 维实向量 $\boldsymbol{\alpha}=\begin{pmatrix}a_1\\a_2\\\vdots\\a_n\end{pmatrix}$，$\boldsymbol{\beta}=\begin{pmatrix}b_1\\b_2\\\vdots\\b_n\end{pmatrix}$，数

$$a_1b_1+a_2b_2+\cdots+a_nb_n=\sum_{i=1}^{n}a_ib_i$$

称为向量 $\boldsymbol{\alpha}$ 和 $\boldsymbol{\beta}$ 的**内积**，记作 $(\boldsymbol{\alpha},\boldsymbol{\beta})$，即

$$(\boldsymbol{\alpha},\boldsymbol{\beta})=a_1b_1+a_2b_2+\cdots+a_nb_n=\sum_{i=1}^{n}a_ib_i$$

显然 $(\boldsymbol{\alpha},\boldsymbol{\beta})=\boldsymbol{\alpha}^{\mathrm{T}}\boldsymbol{\beta}=\boldsymbol{\beta}^{\mathrm{T}}\boldsymbol{\alpha}$.

向量的内积具有下述性质：设 $\boldsymbol{\alpha},\boldsymbol{\beta},\boldsymbol{\gamma}$ 为 n 维实向量.

(1) $(\boldsymbol{\alpha},\boldsymbol{\beta})=(\boldsymbol{\beta},\boldsymbol{\alpha})$.

(2) $(\boldsymbol{\alpha}+\boldsymbol{\beta},\boldsymbol{\gamma})=(\boldsymbol{\alpha},\boldsymbol{\gamma})+(\boldsymbol{\beta},\boldsymbol{\gamma})$.

(3) $(k\boldsymbol{\alpha},\boldsymbol{\beta})=k(\boldsymbol{\alpha},\boldsymbol{\beta})$，其中 k 为实数.

(4) $(\boldsymbol{\alpha},\boldsymbol{\alpha})\geqslant 0$，当且仅当 $\boldsymbol{\alpha}=\boldsymbol{0}$ 时，有 $(\boldsymbol{\alpha},\boldsymbol{\alpha})=0$.

定义 4.3.2　对 n 维实向量 $\boldsymbol{\alpha}=(a_1\quad a_2\quad\cdots\quad a_n)^{\mathrm{T}}$，称

$$\|\boldsymbol{\alpha}\|=\sqrt{(\boldsymbol{\alpha},\boldsymbol{\alpha})}=\sqrt{a_1^2+a_2^2+\cdots+a_n^2}$$

为 n 维实向量 $\boldsymbol{\alpha}$ 的**长度（或模）**.

向量的长度具有以下性质：

(1) $\|\boldsymbol{\alpha}\|\geqslant 0$，当且仅当 $\boldsymbol{\alpha}=\boldsymbol{0}$ 时，有 $\|\boldsymbol{\alpha}\|=0$.

(2) $\|k\boldsymbol{\alpha}\|=|k|\cdot\|\boldsymbol{\alpha}\|$，其中 k 为实数.

(3) $\|\boldsymbol{\alpha}+\boldsymbol{\beta}\|\leqslant\|\boldsymbol{\alpha}\|+\|\boldsymbol{\beta}\|$.

长度为 1 的向量称为**单位向量**. 对于任意 n 维非零向量 $\boldsymbol{\alpha}$，向量 $\dfrac{1}{\|\boldsymbol{\alpha}\|}\boldsymbol{\alpha}$ 显然是一个单位向量. 事实上

$$\left\|\frac{1}{\|\boldsymbol{\alpha}\|}\boldsymbol{\alpha}\right\|=\frac{1}{\|\boldsymbol{\alpha}\|}\cdot\|\boldsymbol{\alpha}\|=1$$

用非零向量 $\boldsymbol{\alpha}$ 的长度去除非零向量 $\boldsymbol{\alpha}$，得到一个单位向量的过程，称为将向量 $\boldsymbol{\alpha}$ **单位化.**

二、正交向量组与施密特(Schmidt)正交化方法

定义 4.3.3 如果两个 n 维实向量 $\boldsymbol{\alpha}$ 与 $\boldsymbol{\beta}$ 的内积等于零，即 $(\boldsymbol{\alpha},\boldsymbol{\beta})=0$，则称向量 $\boldsymbol{\alpha}$ 与 $\boldsymbol{\beta}$ **正交**（或相互垂直），记为 $\boldsymbol{\alpha}\perp\boldsymbol{\beta}$.

由于零向量与任何向量的内积均为零，因此零向量与任意向量都正交. 两个非零向量正交当且仅当这两个非零向量的夹角为 $\frac{\pi}{2}$.

定义 4.3.4 如果 n 维非零实向量组 $\boldsymbol{\alpha}_1,\boldsymbol{\alpha}_2,\cdots,\boldsymbol{\alpha}_s$ 两两正交，即

$$(\boldsymbol{\alpha}_i,\boldsymbol{\alpha}_j)=0(i\neq j;i,j=1,2,\cdots,s)$$

则称该向量组为**正交向量组.**

如 n 维单位向量组：$\boldsymbol{\varepsilon}_1=\begin{pmatrix}1\\0\\\vdots\\0\end{pmatrix},\boldsymbol{\varepsilon}_2=\begin{pmatrix}0\\1\\\vdots\\0\end{pmatrix},\cdots,\boldsymbol{\varepsilon}_n=\begin{pmatrix}0\\0\\\vdots\\1\end{pmatrix}$，因为

$$(\boldsymbol{\varepsilon}_i,\boldsymbol{\varepsilon}_j)=0(i\neq j;i,j=1,2,\cdots,n)$$

所以 $\boldsymbol{\varepsilon}_1,\boldsymbol{\varepsilon}_2,\cdots,\boldsymbol{\varepsilon}_n$ 是正交向量组.

由单位向量构成的正交向量组叫做**正交单位向量组**，也称**标准正交向量组.**

例 1 已知三维向量 $\boldsymbol{\alpha}_1=(1,1,1)^{\mathrm{T}},\boldsymbol{\alpha}_2=(1,-2,1)^{\mathrm{T}}$，试求非零向量 $\boldsymbol{\alpha}_3$，使 $\boldsymbol{\alpha}_1,\boldsymbol{\alpha}_2,\boldsymbol{\alpha}_3$ 成为正交向量组.

解 因为 $(\boldsymbol{\alpha}_1,\boldsymbol{\alpha}_2)=0$，所以 $\boldsymbol{\alpha}_1$ 与 $\boldsymbol{\alpha}_2$ 已正交. 现要求出 $\boldsymbol{\alpha}_3$，使 $\boldsymbol{\alpha}_3$ 与 $\boldsymbol{\alpha}_1$、$\boldsymbol{\alpha}_3$ 与 $\boldsymbol{\alpha}_2$ 都正交即可.

设 $\boldsymbol{\alpha}_3=(x_1,x_2,x_3)^{\mathrm{T}}$，由 $\begin{cases}(\boldsymbol{\alpha}_1,\boldsymbol{\alpha}_3)=0\\(\boldsymbol{\alpha}_2,\boldsymbol{\alpha}_3)=0\end{cases}$，得

$$\begin{cases}x_1+x_2+x_3=0\\x_1-2x_2+x_3=0\end{cases}$$

解齐次线性方程组得基础解系 $\boldsymbol{\xi}_1=(-1,0,1)^{\mathrm{T}}$，取 $\boldsymbol{\alpha}_3=(-1,0,1)^{\mathrm{T}}$ 即为所求.

定理 4.3.1 正交向量组必线性无关.

证 设 $\boldsymbol{\alpha}_1,\cdots,\boldsymbol{\alpha}_i,\cdots,\boldsymbol{\alpha}_s$ 是一正交向量组. 设有一组数 $k_1,\cdots,k_i,\cdots,k_s$，使得

$$k_1\boldsymbol{\alpha}_1+\cdots+k_i\boldsymbol{\alpha}_i+\cdots+k_s\boldsymbol{\alpha}_s=\mathbf{0} \tag{4.3.1}$$

用 $\boldsymbol{\alpha}_i$ 与(4.3.1)式两边的向量作内积,得

$$(\boldsymbol{\alpha}_i,k_1\boldsymbol{\alpha}_1+\cdots+k_i\boldsymbol{\alpha}_i+\cdots+k_s\boldsymbol{\alpha}_s)=0$$

即

$$k_1(\boldsymbol{\alpha}_i,\boldsymbol{\alpha}_1)+\cdots+k_i(\boldsymbol{\alpha}_i,\boldsymbol{\alpha}_i)+\cdots+k_s(\boldsymbol{\alpha}_i,\boldsymbol{\alpha}_s)=0$$

因 $\boldsymbol{\alpha}_1,\cdots,\boldsymbol{\alpha}_i,\cdots,\boldsymbol{\alpha}_s$ 是正交向量组,得

$$k_i(\boldsymbol{\alpha}_i,\boldsymbol{\alpha}_i)=0$$

由于 $\boldsymbol{\alpha}_i\neq 0$,则 $(\boldsymbol{\alpha}_i,\boldsymbol{\alpha}_i)>0$,所以 $k_i=0$. 由 $i(i=1,2,\cdots,s)$ 的任意性,得 $\boldsymbol{\alpha}_1,\cdots,\boldsymbol{\alpha}_i,\cdots,\boldsymbol{\alpha}_s$ 线性无关.

注　定理 4.3.1 的逆命题不成立. 如 $\boldsymbol{\alpha}_1=\begin{pmatrix}1\\0\\0\end{pmatrix},\boldsymbol{\alpha}_2=\begin{pmatrix}1\\1\\0\end{pmatrix},\boldsymbol{\alpha}_3=\begin{pmatrix}1\\1\\1\end{pmatrix}$ 线性无关,但 $\boldsymbol{\alpha}_1,\boldsymbol{\alpha}_2,\boldsymbol{\alpha}_3$ 不是正交向量组.

既然线性无关的向量组 $\boldsymbol{\alpha}_1,\boldsymbol{\alpha}_2,\cdots,\boldsymbol{\alpha}_s$ 不一定是正交向量组,那么如何从线性无关的向量组 $\boldsymbol{\alpha}_1,\boldsymbol{\alpha}_2,\cdots,\boldsymbol{\alpha}_s$ 中构造出与 $\boldsymbol{\alpha}_1,\boldsymbol{\alpha}_2,\cdots,\boldsymbol{\alpha}_s$ 等价的标准正交向量组 $\boldsymbol{\eta}_1,\boldsymbol{\eta}_2,\cdots,\boldsymbol{\eta}_s$ 呢? 有

定理 4.3.2　设 $\boldsymbol{\alpha}_1,\boldsymbol{\alpha}_2,\cdots,\boldsymbol{\alpha}_s$ 是线性无关的向量组,令

$$\boldsymbol{\beta}_1=\boldsymbol{\alpha}_1$$

$$\boldsymbol{\beta}_2=\boldsymbol{\alpha}_2-\frac{(\boldsymbol{\alpha}_2,\boldsymbol{\beta}_1)}{(\boldsymbol{\beta}_1,\boldsymbol{\beta}_1)}\boldsymbol{\beta}_1$$

$$\boldsymbol{\beta}_3=\boldsymbol{\alpha}_3-\frac{(\boldsymbol{\alpha}_3,\boldsymbol{\beta}_1)}{(\boldsymbol{\beta}_1,\boldsymbol{\beta}_1)}\boldsymbol{\beta}_1-\frac{(\boldsymbol{\alpha}_3,\boldsymbol{\beta}_2)}{(\boldsymbol{\beta}_2,\boldsymbol{\beta}_2)}\boldsymbol{\beta}_2$$

……

$$\boldsymbol{\beta}_s=\boldsymbol{\alpha}_s-\frac{(\boldsymbol{\alpha}_s,\boldsymbol{\beta}_1)}{(\boldsymbol{\beta}_1,\boldsymbol{\beta}_1)}\boldsymbol{\beta}_1-\frac{(\boldsymbol{\alpha}_s,\boldsymbol{\beta}_2)}{(\boldsymbol{\beta}_2,\boldsymbol{\beta}_2)}\boldsymbol{\beta}_2-\cdots-\frac{(\boldsymbol{\alpha}_s,\boldsymbol{\beta}_{s-1})}{(\boldsymbol{\beta}_{s-1},\boldsymbol{\beta}_{s-1})}\boldsymbol{\beta}_{s-1}$$

则 $\boldsymbol{\beta}_1,\boldsymbol{\beta}_2,\cdots,\boldsymbol{\beta}_s$ 是正交向量组. 再将 $\boldsymbol{\beta}_1,\boldsymbol{\beta}_2,\cdots,\boldsymbol{\beta}_s$ 单位化,得

$$\boldsymbol{\eta}_j=\frac{\boldsymbol{\beta}_j}{\|\boldsymbol{\beta}_j\|},(j=1,2,\cdots,s)$$

则向量组 $\boldsymbol{\eta}_1,\boldsymbol{\eta}_2,\cdots,\boldsymbol{\eta}_s$ 是标准正交向量组,且 $\boldsymbol{\eta}_1,\boldsymbol{\eta}_2,\cdots,\boldsymbol{\eta}_j$ 与 $\boldsymbol{\alpha}_1,\boldsymbol{\alpha}_2,\cdots,\boldsymbol{\alpha}_j(j=1,2,\cdots,s)$ 等价. 上述正交化过程称为**施密特(Schmidt)正交化方法**.

证　令 $\boldsymbol{\beta}_1=\boldsymbol{\alpha}_1$,显然 $\boldsymbol{\alpha}_1$ 与 $\boldsymbol{\beta}_1$ 等价. 再令

$$\boldsymbol{\beta}_2=\boldsymbol{\alpha}_2+k_{12}\boldsymbol{\beta}_1$$

现确定系数 k_{12}. 要使 $\boldsymbol{\beta}_1,\boldsymbol{\beta}_2$ 正交,则

$$(\boldsymbol{\beta}_2,\boldsymbol{\beta}_1)=(\boldsymbol{\alpha}_2,\boldsymbol{\beta}_1)+k_{12}(\boldsymbol{\beta}_1,\boldsymbol{\beta}_1)=0$$

得 $k_{12}=-\frac{(\boldsymbol{\alpha}_2,\boldsymbol{\beta}_1)}{(\boldsymbol{\beta}_1,\boldsymbol{\beta}_1)}$,即取

$$\boldsymbol{\beta}_2=\boldsymbol{\alpha}_2-\frac{(\boldsymbol{\alpha}_2,\boldsymbol{\beta}_1)}{(\boldsymbol{\beta}_1,\boldsymbol{\beta}_1)}\boldsymbol{\beta}_1$$

显然 $\boldsymbol{\alpha}_1,\boldsymbol{\alpha}_2$ 与 $\boldsymbol{\beta}_1,\boldsymbol{\beta}_2$ 也等价. 再令

$$\boldsymbol{\beta}_3=\boldsymbol{\alpha}_3+k_{13}\boldsymbol{\beta}_1+k_{23}\boldsymbol{\beta}_2$$

使$(\boldsymbol{\beta}_3,\boldsymbol{\beta}_1)=(\boldsymbol{\beta}_3,\boldsymbol{\beta}_2)=0$,得

$$k_{13}=-\frac{(\boldsymbol{\alpha}_3,\boldsymbol{\beta}_1)}{(\boldsymbol{\beta}_1,\boldsymbol{\beta}_1)},k_{23}=-\frac{(\boldsymbol{\alpha}_3,\boldsymbol{\beta}_2)}{(\boldsymbol{\beta}_2,\boldsymbol{\beta}_2)}$$

即取

$$\boldsymbol{\beta}_3=\boldsymbol{\alpha}_3-\frac{(\boldsymbol{\alpha}_3,\boldsymbol{\beta}_1)}{(\boldsymbol{\beta}_1,\boldsymbol{\beta}_1)}\boldsymbol{\beta}_1-\frac{(\boldsymbol{\alpha}_3,\boldsymbol{\beta}_2)}{(\boldsymbol{\beta}_2,\boldsymbol{\beta}_2)}\boldsymbol{\beta}_2$$

显然 $\boldsymbol{\alpha}_1,\boldsymbol{\alpha}_2,\boldsymbol{\alpha}_3$ 与 $\boldsymbol{\beta}_1,\boldsymbol{\beta}_2,\boldsymbol{\beta}_3$ 也等价.

继续上述步骤,假定已经找到两两正交的非零向量 $\boldsymbol{\beta}_1,\boldsymbol{\beta}_2,\cdots,\boldsymbol{\beta}_{s-1}$ 满足条件,令

$$\boldsymbol{\beta}_s=\boldsymbol{\alpha}_s+k_{1s}\boldsymbol{\beta}_1+k_{2s}\boldsymbol{\beta}_2+\cdots+k_{s-1,s}\boldsymbol{\beta}_{s-1}$$

要使 $\boldsymbol{\beta}_s$ 与 $\boldsymbol{\beta}_1,\boldsymbol{\beta}_2,\cdots,\boldsymbol{\beta}_{s-1}$ 均正交,则

$$(\boldsymbol{\beta}_s,\boldsymbol{\beta}_j)=(\boldsymbol{\alpha}_s,\boldsymbol{\beta}_j)+k_{js}(\boldsymbol{\beta}_j,\boldsymbol{\beta}_j)=0,j=1,2,\cdots,s-1$$

得

$$k_{js}=-\frac{(\boldsymbol{\alpha}_s,\boldsymbol{\beta}_j)}{(\boldsymbol{\beta}_j、\boldsymbol{\beta}_j)},j=1,2,\cdots,s-1$$

故

$$\boldsymbol{\beta}_s=\boldsymbol{\alpha}_s-\frac{(\boldsymbol{\alpha}_s,\boldsymbol{\beta}_1)}{(\boldsymbol{\beta}_1,\boldsymbol{\beta}_1)}\boldsymbol{\beta}_1-\frac{(\boldsymbol{\alpha}_s,\boldsymbol{\beta}_2)}{(\boldsymbol{\beta}_2,\boldsymbol{\beta}_2)}\boldsymbol{\beta}_2-\cdots-\frac{(\boldsymbol{\alpha}_s,\boldsymbol{\beta}_{s-1})}{(\boldsymbol{\beta}_{s-1}\boldsymbol{\beta}_{s-1})}\boldsymbol{\beta}_{s-1}$$

即得到正交向量组 $\boldsymbol{\beta}_1,\boldsymbol{\beta}_2,\cdots,\boldsymbol{\beta}_j$,且 $\boldsymbol{\alpha}_1,\boldsymbol{\alpha}_2,\cdots,\boldsymbol{\alpha}_j$ 与 $\boldsymbol{\beta}_1,\boldsymbol{\beta}_2,\cdots,\boldsymbol{\beta}_j$ $(j=1,2,\cdots,s)$等价.

再将 $\boldsymbol{\beta}_1,\boldsymbol{\beta}_2,\cdots,\boldsymbol{\beta}_s$ 单位化,令

$$\boldsymbol{\eta}_j=\frac{\boldsymbol{\beta}_j}{\|\boldsymbol{\beta}_j\|},j=1,2,\cdots,s$$

得到与 $\boldsymbol{\alpha}_1,\boldsymbol{\alpha}_2,\cdots,\boldsymbol{\alpha}_s$ 等价的正交单位向量组 $\boldsymbol{\eta}_1,\boldsymbol{\eta}_2,\cdots,\boldsymbol{\eta}_s$.

例 2 设 $\boldsymbol{\alpha}_1=\begin{pmatrix}1\\2\\-1\end{pmatrix},\boldsymbol{\alpha}_2=\begin{pmatrix}-1\\3\\1\end{pmatrix},\boldsymbol{\alpha}_3=\begin{pmatrix}4\\-1\\0\end{pmatrix}$,试用施密特正交化方法将此向量组正交化、单位化.

解　取 $\boldsymbol{\beta}_1=\boldsymbol{\alpha}_1$；

$$\boldsymbol{\beta}_2=\boldsymbol{\alpha}_2-\frac{(\boldsymbol{\alpha}_2,\boldsymbol{\beta}_1)}{(\boldsymbol{\beta}_1,\boldsymbol{\beta}_1)}\boldsymbol{\beta}_1=\begin{pmatrix}-1\\3\\1\end{pmatrix}-\frac{4}{6}\begin{pmatrix}1\\2\\-1\end{pmatrix}=\frac{5}{3}\begin{pmatrix}-1\\1\\1\end{pmatrix};$$

$$\boldsymbol{\beta}_3=\boldsymbol{\alpha}_3-\frac{(\boldsymbol{\alpha}_3,\boldsymbol{\beta}_1)}{(\boldsymbol{\beta}_1,\boldsymbol{\beta}_1)}\boldsymbol{\beta}_1-\frac{(\boldsymbol{\alpha}_3,\boldsymbol{\beta}_2)}{(\boldsymbol{\beta}_2,\boldsymbol{\beta}_2)}\boldsymbol{\beta}_2=\begin{pmatrix}4\\-1\\0\end{pmatrix}-\frac{2}{6}\begin{pmatrix}1\\2\\-1\end{pmatrix}-\frac{-\frac{25}{3}}{\frac{25}{3}}\times\frac{5}{3}\begin{pmatrix}-1\\1\\1\end{pmatrix}=\begin{pmatrix}2\\0\\2\end{pmatrix}$$

再把 $\boldsymbol{\beta}_1,\boldsymbol{\beta}_2,\boldsymbol{\beta}_3$ 单位化. 因为 $\|\boldsymbol{\beta}_1\|=\sqrt{6}$，$\|\boldsymbol{\beta}_2\|=\frac{5}{\sqrt{3}}$，$\|\boldsymbol{\beta}_3\|=2\sqrt{2}$，

所以

$$\boldsymbol{\eta}_1=\frac{\boldsymbol{\beta}_1}{\|\boldsymbol{\beta}_1\|}=\frac{1}{\sqrt{6}}\begin{pmatrix}1\\2\\-1\end{pmatrix},\boldsymbol{\eta}_2=\frac{\boldsymbol{\beta}_2}{\|\boldsymbol{\beta}_2\|}=\frac{1}{\sqrt{3}}\begin{pmatrix}-1\\1\\1\end{pmatrix},\boldsymbol{\eta}_3=\frac{\boldsymbol{\beta}_3}{\|\boldsymbol{\beta}_3\|}=\frac{1}{\sqrt{2}}\begin{pmatrix}1\\0\\1\end{pmatrix}$$

则 $\boldsymbol{\eta}_1,\boldsymbol{\eta}_2,\boldsymbol{\eta}_3$ 是与 $\boldsymbol{\alpha}_1,\boldsymbol{\alpha}_2,\boldsymbol{\alpha}_3$ 等价的正交单位向量组.

三、正交矩阵

定义 4.3.5　设 $\boldsymbol{A}$ 是一个 n 阶实矩阵，如果 $\boldsymbol{A}^{\mathrm{T}}\boldsymbol{A}=\boldsymbol{A}\boldsymbol{A}^{\mathrm{T}}=\boldsymbol{E}$，则称 $\boldsymbol{A}$ **是正交矩阵.**

由定义 4.3.5 可知，单位矩阵 $\boldsymbol{E}$ 为正交矩阵；不难证明在平面解析几何中两直角坐标系间的坐标变换矩阵 $\begin{pmatrix}\cos\theta & -\sin\theta\\ \sin\theta & \cos\theta\end{pmatrix}$ 也是正交矩阵.

正交矩阵具有如下性质：

定理 4.3.3　设 $\boldsymbol{A}$、$\boldsymbol{B}$ 都是 n 阶正交矩阵，则

(1) $\boldsymbol{A}^{-1}=\boldsymbol{A}^{\mathrm{T}}$.

(2) $|\boldsymbol{A}|=1$ 或 -1.

(3) $\boldsymbol{A}^{\mathrm{T}}$（即 $\boldsymbol{A}^{-1}$）是正交矩阵.

证　(1) 因为 $\boldsymbol{A}$ 是 n 阶正交矩阵，则有 $\boldsymbol{A}^{\mathrm{T}}\boldsymbol{A}=\boldsymbol{A}\boldsymbol{A}^{\mathrm{T}}=\boldsymbol{E}$，所以 $\boldsymbol{A}^{-1}=\boldsymbol{A}^{\mathrm{T}}$.

(2) 因为 $\boldsymbol{A}^{\mathrm{T}}\boldsymbol{A}=\boldsymbol{E}$，两边取行列式，得

$$|\boldsymbol{A}^{\mathrm{T}}\boldsymbol{A}|=|\boldsymbol{A}^{\mathrm{T}}|\,|\boldsymbol{A}|=|\boldsymbol{E}|=1$$

因此 $|\boldsymbol{A}|^2=1$，所以 $|\boldsymbol{A}|=\pm1$.

(3) 因为 $\boldsymbol{A}^{\mathrm{T}}(\boldsymbol{A}^{\mathrm{T}})^{\mathrm{T}}=(\boldsymbol{A}^{\mathrm{T}}\boldsymbol{A})=\boldsymbol{E}$，所以 $\boldsymbol{A}^{\mathrm{T}}$（即 $\boldsymbol{A}^{-1}$）也是正交矩阵.

定理 4.3.4　n 阶方阵 $\boldsymbol{A}$ 为正交矩阵的充分必要条件是 $\boldsymbol{A}$ 的列（或行）向量组是正交单位向量组.

证 将 $\boldsymbol{A}$ 按列分块为 $\boldsymbol{A}=(\boldsymbol{\alpha}_1,\boldsymbol{\alpha}_2,\cdots,\boldsymbol{\alpha}_n)$，有

$$\boldsymbol{A}^{\mathrm{T}}\boldsymbol{A}=\begin{pmatrix}\boldsymbol{\alpha}_1^{\mathrm{T}}\\ \boldsymbol{\alpha}_2^{\mathrm{T}}\\ \vdots\\ \boldsymbol{\alpha}_n^{\mathrm{T}}\end{pmatrix}(\boldsymbol{\alpha}_1,\boldsymbol{\alpha}_2,\cdots,\boldsymbol{\alpha}_n)=\begin{pmatrix}\boldsymbol{\alpha}_1^{\mathrm{T}}\boldsymbol{\alpha}_1 & \boldsymbol{\alpha}_1^{\mathrm{T}}\boldsymbol{\alpha}_2 & \cdots & \boldsymbol{\alpha}_1^{\mathrm{T}}\boldsymbol{\alpha}_n\\ \boldsymbol{\alpha}_2^{\mathrm{T}}\boldsymbol{\alpha}_1 & \boldsymbol{\alpha}_2^{\mathrm{T}}\boldsymbol{\alpha}_2 & \cdots & \boldsymbol{\alpha}_2^{\mathrm{T}}\boldsymbol{\alpha}_n\\ \vdots & \vdots & & \vdots\\ \boldsymbol{\alpha}_n^{\mathrm{T}}\boldsymbol{\alpha}_1 & \boldsymbol{\alpha}_n^{\mathrm{T}}\boldsymbol{\alpha}_2 & \cdots & \boldsymbol{\alpha}_n^{\mathrm{T}}\boldsymbol{\alpha}_n\end{pmatrix}$$

易得 $\boldsymbol{A}^{\mathrm{T}}\boldsymbol{A}=\boldsymbol{E}$ 的充分必要条件是

$$\begin{cases}\boldsymbol{\alpha}_i^{\mathrm{T}}\boldsymbol{\alpha}_i=1\\ \boldsymbol{\alpha}_i^{\mathrm{T}}\boldsymbol{\alpha}_j=0\end{cases},i,j=1,2,\cdots,n,j\neq i$$

即 $\boldsymbol{A}$ 的列向量组 $\boldsymbol{\alpha}_1,\boldsymbol{\alpha}_2,\cdots,\boldsymbol{\alpha}_n$ 是正交单位向量组.

另一方面，因为 $\boldsymbol{A}$ 是正交矩阵，由定理 4.3.3 得 $\boldsymbol{A}^{\mathrm{T}}$ 也是正交矩阵，所以 $\boldsymbol{A}^{\mathrm{T}}$ 的列向量组是正交单位向量组，即 $\boldsymbol{A}$ 的行向量组也是正交的单位向量组.

如 $\boldsymbol{A}=\begin{pmatrix}\frac{-1}{\sqrt{2}} & \frac{1}{\sqrt{3}} & \frac{1}{\sqrt{6}}\\ \frac{1}{\sqrt{2}} & \frac{1}{\sqrt{3}} & \frac{1}{\sqrt{6}}\\ 0 & \frac{1}{\sqrt{3}} & \frac{-2}{\sqrt{6}}\end{pmatrix}$，$\boldsymbol{B}=\begin{pmatrix}2 & -2 & 1\\ 1 & 2 & 2\\ 2 & 1 & -2\end{pmatrix}$，利用定理 4.3.4 容易验证 $\boldsymbol{A}$ 是正交矩阵，而 $\boldsymbol{B}$ 不是正交矩阵，因为 $\boldsymbol{B}$ 的行（或列）向量组虽然两两正交，但不是单位向量组.

§4 实对称矩阵的对角化

在本章§2 中，我们已经知道不是所有的 n 阶实矩阵都可以对角化. 然而，由于实对称矩阵的特征值和特征向量具有诸多特殊的性质，可确保任意实对称矩阵一定能够对角化. 下面我们先介绍实对称矩阵的特征值和特征向量的性质.

一、实对称矩阵的特征值和特征向量的性质

定理 4.4.1 实对称矩阵 $\boldsymbol{A}$ 的特征值必为实数.

证 设 λ 是实对称矩阵 $\boldsymbol{A}$ 的特征值，$\boldsymbol{\xi}=(a_1,a_2,\cdots,a_n)^{\mathrm{T}}$ 是 $\boldsymbol{A}$ 的对应于特征值 λ 的特征向量，即

$$\boldsymbol{A}\boldsymbol{\xi}=\lambda\boldsymbol{\xi},\boldsymbol{\xi}\neq\boldsymbol{0} \tag{4.4.1}$$

用$\overline{\lambda}$表示λ的共轭复数，$\overline{\boldsymbol{\xi}}$表示$\boldsymbol{\xi}$的共轭复向量，因为$\boldsymbol{A}$为实对称矩阵，所以$\boldsymbol{A}=\overline{\boldsymbol{A}}$，$\boldsymbol{A}=\boldsymbol{A}^{\mathrm{T}}$. 有

$$\boldsymbol{A}\overline{\boldsymbol{\xi}}=\overline{\boldsymbol{A}}\overline{\boldsymbol{\xi}}=\overline{\boldsymbol{A}\boldsymbol{\xi}}=\overline{\lambda\boldsymbol{\xi}}=\overline{\lambda}\overline{\boldsymbol{\xi}}$$

即

$$\boldsymbol{A}\overline{\boldsymbol{\xi}}=\overline{\lambda}\overline{\boldsymbol{\xi}} \tag{4.4.2}$$

将(4.4.2)式两边转置，得

$$\overline{\boldsymbol{\xi}}^{\mathrm{T}}\boldsymbol{A}=\overline{\lambda}\overline{\boldsymbol{\xi}}^{\mathrm{T}} \tag{4.4.3}$$

在(4.4.3)式两边同时右乘$\boldsymbol{\xi}$，得

$$\overline{\boldsymbol{\xi}}^{\mathrm{T}}\boldsymbol{A}\boldsymbol{\xi}=\overline{\lambda}\overline{\boldsymbol{\xi}}^{\mathrm{T}}\boldsymbol{\xi} \tag{4.4.4}$$

由(4.4.4)式，得

$$\overline{\boldsymbol{\xi}}^{\mathrm{T}}\boldsymbol{A}\boldsymbol{\xi}=\lambda\overline{\boldsymbol{\xi}}^{\mathrm{T}}\boldsymbol{\xi} \tag{4.4.5}$$

(4.4.4)与(4.4.5)两式相减，得

$$(\overline{\lambda}-\lambda)\overline{\boldsymbol{\xi}}^{\mathrm{T}}\boldsymbol{\xi}=0 \tag{4.4.6}$$

因为$\boldsymbol{\xi}\neq\boldsymbol{0}$，所以

$$\overline{\boldsymbol{\xi}}^{\mathrm{T}}\boldsymbol{\xi}=\sum_{i=1}^{n}\overline{a}_i a_i=\sum_{i=1}^{n}|a_i|^2>0$$

故$\overline{\lambda}-\lambda=0$，即$\overline{\lambda}=\lambda$，这就说明$\lambda$是一个实数.

推论　n阶实对称矩阵$\boldsymbol{A}$必有n个实特征值(重根按重数计算).

定理 4.4.2　设λ_i是n阶实对称矩阵$\boldsymbol{A}$的k_i重特征值，则方阵$\boldsymbol{A}-\lambda_i\boldsymbol{E}$的秩必满足$R(\boldsymbol{A}-\lambda_i\boldsymbol{E})=n-k_i$，即$\boldsymbol{A}$的对应于特征值$\lambda_i$的线性无关的特征向量恰好有$k_i$个.

定理不予证明.

定理 4.4.3　实对称矩阵$\boldsymbol{A}$的对应于不同特征值的特征向量必相互正交.

证　设λ_1,λ_2是$\boldsymbol{A}$的任意两个互不相同的特征值，$\boldsymbol{\xi}_1,\boldsymbol{\xi}_2$是$\boldsymbol{A}$的分别对应于特征值$\lambda_1,\lambda_2$的特征向量，有

$$\boldsymbol{A}\boldsymbol{\xi}_1=\lambda_1\boldsymbol{\xi}_1,\boldsymbol{\xi}_1\neq\boldsymbol{0};\boldsymbol{A}\boldsymbol{\xi}_2=\lambda_2\boldsymbol{\xi}_2,\boldsymbol{\xi}_2\neq\boldsymbol{0}.$$

因为$\boldsymbol{A}$为实对称矩阵，有

$$\lambda_1\boldsymbol{\xi}_1^{\mathrm{T}}=(\lambda_1\boldsymbol{\xi}_1)^{\mathrm{T}}=(\boldsymbol{A}\boldsymbol{\xi}_1)^{\mathrm{T}}=\boldsymbol{\xi}_1^{\mathrm{T}}\boldsymbol{A}^{\mathrm{T}}=\boldsymbol{\xi}_1^{\mathrm{T}}\boldsymbol{A}.$$

于是

$$\lambda_1\boldsymbol{\xi}_1^{\mathrm{T}}\boldsymbol{\xi}_2=\boldsymbol{\xi}_1^{\mathrm{T}}\boldsymbol{A}\boldsymbol{\xi}_2=\boldsymbol{\xi}_1^{\mathrm{T}}(\lambda_2\boldsymbol{\xi}_2)=\lambda_2\boldsymbol{\xi}_1^{\mathrm{T}}\boldsymbol{\xi}_2.$$

即

$$(\lambda_1-\lambda_2)\boldsymbol{\xi}_1^{\mathrm{T}}\boldsymbol{\xi}_2=0.$$

因为$\lambda_1 \neq \lambda_2$，所以$\lambda_1-\lambda_2 \neq 0$，则$\boldsymbol{\xi}_1^{\mathrm{T}}\boldsymbol{\xi}_2=0$，即$\boldsymbol{\xi}_1,\boldsymbol{\xi}_2$正交.

二、实对称矩阵的对角化

设n阶实对称矩阵$\boldsymbol{A}$有m个互不相同的特征值$\lambda_1,\lambda_2,\cdots,\lambda_m$，其中$\lambda_i$为$\boldsymbol{A}$的$k_i$重特征值$(i=1,2,\cdots,m)$，且$k_1+k_2+\cdots+k_m=n$. 由定理4.4.2，对应于$\boldsymbol{A}$的$k_i$重特征值$\lambda_i$的线性无关的特征向量恰好有$k_i$个. 利用施密特正交化方法把这$k_i$个线性无关的特征向量正交化、单位化，由定理4.4.3，我们可以求得$\boldsymbol{A}$的n个两两正交且单位化的特征向量组. 把所得正交单位向量组排成矩阵$\boldsymbol{U}$，则$\boldsymbol{U}$是正交矩阵，且$\boldsymbol{U}^{-1}\boldsymbol{A}\boldsymbol{U}=\boldsymbol{U}^{\mathrm{T}}\boldsymbol{A}\boldsymbol{U}$为对角矩阵. 因此有

定理 4.4.4 对于任意n阶实对称矩阵$\boldsymbol{A}$，一定存在一个n阶正交矩阵$\boldsymbol{U}$，使得$\boldsymbol{U}^{-1}\boldsymbol{A}\boldsymbol{U}=\boldsymbol{U}^{\mathrm{T}}\boldsymbol{A}\boldsymbol{U}$为对角矩阵

由前面的讨论，得到对实对称矩阵$\boldsymbol{A}$如何求正交矩阵$\boldsymbol{U}$，使$\boldsymbol{U}^{-1}\boldsymbol{A}\boldsymbol{U}=\boldsymbol{U}^{\mathrm{T}}\boldsymbol{A}\boldsymbol{U}$为对角矩阵的方法. 具体步骤如下：

(1) 求出$\boldsymbol{A}$的全部互异特征值$\lambda_1,\lambda_2,\cdots,\lambda_m$；

(2) 对$\boldsymbol{A}$的每个k_i重特征值$\lambda_i(i=1,2,\cdots,m)$，解特征方程组$(\boldsymbol{A}-\lambda_i\boldsymbol{E})\cdot\boldsymbol{X}=\boldsymbol{0}$，求出它的一个基础解系$\boldsymbol{\xi}_{i1},\boldsymbol{\xi}_{i2},\cdots,\boldsymbol{\xi}_{ik_i}$，利用施密特正交化方法，将$\boldsymbol{\xi}_{i1},\boldsymbol{\xi}_{i2},\cdots,\boldsymbol{\xi}_{ik_i}$先正交化再单位化，得到$\boldsymbol{A}$的对应于特征值$\lambda_i$的$k_i$个正交单位化的特征向量$\boldsymbol{\eta}_{i1},\boldsymbol{\eta}_{i2},\cdots,\boldsymbol{\eta}_{ik_i}$；

(3) 将对应于$\lambda_i(i=1,2,\cdots,m)$的全部特征向量$\boldsymbol{\eta}_{i1},\boldsymbol{\eta}_{i2},\cdots,\boldsymbol{\eta}_{ik_i}$构成矩阵

$$\boldsymbol{U}=(\boldsymbol{\eta}_{11},\boldsymbol{\eta}_{12},\cdots,\boldsymbol{\eta}_{1k_1},\boldsymbol{\eta}_{21},\boldsymbol{\eta}_{22},\cdots,\boldsymbol{\eta}_{2k_2},\cdots,\boldsymbol{\eta}_{m1},\boldsymbol{\eta}_{m2},\cdots,\boldsymbol{\eta}_{mk_m})$$

即为所求之正交矩阵，且

$$\boldsymbol{U}^{-1}\boldsymbol{A}\boldsymbol{U}=\boldsymbol{U}^{\mathrm{T}}\boldsymbol{A}\boldsymbol{U}=\boldsymbol{\Lambda}=\mathrm{diag}(\underbrace{\lambda_1,\cdots,\lambda_1}_{k_1},\underbrace{\lambda_2,\cdots,\lambda_2}_{k_2},\cdots\cdots,\underbrace{\lambda_m,\cdots,\lambda_m}_{k_m})$$

例 1 设$\boldsymbol{A}=\begin{pmatrix} 2 & 2 & -2 \\ 2 & 5 & -4 \\ -2 & -4 & 5 \end{pmatrix}$，求正交矩阵$\boldsymbol{U}$，使得$\boldsymbol{U}^{-1}\boldsymbol{A}\boldsymbol{U}=\boldsymbol{\Lambda}$为对角矩阵.

解 $\boldsymbol{A}$的特征多项式

$$|\boldsymbol{A}-\lambda\boldsymbol{E}|=\begin{vmatrix} 2-\lambda & 2 & -2 \\ 2 & 5-\lambda & -4 \\ -2 & -4 & 5-\lambda \end{vmatrix}=(1-\lambda)^2(10-\lambda)$$

得$\boldsymbol{A}$的特征值$\lambda_1=\lambda_2=1,\lambda_3=10$.

当$\lambda_1=\lambda_2=1$时，解特征方程组$(\boldsymbol{A}-\boldsymbol{E})\boldsymbol{x}=\boldsymbol{0}$，得基础解系

$$\boldsymbol{\xi}_{11}=\begin{pmatrix}-2\\1\\0\end{pmatrix},\boldsymbol{\xi}_{12}=\begin{pmatrix}2\\0\\1\end{pmatrix}$$

正交化,得

$$\boldsymbol{\beta}_1=\boldsymbol{\xi}_{11}=\begin{pmatrix}-2\\1\\0\end{pmatrix},\boldsymbol{\beta}_2=\boldsymbol{\xi}_{12}-\frac{(\boldsymbol{\xi}_{12},\boldsymbol{\beta}_1)}{(\boldsymbol{\beta}_1,\boldsymbol{\beta}_1)}\boldsymbol{\beta}_1=\begin{pmatrix}2\\0\\1\end{pmatrix}+\frac{4}{5}\begin{pmatrix}-2\\1\\0\end{pmatrix}=\begin{pmatrix}\frac{2}{5}\\\frac{4}{5}\\1\end{pmatrix}$$

单位化,得

$$\boldsymbol{\eta}_1=\frac{\boldsymbol{\beta}_1}{\|\boldsymbol{\beta}_1\|}=\begin{pmatrix}-\frac{2}{\sqrt{5}}\\\frac{1}{\sqrt{5}}\\0\end{pmatrix},\boldsymbol{\eta}_2=\frac{\boldsymbol{\beta}_2}{\|\boldsymbol{\beta}_2\|}=\begin{pmatrix}\frac{2}{3\sqrt{5}}\\\frac{4}{3\sqrt{5}}\\\frac{5}{3\sqrt{5}}\end{pmatrix}$$

当 $\lambda_3=10$ 时,解特征方程组$(\boldsymbol{A}-10\boldsymbol{E})\boldsymbol{x}=\boldsymbol{0}$,得基础解系

$$\boldsymbol{\xi}_{21}=\begin{pmatrix}1\\2\\-2\end{pmatrix}$$

单位化,得

$$\boldsymbol{\eta}_3=\frac{\boldsymbol{\xi}_{21}}{\|\boldsymbol{\xi}_{21}\|}=\begin{pmatrix}\frac{1}{3}\\\frac{2}{3}\\-\frac{2}{3}\end{pmatrix}$$

令正交矩阵

$$\boldsymbol{U}=(\boldsymbol{\eta}_1\quad\boldsymbol{\eta}_2\quad\boldsymbol{\eta}_3)=\begin{pmatrix}-\frac{2}{\sqrt{5}}&\frac{2}{3\sqrt{5}}&\frac{1}{3}\\\frac{1}{\sqrt{5}}&\frac{4}{3\sqrt{5}}&\frac{2}{3}\\0&\frac{5}{3\sqrt{5}}&-\frac{2}{3}\end{pmatrix}$$

有

$$U^{-1}AU=U^{T}AU=\Lambda=\begin{pmatrix}1 & & \\ & 1 & \\ & & 10\end{pmatrix}.$$

习题四

1. 求下列矩阵的全部特征值和特征向量.

(1) $\begin{pmatrix}2 & -4\\ 1 & -3\end{pmatrix}$; (2) $\begin{pmatrix}1 & 2 & 3\\ 2 & 1 & 3\\ 3 & 3 & 6\end{pmatrix}$;

(3) $\begin{pmatrix}4 & 2 & 3\\ 2 & 1 & 2\\ -1 & -2 & 0\end{pmatrix}$; (4) $\begin{pmatrix}4 & 6 & 0\\ -3 & -5 & 0\\ -3 & -6 & 1\end{pmatrix}$.

2. 设$|A|=2$,若 2 是 A 的一个特征值,求 A^3-2E 的一个特征值,A^{-1} 的一个特征值,A^* 的一个特征值和$(A^T)^2$ 的一个特征值.

3. 已知三阶方阵 A 的三个特征值分别为 1,2,3,矩阵 $B=A^3-5A^2+7A$,求 B 的特征值,并求行列式$|B|$.

4. 已知矩阵 $A=\begin{pmatrix}7 & 4 & -1\\ 4 & 7 & -1\\ -4 & -4 & a\end{pmatrix}$ 的特征值为 $\lambda_1=\lambda_2=3,\lambda_3=12$,求:

(1) a 的值;(2) 矩阵 A 的特征向量.

5. 设 A 是 n 阶矩阵,试证:如果 $A^2=A$,则 A 的特征值等于 0 或 1.

6. 下列矩阵中,哪些矩阵可以相似对角化? 若能,对该矩阵 A 求出可逆矩阵P 和对角矩阵Λ,使得 $P^{-1}AP=\Lambda$.

(1) $\begin{pmatrix}2 & -4\\ 1 & -3\end{pmatrix}$; (2) $\begin{pmatrix}-1 & 2 & 2\\ 2 & 2 & 2\\ -3 & -6 & -6\end{pmatrix}$;

(3) $\begin{pmatrix}-1 & 1 & 0\\ -4 & 3 & 0\\ 1 & 0 & 2\end{pmatrix}$; (4) $\begin{pmatrix}4 & 6 & 0\\ -3 & -5 & 0\\ -3 & -6 & 1\end{pmatrix}$;

(5) $\begin{pmatrix}7 & -12 & 6\\ 10 & -19 & 10\\ 12 & -24 & 13\end{pmatrix}$.

7. 设 $\boldsymbol{A}=\begin{pmatrix}-1&0&0\\-2&1&0\\2&a&1\end{pmatrix}$，试问 a 为何值时，矩阵 $\boldsymbol{A}$ 可相似对角化？

8. 已知矩阵 $\boldsymbol{A}=\begin{pmatrix}2&0&0\\0&0&1\\0&1&a\end{pmatrix}$ 与 $\boldsymbol{B}=\begin{pmatrix}2&0&0\\0&b&0\\0&0&-1\end{pmatrix}$ 相似，求 a,b 的值.

9. 计算向量 $\boldsymbol{\alpha}$ 与 $\boldsymbol{\beta}$ 的内积.

(1) $\boldsymbol{\alpha}=\begin{pmatrix}1\\2\\-3\end{pmatrix},\boldsymbol{\beta}=\begin{pmatrix}3\\-2\\1\end{pmatrix}$；　　(2) $\boldsymbol{\alpha}=\begin{pmatrix}1\\2\\2\\-1\end{pmatrix},\boldsymbol{\beta}=\begin{pmatrix}3\\2\\8\\7\end{pmatrix}$.

10. 已知向量 $\boldsymbol{\alpha}=(1,2,1)^{\mathrm{T}}$ 与 $\boldsymbol{\beta}=(3,-2,a)^{\mathrm{T}}$ 正交，求 a 值.

11. 试用施密特正交化过程把下列各向量组单位正交化.

(1) $\boldsymbol{\alpha}_1=\begin{pmatrix}2\\0\end{pmatrix},\boldsymbol{\alpha}_2=\begin{pmatrix}1\\1\end{pmatrix}$；

(2) $\boldsymbol{\alpha}_1=\begin{pmatrix}2\\0\\0\end{pmatrix},\boldsymbol{\alpha}_2=\begin{pmatrix}0\\1\\-1\end{pmatrix},\boldsymbol{\alpha}_3=\begin{pmatrix}5\\6\\0\end{pmatrix}$；

(3) $\boldsymbol{\alpha}_1=\begin{pmatrix}1\\1\\0\\0\end{pmatrix},\boldsymbol{\alpha}_2=\begin{pmatrix}0\\0\\1\\1\end{pmatrix},\boldsymbol{\alpha}_3=\begin{pmatrix}1\\0\\0\\-1\end{pmatrix},\boldsymbol{\alpha}_4=\begin{pmatrix}1\\-1\\-1\\1\end{pmatrix}$.

12. 验证下列矩阵是否为正交矩阵.

(1) $\begin{pmatrix}\frac{1}{2}&\frac{2}{3}\\\frac{-2}{3}&\frac{1}{2}\end{pmatrix}$；　　(2) $\begin{pmatrix}\frac{1}{9}&\frac{-8}{9}&\frac{-4}{9}\\\frac{-8}{9}&\frac{1}{9}&\frac{-4}{9}\\\frac{-4}{9}&\frac{-4}{9}&\frac{7}{9}\end{pmatrix}$；

(3) $\begin{pmatrix} 1 & \frac{-1}{2} & \frac{1}{3} \\ \frac{-1}{2} & 1 & \frac{1}{2} \\ \frac{1}{3} & \frac{1}{2} & -1 \end{pmatrix}$；　(4) $\begin{pmatrix} \frac{1}{\sqrt{2}} & \frac{1}{\sqrt{2}} & 0 & 0 \\ 0 & 0 & \frac{1}{\sqrt{2}} & \frac{1}{\sqrt{2}} \\ \frac{1}{2} & \frac{-1}{2} & \frac{-1}{2} & \frac{1}{2} \\ \frac{1}{2} & \frac{-1}{2} & \frac{1}{2} & \frac{-1}{2} \end{pmatrix}$.

13. 设 $\boldsymbol{A}$ 为正交矩阵，若 $|\boldsymbol{A}|=-1$，试证 $\boldsymbol{A}$ 一定有特征值 -1.

14. 设 $\boldsymbol{A},\boldsymbol{B}$ 是正交矩阵，证明 $\boldsymbol{AB}$ 也是正交矩阵.

15. 求正交矩阵 $\boldsymbol{U}$，使下列实对称矩阵 $\boldsymbol{A}$ 对角化，并写出对角矩阵.

(1) $\boldsymbol{A}=\begin{pmatrix} 1 & -2 & 0 \\ -2 & 2 & -2 \\ 0 & -2 & 3 \end{pmatrix}$；　(2) $\boldsymbol{A}=\begin{pmatrix} 4 & 2 & 2 \\ 2 & 4 & 2 \\ 2 & 2 & 4 \end{pmatrix}$；

(3) $\boldsymbol{A}=\begin{pmatrix} 0 & 1 & 1 & -1 \\ 1 & 0 & -1 & 1 \\ 1 & -1 & 0 & 1 \\ -1 & 1 & 1 & 0 \end{pmatrix}$.

16. 已知实对称矩阵 $\boldsymbol{A}=\begin{pmatrix} 1 & 2 & 2 \\ 2 & 1 & 2 \\ 2 & 2 & 1 \end{pmatrix}$，试求 $\boldsymbol{A}^{10}$.

17. 设 $\boldsymbol{A}$ 为三阶实对称矩阵，$\lambda_1=1,\lambda_2=\lambda_3=-3$ 是 $\boldsymbol{A}$ 的特征值，对应于特征值 $\lambda_1=1$ 的特征向量是 $\boldsymbol{\xi}_1=\begin{pmatrix} 1 \\ -1 \\ 1 \end{pmatrix}$，试求对应于特征值 -3 的全部特征向量.

18. 设三阶实对称矩阵 $\boldsymbol{A}$ 的特征值是 1,2,3，矩阵 $\boldsymbol{A}$ 的对应于特征值 1,2 的特征向量分别为

$$\boldsymbol{\xi}_1=\begin{pmatrix} -1 \\ -1 \\ 1 \end{pmatrix},\boldsymbol{\xi}_2=\begin{pmatrix} 1 \\ -2 \\ 1 \end{pmatrix}$$

试求：(1) 矩阵 $\boldsymbol{A}$ 的对应于特征值 3 的特征向量；(2) 矩阵 $\boldsymbol{A}$.

第五章　二次型

在解析几何中二次曲线的一般方程是

$$Ax^2+2Bxy+Cy^2+2Dx+2Ey+F=0$$

其中 A,B,C 不全为零,它的二次项

$$f(x,y)=Ax^2+2Bxy+Cy^2$$

是一个二元二次齐次多项式.为便于研究这个二次曲线的几何特性,常通过线性变换把一般方程化为不含 x,y 的混合项只含平方项的标准方程 $ax'^2+by'^2=1$.

本章我们研究的中心问题是将一个 n 元二次齐次多项式,经过非退化的线性变换,化为只含平方项的标准形,以及正定二次型(正定矩阵)的性质与判定.

§1　二次型的基本概念

一、二次型及其矩阵

定义 5.1.1　含有 n 个变量 $x_1,x_2,\cdots,x_n$ 的 n 元二次齐次多项式

$$\begin{aligned}f(x_1,x_2,\cdots,x_n)=a_{11}x_1^2+2a_{12}x_1x_2&+\cdots+2a_{1n}x_1x_n\\ +a_{22}x_2^2&+\cdots+2a_{2n}x_2x_n\\ \cdots\quad&\cdots\quad\cdots\\ &+a_{nn}x_n^2\end{aligned}\tag{5.1.1}$$

称为 $x_1,x_2,\cdots,x_n$ 的 **n 元二次齐次多项式**,简称为 $x_1,x_2,\cdots,x_n$ 的 **n 元二次型**.

当 $a_{ij}(i,j=1,2,\cdots,n)$ 为实数时,f 称为**实二次型**;当 a_{ij} 为复数时,f 称为**复二次型**,本章仅讨论实二次型.

令 $a_{ij}=a_{ji}, i,j=1,2,\cdots,n$，则(5.1.1)式又可写成

$$\begin{aligned} f(x_1,x_2,\cdots,x_n)&=a_{11}x_1^2+a_{12}x_1x_2+\cdots+a_{1n}x_1x_n \\ &\quad+a_{21}x_2x_1+a_{22}x_2^2+\cdots+a_{2n}x_2x_n \\ &\quad\cdots\quad\cdots\quad\cdots \\ &\quad+a_{n1}x_nx_1+a_{n2}x_nx_2+\cdots+a_{nn}x_n^2 \\ &=\sum_{i=1}^{n}\sum_{j=1}^{n}a_{ij}x_ix_j \end{aligned} \tag{5.1.2}$$

进一步，有

$$\begin{aligned} f(x_1,x_2,\cdots,x_n)&=x_1(a_{11}x_1+a_{12}x_2+\cdots+a_{1n}x_n) \\ &\quad+x_2(a_{21}x_1+a_{22}x_2+\cdots+a_{2n}x_n) \\ &\quad\cdots\quad\cdots\quad\cdots \\ &\quad+x_n(a_{n1}x_1+a_{n2}x_2+\cdots+a_{nn}x_n) \end{aligned}$$

利用矩阵乘法，(5.1.2)式可化为

$$f(x_1,x_2,\cdots,x_n)=(x_1,x_2,\cdots,x_n)\begin{pmatrix} a_{11} & a_{12} & \cdots & a_{1n} \\ a_{21} & a_{22} & \cdots & a_{2n} \\ \vdots & \vdots & & \vdots \\ a_{n1} & a_{n2} & \cdots & a_{nn} \end{pmatrix}\begin{pmatrix} x_1 \\ x_2 \\ \vdots \\ x_n \end{pmatrix} \tag{5.1.3}$$

若令

$$\boldsymbol{A}=\begin{pmatrix} a_{11} & a_{12} & \cdots & a_{1n} \\ a_{21} & a_{22} & \cdots & a_{2n} \\ \vdots & \vdots & & \vdots \\ a_{n1} & a_{n2} & \cdots & a_{nn} \end{pmatrix}, \boldsymbol{X}=\begin{pmatrix} x_1 \\ x_2 \\ \vdots \\ x_n \end{pmatrix}$$

其中 $a_{ij}=a_{ji}(i,j=1,2,\cdots,n)$，则二次型(5.1.3)式可以简洁表示为

$$f(x_1,x_2,\cdots,x_n)=\boldsymbol{X}^{\mathrm{T}}\boldsymbol{A}\boldsymbol{X}$$

其中 $\boldsymbol{A}^{\mathrm{T}}=\boldsymbol{A}$，称 n 阶实对称矩阵 $\boldsymbol{A}$ 为**二次型 f 的矩阵**，二次型 f 称为 n 阶实对称矩阵 $\boldsymbol{A}$ **的二次型**，并称矩阵 $\boldsymbol{A}$ 的秩为该**二次型的秩**.

通过上述分析可以得到：n 元实二次型与 n 阶实对称矩阵之间是一一对应的.

例 1 求二次型 $f(x_1,x_2,x_3)=x_1^2+5x_2^2-6x_3^2-2x_1x_2+4x_1x_3+6x_2x_3$ 的矩阵及其矩阵表示式，并求二次型的秩.

解 二次型 f 的矩阵 $\boldsymbol{A}=\begin{pmatrix} 1 & -1 & 2 \\ -1 & 5 & 3 \\ 2 & 3 & -6 \end{pmatrix}$，则二次型 f 的矩阵表示式为

$$f(x_1,x_2,x_3)=\boldsymbol{x}^{\mathrm{T}}\boldsymbol{A}\boldsymbol{x}=(x_1,x_2,x_3)\begin{pmatrix}1&-1&2\\-1&5&3\\2&3&-6\end{pmatrix}\begin{pmatrix}x_1\\x_2\\x_3\end{pmatrix}$$

因为$|\boldsymbol{A}|=\begin{vmatrix}1&-1&2\\-1&5&3\\2&3&-6\end{vmatrix}=-65\neq 0$，则矩阵 $\boldsymbol{A}$ 为可逆矩阵，所以 $R(\boldsymbol{A})=3$，故二次型 $f(x_1,x_2,x_3)=\boldsymbol{x}^{\mathrm{T}}\boldsymbol{A}\boldsymbol{x}$ 的秩等于 3.

例 2　二次型 f 的矩阵$\boldsymbol{A}=\begin{pmatrix}3&-2&5\\-2&1&0\\5&0&-1\end{pmatrix}$，试写出矩阵 $\boldsymbol{A}$ 所对应的二次型 f.

解　因为矩阵 $\boldsymbol{A}$ 为三阶实对称矩阵，故对应的二次型 f 是三元二次型，有

$$f(x_1,x_2,x_3)=(x_1,x_2,x_3)\begin{pmatrix}3&-2&5\\-2&1&0\\5&0&-1\end{pmatrix}\begin{pmatrix}x_1\\x_2\\x_3\end{pmatrix}$$
$$=3x_1^2+x_2^2-x_3^2-4x_1x_2+10x_1x_3$$

二、矩阵合同

在解析几何中，为了研究二次齐次方程

$$Ax^2+2Bxy+Cy^2=D(A,B,C\text{ 不全为零})$$

所表示的曲线性态，通常利用坐标旋转变换

$$\begin{cases}x=x'\cos\theta-y'\sin\theta\\y=x'\sin\theta+y'\cos\theta\end{cases}\tag{5.1.4}$$

选择适当的 θ，可使上面的方程化为

$$ax'^2+by'^2=1$$

(5.1.4)称为线性变换. 一般地，有

定义 5.1.2　设 $x_1,x_2,\cdots,x_n$ 与 $y_1,y_2,\cdots,y_n$ 是两组变量，称关系式

$$\begin{cases}x_1=c_{11}y_1+c_{12}y_2+\cdots+c_{1n}y_n\\x_2=c_{21}y_1+c_{22}y_2+\cdots+c_{2n}y_n\\\cdots\quad\cdots\quad\cdots\quad\cdots\quad\cdots\quad\cdots\\x_n=c_{n1}y_1+c_{n2}y_2+\cdots+c_{nn}y_n\end{cases}\tag{5.1.5}$$

为由变量 $x_1,x_2,\cdots,x_n$ 到 $y_1,y_2,\cdots,y_n$ 的一个**线性变换**，其中 $c_{ij}\in\mathbf{R},i,j=1,$

$2,\cdots,n.$

若令

$$C=\begin{pmatrix} c_{11} & c_{12} & \cdots & c_{1n} \\ c_{21} & c_{22} & \cdots & c_{2n} \\ \vdots & \vdots & & \vdots \\ c_{n1} & c_{n2} & \cdots & c_{nn} \end{pmatrix},X=\begin{pmatrix} x_1 \\ x_2 \\ \vdots \\ x_n \end{pmatrix},Y=\begin{pmatrix} y_1 \\ y_2 \\ \vdots \\ y_n \end{pmatrix}$$

其中矩阵 C 称为由变量 $x_1,x_2,\cdots,x_n$ 到 $y_1,y_2,\cdots,y_n$ 的**线性变换矩阵**，则(5.1.5)式可以表示为

$$X=CY \tag{5.1.6}$$

如果矩阵 C 可逆，则称线性变换(5.1.5)(或(5.1.6))为**可逆的线性变换(或非退化的线性变换)**；如果 C 为正交矩阵，则称线性变换(5.1.5)(或(5.1.6))为正交变换. 对旋转变换

$$\begin{cases} x=x'\cos\theta-y'\sin\theta \\ y=x'\sin\theta+y'\cos\theta \end{cases}$$

由于线性变换矩阵

$$C=\begin{pmatrix} \cos\theta & -\sin\theta \\ \sin\theta & \cos\theta \end{pmatrix}$$

为正交矩阵，因此这一线性变换是从 x,y 到 x',y' 的一个正交变换.

如果对实二次型 $f(x_1,x_2,\cdots,x_n)=X^TAX$ 进行可逆线性变换 $X=CY$，则有

$$f(x_1,x_2,\cdots,x_n)=X^TAX=(CY)^TA(CY)=Y^T(C^TAC)Y=Y^TBY=g(y_1,y_2,\cdots,y_n)$$

其中 $B=C^TAC$，且 $B^T=(C^TAC)^T=C^TAC=B$，从而 Y^TBY 是以 $y_1,y_2,\cdots,y_n$ 为变量的一个新的 n 元二次型.

定义 5.1.3 设 A,B 为 n 阶矩阵，若存在 n 阶可逆矩阵 C，使得

$$C^TAC=B$$

则称矩阵 A 与 B 合同，且称 B 为 A 的**合同矩阵**，记作 $A\backsimeq B$.

由定义可知，二次型 X^TAX 的矩阵 A 与经过非退化线性变换 $X=CY$ 得到的新二次型 Y^TBY 的矩阵 C^TAC 是合同关系. 合同关系还具有如下性质：

1. 自反性：$A\backsimeq A$；
2. 对称性：如果 $A\backsimeq B$，则 $B\backsimeq A$；
3. 传递性：如果 $A\backsimeq B,B\backsimeq C$，则 $A\backsimeq C$.

对于合同矩阵，还有如下性质：

定理 5.1.1 若 $A\backsimeq B$，则 $R(A)=R(B)$.

§2　二次型的标准形

本节要讨论的问题是如何通过可逆线性变换 $\boldsymbol{X}=\boldsymbol{CY}$，把 n 元二次型 $f=\boldsymbol{X}^{\mathrm{T}}\boldsymbol{AX}$ 化为变量为 $y_1, y_2, \cdots, y_n$ 的只含平方项的二次型 $d_1y_1^2+d_2y_2^2+\cdots+d_ny_n^2$，这样的二次型称为二次型的**标准形**. 显然 n 元二次型的标准形的矩阵为

$$\boldsymbol{\Lambda}=\begin{pmatrix} d_1 & & & \\ & d_2 & & \\ & & \ddots & \\ & & & d_n \end{pmatrix}$$

是一个对角矩阵. 将一个 n 元二次型 $f=\boldsymbol{X}^{\mathrm{T}}\boldsymbol{AX}$ 通过可逆线性变换 $\boldsymbol{X}=\boldsymbol{CY}$ 化成标准形 $d_1y_1^2+d_2y_2^2+\cdots+d_ny_n^2$ 的过程，称为化二次型为标准型.

下面介绍两种化二次型为标准型的方法，它们分别是正交变换法、配方法.

一、正交变换法

由定理 4.4.4 知，对于任一 n 阶实对称矩阵 $\boldsymbol{A}$，存在正交矩阵 $\boldsymbol{U}$，使得

$$\boldsymbol{U}^{-1}\boldsymbol{AU}=\boldsymbol{U}^{\mathrm{T}}\boldsymbol{AU}=\boldsymbol{\Lambda}$$

因此，对于二次型 $f(x_1, x_2, \cdots, x_n)=\boldsymbol{X}^{\mathrm{T}}\boldsymbol{AX}$，有如下重要定理：

定理 5.2.1　对于任意 n 元二次型 $f=\boldsymbol{X}^{\mathrm{T}}\boldsymbol{AX}$，必存在正交变换 $\boldsymbol{X}=\boldsymbol{UY}$，使得

$$f=\boldsymbol{X}^{\mathrm{T}}\boldsymbol{AX}=\boldsymbol{Y}^{\mathrm{T}}\boldsymbol{\Lambda Y}=\lambda_1y_1^2+\lambda_2y_2^2+\cdots+\lambda_ny_n^2$$

其中 $\lambda_1, \lambda_2, \cdots, \lambda_n$ 是矩阵 $\boldsymbol{A}$ 的 n 个特征值，$\boldsymbol{\Lambda}=\mathrm{diag}(\lambda_1, \lambda_2, \cdots, \lambda_n)$ 为对角矩阵，$\boldsymbol{U}$ 的 n 个列向量 $\boldsymbol{\eta}_1, \boldsymbol{\eta}_2, \cdots, \boldsymbol{\eta}_n$ 是矩阵 $\boldsymbol{A}$ 对应于特征值 $\lambda_1, \lambda_2, \cdots, \lambda_n$ 的标准正交特征向量.

由定理 5.2.1 可得用正交变换 $\boldsymbol{X}=\boldsymbol{UY}$ 化二次型 $f=\boldsymbol{X}^{\mathrm{T}}\boldsymbol{AX}$ 为标准形的步骤：

1. 写出二次型 $f(x_1, x_2, \cdots, x_n)$ 的矩阵 $\boldsymbol{A}$；
2. 求 $\boldsymbol{A}$ 的全部特征值；
3. 对于 $\boldsymbol{A}$ 的每一个不同的特征值 λ_i，求出 $\boldsymbol{A}$ 的对应于 λ_i 的线性无关的特征向量，并分别将它们正交化、单位化，得到 $\boldsymbol{A}$ 的 n 个两两正交的单位特征向量；
4. 将 $\boldsymbol{A}$ 的 n 个两两正交的单位特征向量作为列向量构成正交矩阵，得到正交变换 $\boldsymbol{X}=\boldsymbol{UY}$；

5. 写出二次型 $f=\boldsymbol{x}^{\mathrm{T}}\boldsymbol{A}\boldsymbol{x}$ 的标准形：$f=\lambda_1 y_1^2+\lambda_2 y_2^2+\cdots+\lambda_n y_n^2$.

例 1　设二次型 $f(x_1,x_2,x_3)=x_1^2+2x_1x_3+2x_2^2+x_3^2$，求一个正交变换 $\boldsymbol{X}=\boldsymbol{U}\boldsymbol{Y}$，将二次型化为标准型.

解　二次型的矩阵为

$$\boldsymbol{A}=\begin{pmatrix}1&0&1\\0&2&0\\1&0&1\end{pmatrix}$$

$\boldsymbol{A}$ 的特征多项式为

$$|\boldsymbol{A}-\lambda\boldsymbol{E}|=\begin{vmatrix}1-\lambda&0&1\\0&2-\lambda&0\\1&0&1-\lambda\end{vmatrix}=-(2-\lambda)^2\lambda$$

故 $\boldsymbol{A}$ 的特征值为 $\lambda_1=\lambda_2=2,\lambda_3=0$.

对于 $\lambda_1=\lambda_2=2$，解特征方程组 $(\boldsymbol{A}-2\boldsymbol{E})\boldsymbol{X}=\boldsymbol{0}$，得基础解系

$$\boldsymbol{\xi}_1=(0,1,0)^{\mathrm{T}},\boldsymbol{\xi}_2=(1,0,1)^{\mathrm{T}}$$

由于 $\boldsymbol{\xi}_1,\boldsymbol{\xi}_2$ 已正交，故只需将它们单位化，有

$$\boldsymbol{\eta}_1=\frac{\boldsymbol{\xi}_1}{\|\boldsymbol{\xi}_1\|}=(0,1,0)^{\mathrm{T}},\boldsymbol{\eta}_2=\frac{\boldsymbol{\xi}_2}{\|\boldsymbol{\xi}_2\|}=\left(\frac{1}{\sqrt{2}},0,\frac{1}{\sqrt{2}}\right)^{\mathrm{T}}$$

对于 $\lambda_3=0$，解特征方程组 $(\boldsymbol{A}-0\boldsymbol{E})x=\boldsymbol{0}$，得基础解系

$$\boldsymbol{\xi}_3=(-1,0,1)^{\mathrm{T}}$$

将 $\boldsymbol{\xi}_3$ 单位化，得

$$\boldsymbol{\eta}_3=\frac{\boldsymbol{\xi}_3}{\|\boldsymbol{\xi}_3\|}=\left(-\frac{1}{\sqrt{2}},0,\frac{1}{\sqrt{2}}\right)^{\mathrm{T}}$$

此时 $\boldsymbol{\eta}_1,\boldsymbol{\eta}_2,\boldsymbol{\eta}_3$ 已是一个标准正交向量组，记正交矩阵

$$\boldsymbol{U}=(\boldsymbol{\eta}_1,\boldsymbol{\eta}_2,\boldsymbol{\eta}_3)=\begin{pmatrix}0&\frac{1}{\sqrt{2}}&-\frac{1}{\sqrt{2}}\\1&0&0\\0&\frac{1}{\sqrt{2}}&\frac{1}{\sqrt{2}}\end{pmatrix}$$

得所求正交变换 $\boldsymbol{X}=\boldsymbol{U}\boldsymbol{Y}$，即

$$\begin{pmatrix}x_1\\x_2\\x_3\end{pmatrix}=\begin{pmatrix}0&\frac{1}{\sqrt{2}}&-\frac{1}{\sqrt{2}}\\1&0&0\\0&\frac{1}{\sqrt{2}}&\frac{1}{\sqrt{2}}\end{pmatrix}\begin{pmatrix}y_1\\y_2\\y_3\end{pmatrix}$$

可将二次型化为标准形 $f=2y_1^2+2y_2^2+0y_3^2=2y_1^2+2y_2^2$.

二、配方法

下面我们用两个例子来说明如何利用配方法将二次型化为标准形.

1. 含平方项的二次型的配方法

例 2　利用配方法将二次型

$$f(x_1,x_2,x_3)=x_1^2+2x_2^2+3x_3^2+4x_1x_2-4x_1x_3-4x_2x_3$$

化为标准形,并求出所作的可逆线性变换.

解　由于 x_1^2 的系数不为零,先将所有含有 x_1 的项配成一个完全平方,得

$$\begin{aligned}f(x_1,x_2,x_3)&=(x_1^2+4x_1x_2-4x_1x_3)+2x_2^2+3x_3^2+4x_2x_3\\&=(x_1+2x_2-2x_3)^2-2x_2^2+4x_2x_3-x_3^2\end{aligned}$$

再将所有含有 x_2 的项配成一个完全平方,得

$$\begin{aligned}f(x_1,x_2,x_3)&=(x_1+2x_2-2x_3)^2-2(x_2^2-2x_2x_3)-x_3^2\\&=(x_1+2x_2-2x_3)^2-2(x_2-x_3)^2+x_3^2\end{aligned}$$

令

$$\begin{cases}y_1=x_1+2x_2-2x_3\\y_2=x_2-x_3\\y_3=x_3\end{cases}$$

即

$$\begin{pmatrix}y_1\\y_2\\y_3\end{pmatrix}=\begin{pmatrix}1&2&-2\\0&1&-1\\0&0&1\end{pmatrix}\begin{pmatrix}x_1\\x_2\\x_3\end{pmatrix}$$

则由 x_1,x_2,x_3 到 y_1,y_2,y_3 的线性变换为

$$\begin{pmatrix}x_1\\x_2\\x_3\end{pmatrix}=\begin{pmatrix}1&2&-2\\0&1&-1\\0&0&1\end{pmatrix}^{-1}\begin{pmatrix}y_1\\y_2\\y_3\end{pmatrix}=\begin{pmatrix}1&-2&0\\0&1&1\\0&0&1\end{pmatrix}\begin{pmatrix}y_1\\y_2\\y_3\end{pmatrix}$$

可将二次型化为标准形 $f=y_1^2-2y_2^2+y_3^2$.

2. 不含平方项的二次型的配方法

对于 n 元二次型 $f(x_1,x_2,\cdots,x_n)$,如果 x_1^2 的系数不为零,一般都可以像例 2 那样将其化为标准形;如果 x_1^2 的系数为零,而 x_2^2 的系数不为零,配方可先从 x_2 开始;…….如果二次型的平方项的系数全为零,此时可按下面例 3 的方法,将其化为标准形.

例 3 设二次型 $f(x_1,x_2,x_3)=x_1x_2+x_1x_3-3x_2x_3$，试用配方法将其化为标准形，并求出所作的可逆线性变换.

解 由于二次型中没有平方项，又 x_1x_2 的系数不为零，故先作一个可逆线性变换，将二次型化为含有平方项的形式，再用例 2 的方法解决. 令

$$\begin{cases}x_1=y_1+y_2\\x_2=y_1-y_2\\x_3=y_3\end{cases}$$

即 $\boldsymbol{X}=\boldsymbol{C}_1\boldsymbol{Y}$，其中 $\boldsymbol{C}_1=\begin{pmatrix}1&1&0\\1&-1&0\\0&0&1\end{pmatrix}$ 为可逆矩阵，代入原二次型中，有

$$f=y_1^2-2y_1y_3-y_2^2+4y_2y_3$$

再用配方法，先对含 y_1 的项配完全平方，然后对含 y_2 的项配完全平方，得

$$f=(y_1-y_3)^2-(y_2^2-4y_2y_3)-y_3^2=(y_1-y_3)^2-(y_2-2y_3)^2+3y_3^2$$

令

$$\begin{cases}z_1=y_1-y_3\\z_2=y_2-2y_3\\z_3=y_3\end{cases}$$

即 $\begin{pmatrix}z_1\\z_2\\z_3\end{pmatrix}=\begin{pmatrix}1&0&-1\\0&1&-2\\0&0&1\end{pmatrix}\begin{pmatrix}y_1\\y_2\\y_3\end{pmatrix}$，得

$$\begin{pmatrix}y_1\\y_2\\y_3\end{pmatrix}=\begin{pmatrix}1&0&-1\\0&1&-2\\0&0&1\end{pmatrix}^{-1}\begin{pmatrix}z_1\\z_2\\z_3\end{pmatrix}=\begin{pmatrix}1&0&1\\0&1&2\\0&0&1\end{pmatrix}\begin{pmatrix}z_1\\z_2\\z_3\end{pmatrix}$$

即 $\boldsymbol{y}=\boldsymbol{C}_2\boldsymbol{Z}$，其中 $\boldsymbol{C}_2=\begin{pmatrix}1&0&1\\0&1&2\\0&0&1\end{pmatrix}$ 为可逆矩阵.

由 $\boldsymbol{X}=\boldsymbol{C}_1\boldsymbol{Y},\boldsymbol{Y}=\boldsymbol{C}_2\boldsymbol{Z}$，得 $\boldsymbol{X}=(\boldsymbol{C}_1\boldsymbol{C}_2)\boldsymbol{Z}$.
令

$$\boldsymbol{C}=\boldsymbol{C}_1\boldsymbol{C}_2=\begin{pmatrix}1&1&0\\1&-1&0\\0&0&1\end{pmatrix}\begin{pmatrix}1&0&1\\0&1&2\\0&0&1\end{pmatrix}=\begin{pmatrix}1&1&3\\1&-1&-1\\0&0&1\end{pmatrix}$$

从而有可逆线性变换 $\boldsymbol{X}=\boldsymbol{CZ}$，即

$$\begin{pmatrix} x_1 \\ x_2 \\ x_3 \end{pmatrix} = \begin{pmatrix} 1 & 1 & 3 \\ 1 & -1 & -1 \\ 0 & 0 & 1 \end{pmatrix} \begin{pmatrix} z_1 \\ z_2 \\ z_3 \end{pmatrix}$$

可将二次型化为标准形 $f=z_1^2-z_2^2+3z_3^2$.

§3　惯性定理与二次型的规范形

在上节的讨论中,我们给出了两种化二次型为标准形的方法,而由上述例题看到两种不同方法得到的标准形不一定相同,即使用同一种方法,也可以得到不同的标准形,这就是说二次型的标准形不唯一.但我们发现同一个二次型的标准形中,所含的平方项项数却是相同的,进一步研究还有如下定理:

定理 5.3.1　给定实 n 元二次型 $f=\boldsymbol{X}^{\mathrm{T}}\boldsymbol{A}\boldsymbol{X}$,其秩为 r.若存在两个可逆线性变换 $\boldsymbol{X}=\boldsymbol{C}\boldsymbol{Y}$ 和 $\boldsymbol{X}=\boldsymbol{U}\boldsymbol{Z}$,将二次型分别化为不同的标准形

$$f=d_1y_1^2+d_2y_2^2+\cdots+d_ry_r^2(d_i\neq 0,i=1,2,\cdots,r)$$

和

$$f=\mu_1z_1^2+\mu_2z_2^2+\cdots+\mu_rz_r^2(\mu_i\neq 0,i=1,2,\cdots,r)$$

则 $d_1,d_2,\cdots,d_r$ 与 $\mu_1,\mu_2,\cdots,\mu_r$ 中正的个数相等,从而负的个数也相等.

由上述定理,不妨设标准形中有 p 个正项,q 个负项,则显然 $p+q=r$.这样标准形可以写为

$$f(y_1,y_2,\cdots,y_n)=d_1y_1^2+d_2y_2^2+\cdots+d_py_p^2-d_{p+1}y_{p+1}^2-\cdots-d_ry_r^2$$

其中 $d_i(i=1,2,\cdots,r)$ 全大于零,若令

$$\begin{cases} y_1=\dfrac{1}{\sqrt{d_1}}z_1, \\ \quad\vdots \\ y_r=\dfrac{1}{\sqrt{d_r}}z_r, \\ y_{r+1}=z_{r+1}, \\ \quad\vdots \\ y_n=z_n. \end{cases}$$

即作可逆的线性变换

$$\begin{pmatrix} y_1 \\ \vdots \\ y_r \\ y_{r+1} \\ \vdots \\ y_n \end{pmatrix} = \begin{pmatrix} \frac{1}{\sqrt{d_1}} & & & & & \\ & \ddots & & & & \\ & & \frac{1}{\sqrt{d_r}} & & & \\ & & & 1 & & \\ & & & & \ddots & \\ & & & & & 1 \end{pmatrix} \begin{pmatrix} z_1 \\ \vdots \\ z_r \\ z_{r+1} \\ \vdots \\ z_n \end{pmatrix}$$

得

$$f(z_1,z_2,\cdots,z_n)=z_1^2+z_2^2+\cdots+z_p^2-z_{p+1}^2-\cdots-z_r^2.$$

定义 5.3.1 形如

$$f(z_1,z_2,\cdots,z_n)=z_1^2+z_2^2+\cdots+z_p^2-z_{p+1}^2-\cdots-z_r^2$$

的 n 元二次型称为二次型的**规范形**.

由上面的分析可得:

定理 5.3.2 二次型的规范形是唯一的.

定义 5.3.2 在秩为 r 的实二次型的标准形中,系数为正的平方项的个数称为二次型的**正惯性指数**,记为 p;系数为负的平方项的个数称为二次型的**负惯性指数**,记为 q;它们的差 $p-q$ 称为二次型的**符号差**.

§4 正定二次型与正定矩阵

我们知道:二元二次函数 $f(x,y)=x^2+y^2$ 在 $x=0,y=0$ 处取得最小值 $f(0,0)=0$. 这个例子表明:二元二次函数 $f(x,y)=x^2+y^2$ 的最小值问题与二元二次型 x^2+y^2 的性质有密切的关系. 事实上,n 元二次函数的极值问题也与 n 元二次型的性质有着密切的关系. 在这一节中,我们就来研究这种关系.

定义 5.4.1 给定 n 元实二次型 $f=\boldsymbol{X}^{\mathrm{T}}\boldsymbol{A}\boldsymbol{X}$, 对任意的 $\boldsymbol{X}=(x_1,x_2,\cdots,x_n)^{\mathrm{T}}\neq 0$,如果

(1) $f=\boldsymbol{X}^{\mathrm{T}}\boldsymbol{A}\boldsymbol{X}>0$,称二次型为正定二次型,其矩阵 $\boldsymbol{A}$ 为正定矩阵;

(2) $f=\boldsymbol{X}^{\mathrm{T}}\boldsymbol{A}\boldsymbol{X}<0$,称二次型为负定二次型,其矩阵 $\boldsymbol{A}$ 为负定矩阵.

显然 $f(0)=0$. 如果二次型 f 为正(或负)定二次型,则二次型 f 的最小(或大)值为 0.

如果 $\boldsymbol{A}$ 为负定矩阵,则 $-\boldsymbol{A}$ 必为正定矩阵,因此我们只需讨论正定矩阵.

对于二次型 $f(x,y,z)=x^2+4y^2+16z^2$，不难发现对任意的 $(x,y,z)^T\neq 0$，有

$$f(x,y,z)=x^2+4y^2+16z^2>0$$

所以 $f(x,y,z)=x^2+4y^2+16z^2$ 为正定二次型.

由上面的例子很容易看到，利用二次型的标准形或规范形很容易判断其是否为正定二次型. 由前两节知识，我们能将任意二次型经过可逆的线性变换化为标准形或规范形. 因此，有

定理 5.4.1　n 元实二次型 $f=\boldsymbol{X}^T\boldsymbol{AX}$ 由可逆线性变换 $\boldsymbol{x}=\boldsymbol{Cy}$ 化为标准形

$$f=d_1y_1^2+d_2y_2^2+\cdots+d_ny_n^2$$

则二次型为正定二次型的充分必要条件是 $d_i>0, i=1,2,\cdots,n$.

证　充分性：若 $d_i>0(i=1,2,\cdots,n)$，任给 $\boldsymbol{x}\neq\boldsymbol{0}$，有 $\boldsymbol{y}\neq\boldsymbol{0}$（为什么?），则

$$f=d_1y_1^2+d_2y_2^2+\cdots+d_ny_n^2>0$$

即二次型 $f=\boldsymbol{x}^T\boldsymbol{Ax}$ 为正定二次型.

必要性：设二次型 $f=\boldsymbol{x}^T\boldsymbol{Ax}$ 为正定二次型，下面用反证法证明所有的 d_i 均大于零. 假设 $d_1,d_2,\cdots,d_n$ 不全大于零，不妨设 $d_j\leqslant 0$. 则取

$$y_1=0,\cdots,y_{j-1}=0,y_j=1,y_{j+1}=0,\cdots,y_n=0$$

有 $f=d_1y_1^2+d_2y_2^2+\cdots+d_ny_n^2=d_j\leqslant 0$，这与二次型 $f=\boldsymbol{x}^T\boldsymbol{Ax}$ 为正定二次型矛盾，所以 $d_1,d_2,\cdots,d_n$ 均大于零.

推论 1　n 元实二次型 $f=\boldsymbol{x}^T\boldsymbol{Ax}$ 为正定二次型的充分必要条件是其正惯性指数为 n.

推论 2　实对称矩阵 $\boldsymbol{A}$ 为正定矩阵的充分必要条件是 $\boldsymbol{A}$ 的特征值均大于零.

例 1　设 $\boldsymbol{A}$ 为正定矩阵，证明 $|\boldsymbol{E}+\boldsymbol{A}|>1$.

证　$\boldsymbol{A}$ 为正定矩阵，则 $\boldsymbol{A}$ 的特征值 $\lambda_1,\lambda_2,\cdots,\lambda_n$ 全大于零，而 $\boldsymbol{A}+\boldsymbol{E}$ 的特征值分别为 $\lambda_1+1,\lambda_2+1,\cdots,\lambda_n+1$，且 $\lambda_1+1>1,\lambda_2+1>1,\cdots,\lambda_n+1>1$，所以

$$|\boldsymbol{E}+\boldsymbol{A}|=(\lambda_1+1)(\lambda_2+1)\cdots(\lambda_n+1)>1$$

推论 3　n 元实二次型 $f=\boldsymbol{X}^T\boldsymbol{AX}$ 为正定二次型的充分必要条件是其规范形为

$$f=z_1^2+z_2^2+\cdots+z_n^2$$

推论 4　n 元实二次型 $f=\boldsymbol{X}^T\boldsymbol{AX}$ 为正定二次型的充分必要条件是存在 n 阶可逆矩阵 $\boldsymbol{C}$，使得 $\boldsymbol{A}=\boldsymbol{C}^T\boldsymbol{C}$，即 $\boldsymbol{A}$ 与单位矩阵合同.

由于求二次型矩阵 $\boldsymbol{A}$ 的特征值和化二次型为标准形比较麻烦，下面介绍由

给定的二次型直接去判断它为正定二次型的充分必要条件. 先介绍如下概念.

定义 5.4.2　设 $\boldsymbol{A}$ 为 n 阶矩阵，取其第 $1,2,\cdots,k$ 行和第 $1,2,\cdots,k$ 列所构成的 $k(k\leqslant n)$ 阶子式，称为 $\boldsymbol{A}$ 的 k 阶**顺序主子式**，记为 Δ_k.

如矩阵 $\boldsymbol{A}=\begin{pmatrix}1 & 3 & 2\\ 2 & -1 & 3\\ 1 & 2 & 2\end{pmatrix}$，则 $\boldsymbol{A}$ 的顺序主子式分别为

$$\Delta_1=|1|,\Delta_2=\begin{vmatrix}1 & 3\\ 2 & -1\end{vmatrix},\Delta_3=\begin{vmatrix}1 & 3 & 2\\ 2 & -1 & 3\\ 1 & 2 & 2\end{vmatrix}=|\boldsymbol{A}|$$

定理 5.4.2　(霍尔维茨(Sylvester)定理)

(1) n 元实二次型 $f=\boldsymbol{X}^{\mathrm{T}}\boldsymbol{A}\boldsymbol{X}$ 为正定二次型的充分必要条件是 $\boldsymbol{A}$ 的各阶顺序主子式全大于零，即

$$\Delta_1=a_{11}>0,\Delta_2=\begin{vmatrix}a_{11} & a_{12}\\ a_{21} & a_{22}\end{vmatrix}>0,\cdots,\Delta_n=\begin{vmatrix}a_{11} & a_{12} & \cdots & a_{1n}\\ a_{21} & a_{22} & \cdots & a_{2n}\\ \vdots & \vdots & & \vdots\\ a_{n1} & a_{n2} & \cdots & a_{nn}\end{vmatrix}=|\boldsymbol{A}|>0$$

(2) n 元实二次型 $f=\boldsymbol{X}^{\mathrm{T}}\boldsymbol{A}\boldsymbol{X}$ 为负定二次型的充分必要条件是 $\boldsymbol{A}$ 的奇数阶顺序主子式小于零，偶数阶顺序主子式大于零，即

$$(-1)^k\Delta_k=(-1)^k\begin{vmatrix}a_{11} & a_{12} & \cdots & a_{1k}\\ a_{21} & a_{22} & \cdots & a_{2k}\\ \vdots & \vdots & & \vdots\\ a_{k1} & a_{k2} & \cdots & a_{kk}\end{vmatrix}>0,k=1,2,\cdots,n.$$

定理不予证明.

例 2　判定二次型 $f(x,y,z)=5x^2+y^2+5z^2+4xy-8xz-4yz$ 是否正定.

解　二次型的矩阵

$$\boldsymbol{A}=\begin{pmatrix}5 & 2 & -4\\ 2 & 1 & -2\\ -4 & -2 & 5\end{pmatrix}$$

$\boldsymbol{A}$ 的各阶顺序主子式为

$$\Delta_1=|5|>0,\Delta_2=\begin{vmatrix}5 & 2\\ 2 & 1\end{vmatrix}=1>0,\Delta_3=\begin{vmatrix}5 & 2 & -4\\ 2 & 1 & -2\\ -4 & -2 & 5\end{vmatrix}=1>0$$

所以二次型是正定的二次型.

例 3　判定二次型 $f(x,y,z)=-5x^2-6y^2-4z^2+4xy+4xz$ 的正定性.

解　二次型的矩阵

$$A=\begin{pmatrix}-5 & 2 & 2\\ 2 & -6 & 0\\ 2 & 0 & -4\end{pmatrix}$$

A 的各阶顺序主子式为

$$\Delta_1=|-5|<0,\Delta_2=\begin{vmatrix}-5 & 2\\ 2 & -6\end{vmatrix}=26>0,\Delta_3=\begin{vmatrix}-5 & 2 & 2\\ 2 & -6 & 0\\ 2 & 0 & -4\end{vmatrix}=-80<0$$

所以二次型是负定的二次型.

例 4　问 λ 取何值时，二次型 $f(x_1,x_2,x_3)=2x_1^2+x_2^2+x_3^2+2x_1x_2+\lambda x_2x_3$ 是正定的?

解　二次型的矩阵

$$A=\begin{pmatrix}2 & 1 & 0\\ 1 & 1 & \frac{\lambda}{2}\\ 0 & \frac{\lambda}{2} & 1\end{pmatrix}$$

二次型 f 是正定的，有

$$\Delta_1=|2|>0,\Delta_2=\begin{vmatrix}2 & 1\\ 1 & 1\end{vmatrix}=1>0,\Delta_3=|A|=1-\frac{\lambda^2}{2}>0$$

解得 $-\sqrt{2}<\lambda<\sqrt{2}$.

例 5　设 A,B 为同阶正定矩阵，证明 $A+B$ 为同阶正定矩阵.

证 $(A+B)^{\mathrm{T}}=A^{\mathrm{T}}+B^{\mathrm{T}}=A+B$，所以 $A+B$ 为对称矩阵. 对于任意的 $X\neq 0$，有

$$X^{\mathrm{T}}(A+B)X=X^{\mathrm{T}}AX+X^{\mathrm{T}}BX$$

因为 A,B 为正定矩阵，故 $X^{\mathrm{T}}AX>0$，$X^{\mathrm{T}}BX>0$，所以 $X^{\mathrm{T}}(A+B)X>0$，即 $A+B$ 为正定矩阵.

习题五

1. 写出下列二次型的矩阵.

(1) $f(x,y,z)=2x^2+3y^2-z^2-6xy+4xz-2yz$;

(2) $f(x_1,x_2,x_3)=(x_1,x_2,x_3)\begin{pmatrix}2 & 1 & 7\\ 9 & 4 & -4\\ 5 & -2 & 1\end{pmatrix}\begin{pmatrix}x_1\\ x_2\\ x_3\end{pmatrix}$;

(3) $f(x_1,x_2,x_3,x_4)=3x_1^2+2x_2^2+6x_3^2+x_4^2-2x_1x_2+4x_1x_4+6x_3x_4+8x_2x_3$.

2. 写出下列各实对称矩阵所对应的二次型.

(1) $\boldsymbol{A}=\begin{pmatrix}2 & -1 & 4\\ -1 & 0 & 2\\ 4 & 2 & 3\end{pmatrix}$;　　(2) $\boldsymbol{A}=\begin{pmatrix}1 & 2 & 3 & 4\\ 2 & 3 & 4 & -1\\ 3 & 4 & -1 & -2\\ 4 & -1 & -2 & -3\end{pmatrix}$.

3. 已知二次型 $f(x_1,x_2,x_3)=x_1^2+5x_2^2-4x_3^2+2x_1x_2-4x_1x_3$,求此二次型的秩.

4. 用正交变换法化下列二次型为标准形,并求所作的正交变换.

(1) $f(x_1,x_2,x_3)=x_1^2+2x_2^2+3x_3^2-4x_1x_2-4x_2x_3$;

(2) $f(x_1,x_2,x_3)=4x_1^2+4x_2^2+4x_3^2+4x_1x_2+4x_1x_3+4x_2x_3$.

5. 用配方法化下列二次型为标准形,并求所作的可逆线性变换.

(1) $f(x_1,x_2,x_3)=x_1^2+5x_2^2+6x_3^2-10x_2x_3-6x_1x_3-4x_1x_2$;

(2) $f(x_1,x_2,x_3)=2x_1x_2+4x_1x_3$.

6. 求下列二次型的正、负惯性指数和秩.

(1) $f(x_1,x_2,x_3)=x_1^2-x_2^2-4x_1x_3-4x_2x_3$;

(2) $f(x_1,x_2,x_3)=x_1^2+x_2^2+x_3^2+2x_1x_3$;

(3) $f(x_1,x_2,x_3)=x_1^2-2x_2^2-2x_3^2-4x_1x_2+4x_1x_3+8x_2x_3$.

7. 设二次型 $f(x_1,x_2,x_3)=x_1^2+ax_2^2+x_3^2+2x_1x_2-2x_2x_3-2ax_1x_3$ 的正、负惯性指数都是 1,求 a 的值.

8. 判断下列二次型是否正定?

(1) $f(x_1,x_2,x_3)=3x_1^2+4x_2^2+5x_3^2+4x_1x_2-4x_2x_3$;

(2) $f(x_1,x_2,x_3)=-2x_1^2-3x_2^2-x_3^2+x_1x_2-x_1x_3+x_2x_3$;

(3) $f(x_1,x_2,x_3)=x_1^2+2x_2^2+x_3^2$.

9. 问 k 为何值时,下列二次型为正定二次型.

(1) $f(x_1,x_2,x_3)=x_1^2+x_2^2+kx_1x_2+x_3^2+kx_1x_3+kx_2x_3$;

(2) $f(x_1,x_2,x_3)=5x_1^2+x_2^2+kx_3^2+4x_1x_2-2x_1x_3-2x_2x_3$.

10. 证明若 $\boldsymbol{A}$ 是正定矩阵,则 $\boldsymbol{A}^{-1}$、$\boldsymbol{A}^*$ 也是正定矩阵.

第六章　向量空间

向量空间,亦称线性空间,是线性代数最基本的概念之一,它是包含加法和数乘运算的数学系统. 本章只讨论由 n 维实向量所构成的较具体的向量空间,相关的理论可以推广到较为抽象的向量空间.

§1　向量空间的定义

定义 6.1.1　设 $\mathbf{V}$ 为 n 维实向量的非空集合,若 $\mathbf{V}$ 关于向量的线性运算保持封闭,即对任意的 $\boldsymbol{\alpha},\boldsymbol{\beta}\in\mathbf{V}$ 及实数 k,有 $\boldsymbol{\alpha}+\boldsymbol{\beta}\in\mathbf{V}$, $k\boldsymbol{\alpha}\in\mathbf{V}$,则称 $\mathbf{V}$ 为**向量空间(或线性空间)**.

例 1　全体二维实向量 $\{(x,y)^{\mathrm{T}}\mid x,y\in\mathbf{R}\}$,记为 $\mathbf{R}^2$,是一个向量空间. 事实上,对任意的 $\boldsymbol{\alpha}=\begin{pmatrix}x_1\\x_2\end{pmatrix}\in\mathbf{R}^2$, $\boldsymbol{\beta}=\begin{pmatrix}y_1\\y_2\end{pmatrix}\in\mathbf{R}^2$, $k\in\mathbf{R}$,有

$$\boldsymbol{\alpha}+\boldsymbol{\beta}=\begin{pmatrix}x_1+y_1\\x_2+y_2\end{pmatrix}\in\mathbf{R}^2,\ k\boldsymbol{\alpha}=\begin{pmatrix}kx_1\\kx_2\end{pmatrix}\in\mathbf{R}^2$$

所以 $\mathbf{R}^2$ 是一个向量空间.

例 2　全体三维实向量 $\{(x,y,z)^{\mathrm{T}}\mid x,y,z\in\mathbf{R}\}$,记为 $\mathbf{R}^3$,是一个向量空间. 一般地,全体 n 维实向量 $\mathbf{R}^n=\{(x_1,x_2,\cdots,x_n)^{\mathrm{T}}\mid x_1,x_2,\cdots,x_n\in\mathbf{R}\}$ 是一个向量空间.

例 3　验证 $\mathbf{R}^2$ 的子集 $\mathbf{V}_1=\{(x,y)^{\mathrm{T}}\mid x+y=0\}$ 是向量空间,而 $\mathbf{V}_2=\{(x,y)^{\mathrm{T}}\mid x+y=1\}$ 不是向量空间.

解　对 $\mathbf{V}_1$:显然 $\mathbf{V}_1$ 非空. 对任意的 $\boldsymbol{\alpha}=\begin{pmatrix}x_1\\x_2\end{pmatrix}\in\mathbf{V}_1$, $\boldsymbol{\beta}=\begin{pmatrix}y_1\\y_2\end{pmatrix}\in\mathbf{V}_1$,有

$$\boldsymbol{\alpha}+\boldsymbol{\beta}=\begin{pmatrix}x_1+y_1\\x_2+y_2\end{pmatrix}$$

由 $x_1+x_2=0, y_1+y_2=0$，得

$$(x_1+y_1)+(x_2+y_2)=(x_1+x_2)+(y_1+y_2)=0$$

所以 $\boldsymbol{\alpha}+\boldsymbol{\beta}\in\mathbf{V}_1$. 又

$$k\boldsymbol{\alpha}=\begin{pmatrix}kx_1\\kx_2\end{pmatrix}$$

因为 $kx_1+kx_2=k(x_1+x_2)=0$，所以 $k\boldsymbol{\alpha}\in\mathbf{V}_1$.

综上得 $\mathbf{V}_1$ 是向量空间.

对 $\mathbf{V}_2$：对任意的 $\boldsymbol{\alpha}=\begin{pmatrix}x_1\\x_2\end{pmatrix}\in\mathbf{V}_2, \boldsymbol{\beta}=\begin{pmatrix}y_1\\y_2\end{pmatrix}\in\mathbf{V}_2$，有

$$\boldsymbol{\alpha}+\boldsymbol{\beta}=\begin{pmatrix}x_1+y_1\\x_2+y_2\end{pmatrix}$$

由 $x_1+x_2=1, y_1+y_2=1$，得

$$(x_1+y_1)+(x_2+y_2)=(x_1+x_2)+(y_1+y_2)=2$$

所以 $\boldsymbol{\alpha}+\boldsymbol{\beta}\notin\mathbf{V}_2$，则 $\mathbf{V}_2$ 不是向量空间.

例 4 齐次线性方程组 $\boldsymbol{AX}=\boldsymbol{O}$ 解的集合 $S=\{\boldsymbol{X}\mid\boldsymbol{AX}=\boldsymbol{O}\}$，由齐次线性方程组解的性质，知 S 是一个向量空间；而非齐次线性方程组 $\boldsymbol{AX}=\boldsymbol{B}\neq\boldsymbol{O}$ 解的全体不是向量空间.

例 5 给定向量组 $\boldsymbol{\alpha}_1,\boldsymbol{\alpha}_2,\cdots,\boldsymbol{\alpha}_s\in\mathbf{R}^n$，令

$$L(\boldsymbol{\alpha}_1,\boldsymbol{\alpha}_2,\cdots,\boldsymbol{\alpha}_s)=\{x=k_1\boldsymbol{\alpha}_1+k_2\boldsymbol{\alpha}_2+\cdots+k_s\boldsymbol{\alpha}_s\mid k_1,k_2,\cdots,k_s\in\mathbf{R}\}$$

即 $L(\boldsymbol{\alpha}_1,\boldsymbol{\alpha}_2,\cdots,\boldsymbol{\alpha}_s)$ 是可由向量组 $\boldsymbol{\alpha}_1,\boldsymbol{\alpha}_2,\cdots,\boldsymbol{\alpha}_s$ 线性表示的向量的集合，则 $L(\boldsymbol{\alpha}_1,\boldsymbol{\alpha}_2,\cdots,\boldsymbol{\alpha}_s)$ 是向量空间，称为由向量组 $\boldsymbol{\alpha}_1,\boldsymbol{\alpha}_2,\cdots,\boldsymbol{\alpha}_s$ 生成的向量空间.

可以证明：$L(\boldsymbol{\alpha}_1,\boldsymbol{\alpha}_2,\cdots,\boldsymbol{\alpha}_s)=L(\boldsymbol{\beta}_1,\boldsymbol{\beta}_2,\cdots,\boldsymbol{\beta}_t)$ 的充分必要条件是向量组 $\boldsymbol{\alpha}_1,\boldsymbol{\alpha}_2,\cdots,\boldsymbol{\alpha}_s$ 与向量组 $\boldsymbol{\beta}_1,\boldsymbol{\beta}_2,\cdots,\boldsymbol{\beta}_t$ 等价.

§2 向量空间的基、维数与向量的坐标

一、向量空间的基与维数

定义 6.2.1 设 $\mathbf{V}$ 是向量空间，若 $\mathbf{V}$ 中 r 个向量 $\boldsymbol{\alpha}_1,\boldsymbol{\alpha}_2,\cdots,\boldsymbol{\alpha}_r$，满足

(1) $\boldsymbol{\alpha}_1,\boldsymbol{\alpha}_2,\cdots,\boldsymbol{\alpha}_r$ 线性无关；

(2) $\mathbf{V}$ 中任一向量可由 $\boldsymbol{\alpha}_1,\boldsymbol{\alpha}_2,\cdots,\boldsymbol{\alpha}_r$ 线性表示；

则称 $\boldsymbol{\alpha}_1,\boldsymbol{\alpha}_2,\cdots,\boldsymbol{\alpha}_r$ 为向量空间 $\mathbf{V}$ 的一组基；数 r 称为向量空间 $\mathbf{V}$ 的维数，记为 $\dim\mathbf{V}$，即

$$\dim \mathbf{V}=r$$

并称 $\mathbf{V}$ 为 r 维向量空间.

若向量空间 $\mathbf{V}$ 没有基，则规定 $\dim\mathbf{V}=0$，这时 $\mathbf{V}$ 只含一个零向量.

例 1　显然 $\boldsymbol{e}_1=(1,0)^{\mathrm{T}},\boldsymbol{e}_2=(0,1)^{\mathrm{T}}$ 是 $\mathbf{R}^2$ 的一组基，且 $\dim\mathbf{R}^2=2$.

$\boldsymbol{e}_1=(1,0,0)^{\mathrm{T}},\boldsymbol{e}_2=(0,1,0)^{\mathrm{T}},\boldsymbol{e}_3=(0,0,1)^{\mathrm{T}}$ 是 $\mathbf{R}^3$ 的一组基，且 $\dim\mathbf{R}^3=3$.

例 2　设齐次线性方程组 $\boldsymbol{A}_{m\times n}\boldsymbol{X}_{n\times 1}=\boldsymbol{O}_{m\times 1}$ 的系数矩阵的秩 $R(\boldsymbol{A})=r$. 由齐次线性方程组基础解系的定义，$\boldsymbol{A}_{m\times n}\boldsymbol{X}_{n\times 1}=\boldsymbol{O}_{m\times 1}$ 的一个基础解系是向量空间 $\boldsymbol{S}=\{\boldsymbol{X}_{n\times 1}\mid \boldsymbol{A}_{m\times n}\boldsymbol{X}_{n\times 1}=\boldsymbol{O}_{m\times 1}\}$ 的一组基，且 $\dim\boldsymbol{S}=n-r$.

例 3　求向量空间 $\mathbf{V}=\{(x,y,0)^{\mathrm{T}}\mid x,y\in\mathbf{R}\}$ 的基与维数.

解　$(x,y,0)^{\mathrm{T}}=(x,0,0)^{\mathrm{T}}+(0,y,0)^{\mathrm{T}}=x(1,0,0)^{\mathrm{T}}+y(0,1,0)^{\mathrm{T}}$，且向量组

$$\boldsymbol{e}_1=(1,0,0)^{\mathrm{T}},\boldsymbol{e}_2=(0,1,0)^{\mathrm{T}}$$

线性无关，则 $\boldsymbol{e}_1,\boldsymbol{e}_2$ 为 $\mathbf{V}$ 的一组基，且 $\dim\mathbf{V}=2$.

例 4　试求由向量组

$$\boldsymbol{\alpha}_1=(1,0,2,1)^{\mathrm{T}},\boldsymbol{\alpha}_2=(1,2,0,1)^{\mathrm{T}},\boldsymbol{\alpha}_3=(2,1,3,2)^{\mathrm{T}},\boldsymbol{\alpha}_4=(2,5,-1,4)^{\mathrm{T}}$$

所生成的向量空间 $L(\boldsymbol{\alpha}_1,\boldsymbol{\alpha}_2,\boldsymbol{\alpha}_3,\boldsymbol{\alpha}_4)$ 的一组基与维数.

解　由 $(\boldsymbol{\alpha}_1,\boldsymbol{\alpha}_2,\boldsymbol{\alpha}_3,\boldsymbol{\alpha}_4)=\begin{pmatrix}1&1&2&2\\0&2&1&5\\2&0&3&-1\\1&1&2&4\end{pmatrix}\overset{r}{\sim}\begin{pmatrix}1&1&2&2\\0&2&1&5\\0&0&0&2\\0&0&0&0\end{pmatrix}$，得 $\boldsymbol{\alpha}_1,\boldsymbol{\alpha}_2,\boldsymbol{\alpha}_4$ 为向量组 $\boldsymbol{\alpha}_1,\boldsymbol{\alpha}_2,\boldsymbol{\alpha}_3,\boldsymbol{\alpha}_4$ 的一个极大无关组. 由向量组的极大无关组的定义知，$\boldsymbol{\alpha}_1,\boldsymbol{\alpha}_2,\boldsymbol{\alpha}_4$ 是向量空间 $L(\boldsymbol{\alpha}_1,\boldsymbol{\alpha}_2,\boldsymbol{\alpha}_3,\boldsymbol{\alpha}_4)$ 的一组基，且 $L(\boldsymbol{\alpha}_1,\boldsymbol{\alpha}_2,\boldsymbol{\alpha}_3,\boldsymbol{\alpha}_4)$ 的维数为 3.

由例 4，得：$\boldsymbol{\alpha}_1,\boldsymbol{\alpha}_2,\cdots,\boldsymbol{\alpha}_s$ 的极大无关组是 $L(\boldsymbol{\alpha}_1,\boldsymbol{\alpha}_2,\cdots,\boldsymbol{\alpha}_s)$ 的基，且 $L(\boldsymbol{\alpha}_1,\boldsymbol{\alpha}_2,\cdots,\boldsymbol{\alpha}_s)$ 的维数等于向量组 $\boldsymbol{\alpha}_1,\boldsymbol{\alpha}_2,\cdots,\boldsymbol{\alpha}_s$ 的秩.

若 $\boldsymbol{\alpha}_1,\boldsymbol{\alpha}_2,\cdots,\boldsymbol{\alpha}_r$ 为向量空间 $\mathbf{V}$ 的一组基，则

$$\mathbf{V}=L(\boldsymbol{\alpha}_1,\boldsymbol{\alpha}_2,\cdots,\boldsymbol{\alpha}_r)=\{k_1\boldsymbol{\alpha}_1+k_2\boldsymbol{\alpha}_2+\cdots+k_r\boldsymbol{\alpha}_r\mid k_1,k_2,\cdots,k_r\in\mathbf{R}\}$$

从而给出了向量空间 $\mathbf{V}$ 的构造.

二、向量的坐标

定义 6.2.2　设 $\mathbf{V}$ 是向量空间，$\boldsymbol{\alpha}_1,\boldsymbol{\alpha}_2,\cdots,\boldsymbol{\alpha}_r$ 为 $\mathbf{V}$ 的一组基. 给定 $\boldsymbol{\alpha}\in\mathbf{V}$，则存在惟一的一组数 $x_1,x_2,\cdots,x_r$，使得

$$\boldsymbol{\alpha}=x_1\boldsymbol{\alpha}_1+x_2\boldsymbol{\alpha}_2+\cdots+x_r\boldsymbol{\alpha}_r$$

即

$$\boldsymbol{\alpha}=(\boldsymbol{\alpha}_1,\boldsymbol{\alpha}_2,\cdots,\boldsymbol{\alpha}_r)\begin{pmatrix}x_1\\x_2\\\vdots\\x_r\end{pmatrix}$$

称向量$(x_1,x_2,\cdots,x_r)^{\mathrm{T}}$为向量$\boldsymbol{\alpha}$在基$\boldsymbol{\alpha}_1,\boldsymbol{\alpha}_2,\cdots,\boldsymbol{\alpha}_r$下的坐标.

例 5 给定$\boldsymbol{\alpha}=(x,y,0)^{\mathrm{T}}\in\mathbf{R}^3$. 试求

(1) $\boldsymbol{\alpha}$在基$\boldsymbol{e}_1=(1,0,0)^{\mathrm{T}},\boldsymbol{e}_2=(0,1,0)^{\mathrm{T}}$下的坐标;

(2) $\boldsymbol{\alpha}$在基$\boldsymbol{e}_2=(0,1,0)^{\mathrm{T}},\boldsymbol{e}_1=(1,0,0)^{\mathrm{T}}$下的坐标.

解 (1) 显然

$$\boldsymbol{\alpha}=x\boldsymbol{e}_1+y\boldsymbol{e}_2=(\boldsymbol{e}_1,\boldsymbol{e}_2)\begin{pmatrix}x\\y\end{pmatrix}$$

则$\boldsymbol{\alpha}$在基$\boldsymbol{e}_1,\boldsymbol{e}_2$下的坐标为$(x,y)^{\mathrm{T}}$.

(2) 显然

$$\boldsymbol{\alpha}=y\boldsymbol{e}_2+x\boldsymbol{e}_1=(\boldsymbol{e}_2,\boldsymbol{e}_1)\begin{pmatrix}y\\x\end{pmatrix}$$

则$\boldsymbol{\alpha}$在基$\boldsymbol{e}_2,\boldsymbol{e}_1$下的坐标为$(y,x)^{\mathrm{T}}$.

例 6 验证$\boldsymbol{\alpha}_1=(1,0,0)^{\mathrm{T}},\boldsymbol{\alpha}_2=(1,1,0)^{\mathrm{T}},\boldsymbol{\alpha}_3=(1,1,1)^{\mathrm{T}}$是向量空间$\mathbf{R}^3$的一组基,并求向量$\boldsymbol{\alpha}=(1,2,5)^{\mathrm{T}}$在基$\boldsymbol{\alpha}_1,\boldsymbol{\alpha}_2,\boldsymbol{\alpha}_3$下的坐标.

解 因为$\dim\mathbf{R}^3=3$,所以$\mathbf{R}^3$中任意3个线性无关的向量都是$\mathbf{R}^3$的基. 又

$$(\boldsymbol{\alpha}_1,\boldsymbol{\alpha}_2,\boldsymbol{\alpha}_3)=\begin{pmatrix}1&1&1\\0&1&1\\0&0&1\end{pmatrix}$$

则$\mathbf{R}(\boldsymbol{\alpha}_1,\boldsymbol{\alpha}_2,\boldsymbol{\alpha}_3)=3$,所以$\boldsymbol{\alpha}_1,\boldsymbol{\alpha}_2,\boldsymbol{\alpha}_3$线性无关,即$\boldsymbol{\alpha}_1,\boldsymbol{\alpha}_2,\boldsymbol{\alpha}_3$是向量空间$\mathbf{R}^3$的一组基.

设向量$\boldsymbol{\alpha}=(1,2,5)^{\mathrm{T}}$在基$\boldsymbol{\alpha}_1,\boldsymbol{\alpha}_2,\boldsymbol{\alpha}_3$下的坐标为$(x_1,x_2,x_3)^{\mathrm{T}}$,则

$$\boldsymbol{\alpha}=(\boldsymbol{\alpha}_1,\boldsymbol{\alpha}_2,\boldsymbol{\alpha}_3)\begin{pmatrix}x_1\\x_2\\x_3\end{pmatrix}\tag{6.2.1}$$

(6.2.1)为线性方程组,其增广矩阵

$$\widetilde{A}=(\boldsymbol{\alpha}_1,\boldsymbol{\alpha}_2,\boldsymbol{\alpha}_3\,|\,\boldsymbol{\alpha})=\begin{pmatrix}1&1&1&\vdots&1\\0&1&1&\vdots&2\\0&0&1&\vdots&5\end{pmatrix}\begin{matrix}r_1-r_2\\r_2-r_3\\\sim\end{matrix}\begin{pmatrix}1&0&0&\vdots&-1\\0&1&0&\vdots&-3\\0&0&1&\vdots&5\end{pmatrix}$$

(6.2.1)的解为

$$(x_1,x_2,x_3)^{\mathrm{T}}=(-1,-3,5)^{\mathrm{T}}$$

此即向量 $\boldsymbol{\alpha}=(1,2,5)^{\mathrm{T}}$ 在基 $\boldsymbol{\alpha}_1,\boldsymbol{\alpha}_2,\boldsymbol{\alpha}_3$ 下的坐标.

§3　基变换与坐标变换

上节例 6 告诉我们,向量空间的基不是唯一的;例 5 告诉我们,同一向量在不同基下的坐标可能不相同.那么向量空间的两个基之间有什么关系?同一向量在不同基下的坐标之间又有什么关系?本节将讨论这两个问题.

一、过渡矩阵

设 $\boldsymbol{V}$ 是 r 维向量空间,$\boldsymbol{\alpha}_1,\boldsymbol{\alpha}_2,\cdots,\boldsymbol{\alpha}_r$ 及 $\boldsymbol{\beta}_1,\boldsymbol{\beta}_2,\cdots,\boldsymbol{\beta}_r$ 为 $\boldsymbol{V}$ 的两组不同的基.由基的定义,基 $\boldsymbol{\beta}_1,\boldsymbol{\beta}_2,\cdots,\boldsymbol{\beta}_r$ 可由基 $\boldsymbol{\alpha}_1,\boldsymbol{\alpha}_2,\cdots,\boldsymbol{\alpha}_r$ 线性表示,设为

$$\begin{cases}\boldsymbol{\beta}_1=x_{11}\boldsymbol{\alpha}_1+x_{21}\boldsymbol{\alpha}_2+\cdots+x_{r1}\boldsymbol{\alpha}_r\\\boldsymbol{\beta}_2=x_{12}\boldsymbol{\alpha}_1+x_{22}\boldsymbol{\alpha}_2+\cdots+x_{r2}\boldsymbol{\alpha}_r\\\cdots\cdots\cdots\cdots\cdots\cdots\cdots\cdots\\\boldsymbol{\beta}_r=x_{1r}\boldsymbol{\alpha}_1+x_{2r}\boldsymbol{\alpha}_2+\cdots+x_{rr}\boldsymbol{\alpha}_r\end{cases}$$

其中$(x_{1j},x_{2j},\cdots,x_{rj})^{\mathrm{T}}$ 是向量 $\boldsymbol{\beta}_j$ 在基 $\boldsymbol{\alpha}_1,\boldsymbol{\alpha}_2,\cdots,\boldsymbol{\alpha}_r$ 下的坐标,$1\leqslant j\leqslant r$,即

$$(\boldsymbol{\beta}_1,\boldsymbol{\beta}_2,\cdots,\boldsymbol{\beta}_r)=(\boldsymbol{\alpha}_1,\boldsymbol{\alpha}_2,\cdots,\boldsymbol{\alpha}_r)\begin{pmatrix}x_{11}&x_{12}&\cdots&x_{1r}\\x_{21}&x_{22}&\cdots&x_{2r}\\\vdots&\vdots&&\vdots\\x_{r1}&x_{r2}&\cdots&x_{rr}\end{pmatrix}=(\boldsymbol{\alpha}_1,\boldsymbol{\alpha}_2,\cdots,\boldsymbol{\alpha}_r)\boldsymbol{P}$$

其中矩阵 $\boldsymbol{P}$ 的第 j 列是 $\boldsymbol{\beta}_j$ 在基 $\boldsymbol{\alpha}_1,\boldsymbol{\alpha}_2,\cdots,\boldsymbol{\alpha}_r$ 下的坐标.

定义 6.3.1　设 $\boldsymbol{\alpha}_1,\boldsymbol{\alpha}_2,\cdots,\boldsymbol{\alpha}_r$ 和 $\boldsymbol{\beta}_1,\boldsymbol{\beta}_2,\cdots,\boldsymbol{\beta}_r$ 为向量空间 $\boldsymbol{V}$ 的基,有

$$(\boldsymbol{\beta}_1,\boldsymbol{\beta}_2,\cdots,\boldsymbol{\beta}_r)=(\boldsymbol{\alpha}_1,\boldsymbol{\alpha}_2,\cdots,\boldsymbol{\alpha}_r)\boldsymbol{P}\tag{6.3.1}$$

称矩阵 $\boldsymbol{P}$ 是由基 $\boldsymbol{\alpha}_1,\boldsymbol{\alpha}_2,\cdots,\boldsymbol{\alpha}_r$ 到基 $\boldsymbol{\beta}_1,\boldsymbol{\beta}_2,\cdots,\boldsymbol{\beta}_r$ 的过渡矩阵,(6.3.1)式称为**基变换公式**.

显然过渡矩阵是可逆矩阵.

例 1　在 $\mathbf{R}^3$ 中,求由基

$$\boldsymbol{\alpha}_1=(1,0,1)^{\mathrm{T}},\boldsymbol{\alpha}_2=(0,1,0)^{\mathrm{T}},\boldsymbol{\alpha}_3=(1,2,2)^{\mathrm{T}}$$

到基

$$\boldsymbol{\beta}_1=(1,0,0)^{\mathrm{T}},\boldsymbol{\beta}_2=(1,1,0)^{\mathrm{T}},\boldsymbol{\beta}_3=(1,1,1)^{\mathrm{T}}$$

的过渡矩阵.

解 由$(\boldsymbol{\beta}_1,\boldsymbol{\beta}_2,\boldsymbol{\beta}_3)=(\boldsymbol{\alpha}_1,\boldsymbol{\alpha}_2,\boldsymbol{\alpha}_3)\boldsymbol{P}$,得

$$\boldsymbol{P}=(\boldsymbol{\alpha}_1,\boldsymbol{\alpha}_2,\boldsymbol{\alpha}_3)^{-1}(\boldsymbol{\beta}_1,\boldsymbol{\beta}_2,\boldsymbol{\beta}_3)$$

又

$$(\boldsymbol{\alpha}_1,\boldsymbol{\alpha}_2,\boldsymbol{\alpha}_3)^{-1}=\begin{pmatrix}1&0&1\\0&1&2\\1&0&2\end{pmatrix}^{-1}=\begin{pmatrix}2&0&-1\\2&1&-2\\-1&0&1\end{pmatrix}$$

所以由基$\boldsymbol{\alpha}_1,\boldsymbol{\alpha}_2,\boldsymbol{\alpha}_3$到基$\boldsymbol{\beta}_1,\boldsymbol{\beta}_2,\boldsymbol{\beta}_3$的过渡矩阵

$$\boldsymbol{P}=\begin{pmatrix}2&0&-1\\2&1&-2\\-1&0&1\end{pmatrix}\begin{pmatrix}1&1&1\\0&1&1\\0&0&1\end{pmatrix}=\begin{pmatrix}2&2&1\\2&3&1\\-1&-1&0\end{pmatrix}.$$

例 2 设$\boldsymbol{\alpha}_1,\boldsymbol{\alpha}_2,\boldsymbol{\alpha}_3$为向量空间$\boldsymbol{V}$的一组基,向量组

$$\boldsymbol{\beta}_1=\boldsymbol{\alpha}_1+\boldsymbol{\alpha}_2,\boldsymbol{\beta}_2=\boldsymbol{\alpha}_2+\boldsymbol{\alpha}_3,\boldsymbol{\beta}_3=\boldsymbol{\alpha}_3+\boldsymbol{\alpha}_1$$

验证$\boldsymbol{\beta}_1,\boldsymbol{\beta}_2,\boldsymbol{\beta}_3$也是$\boldsymbol{V}$的基,并求由基$\boldsymbol{\alpha}_1,\boldsymbol{\alpha}_2,\boldsymbol{\alpha}_3$到基$\boldsymbol{\beta}_1,\boldsymbol{\beta}_2,\boldsymbol{\beta}_3$的过渡矩阵.

解

$$(\boldsymbol{\beta}_1,\boldsymbol{\beta}_2,\boldsymbol{\beta}_3)=(\boldsymbol{\alpha}_1,\boldsymbol{\alpha}_2,\boldsymbol{\alpha}_3)\begin{pmatrix}1&0&1\\1&1&0\\0&1&1\end{pmatrix}=(\boldsymbol{\alpha}_1,\boldsymbol{\alpha}_2,\boldsymbol{\alpha}_3)\boldsymbol{P},\tag{6.3.2}$$

$$\boldsymbol{P}=\begin{pmatrix}1&0&1\\1&1&0\\0&1&1\end{pmatrix}\overset{r}{\sim}\begin{pmatrix}1&0&1\\0&1&-1\\0&0&2\end{pmatrix}$$

则$R(\boldsymbol{P})=3$,所以$\boldsymbol{P}$可逆,故$R(\boldsymbol{\beta}_1,\boldsymbol{\beta}_2,\boldsymbol{\beta}_3)=R(\boldsymbol{\alpha}_1,\boldsymbol{\alpha}_2,\boldsymbol{\alpha}_3)=3$,即$\boldsymbol{\beta}_1,\boldsymbol{\beta}_2,\boldsymbol{\beta}_3$线性无关,所以$\boldsymbol{\beta}_1,\boldsymbol{\beta}_2,\boldsymbol{\beta}_3$是$\boldsymbol{V}$的基. 由(6.3.2)得,由基$\boldsymbol{\alpha}_1,\boldsymbol{\alpha}_2,\boldsymbol{\alpha}_3$到基$\boldsymbol{\beta}_1,\boldsymbol{\beta}_2,\boldsymbol{\beta}_3$的过渡矩阵

$$P=\begin{pmatrix}1&0&1\\1&1&0\\0&1&1\end{pmatrix}.$$

二、坐标变换

下面讨论同一向量在两个不同基下坐标之间的关系. 设$\boldsymbol{\alpha}_1,\boldsymbol{\alpha}_2,\cdots,\boldsymbol{\alpha}_r$和$\boldsymbol{\beta}_1,\boldsymbol{\beta}_2,\cdots,\boldsymbol{\beta}_r$为$r$维向量空间$\boldsymbol{V}$中两组基,$(x_1,x_2,\cdots,x_r)^{\mathrm{T}}$是向量$\boldsymbol{\alpha}$在基$\boldsymbol{\alpha}_1,\boldsymbol{\alpha}_2,\cdots,\boldsymbol{\alpha}_r$下的坐标,有

$$\boldsymbol{\alpha}=(\boldsymbol{\alpha}_1,\boldsymbol{\alpha}_2,\cdots,\boldsymbol{\alpha}_r)\begin{pmatrix}x_1\\x_2\\\vdots\\x_r\end{pmatrix} \tag{6.3.3}$$

$\boldsymbol{P}$ 是由基 $\boldsymbol{\alpha}_1,\boldsymbol{\alpha}_2,\cdots,\boldsymbol{\alpha}_r$ 到基 $\boldsymbol{\beta}_1,\boldsymbol{\beta}_2,\cdots,\boldsymbol{\beta}_r$ 的过渡矩阵，有

$$(\boldsymbol{\beta}_1,\boldsymbol{\beta}_2,\cdots,\boldsymbol{\beta}_r)=(\boldsymbol{\alpha}_1,\boldsymbol{\alpha}_2,\cdots,\boldsymbol{\alpha}_r)\boldsymbol{P}$$

$(y_1,y_2,\cdots,y_r)^{\mathrm{T}}$ 是向量 $\boldsymbol{\alpha}$ 在基 $\boldsymbol{\beta}_1,\boldsymbol{\beta}_2,\cdots,\boldsymbol{\beta}_r$ 下的坐标，有

$$\boldsymbol{\alpha}=(\boldsymbol{\beta}_1,\boldsymbol{\beta}_2,\cdots,\boldsymbol{\beta}_r)\begin{pmatrix}y_1\\y_2\\\vdots\\y_r\end{pmatrix}=(\boldsymbol{\alpha}_1,\boldsymbol{\alpha}_2,\cdots,\boldsymbol{\alpha}_r)\boldsymbol{P}\begin{pmatrix}y_1\\y_2\\\vdots\\y_r\end{pmatrix} \tag{6.3.4}$$

把(6.3.3)代入(6.3.4)，得

$$(\boldsymbol{\alpha}_1,\boldsymbol{\alpha}_2,\cdots,\boldsymbol{\alpha}_r)\begin{pmatrix}x_1\\x_2\\\vdots\\x_r\end{pmatrix}=(\boldsymbol{\alpha}_1,\boldsymbol{\alpha}_2,\cdots,\boldsymbol{\alpha}_r)\boldsymbol{P}\begin{pmatrix}y_1\\y_2\\\vdots\\y_r\end{pmatrix}$$

由于 $\boldsymbol{\alpha}_1,\boldsymbol{\alpha}_2,\cdots,\boldsymbol{\alpha}_r$ 线性无关，有

$$\begin{pmatrix}x_1\\x_2\\\vdots\\x_r\end{pmatrix}=\boldsymbol{P}\begin{pmatrix}y_1\\y_2\\\vdots\\y_r\end{pmatrix} \tag{6.3.5}$$

(6.3.4)就是同一向量在两个基下坐标之间的关系.

定理 6.3.1　$\boldsymbol{V}$ 是向量空间，$\boldsymbol{\alpha}_1,\boldsymbol{\alpha}_2,\cdots,\boldsymbol{\alpha}_r$ 和 $\boldsymbol{\beta}_1,\boldsymbol{\beta}_2,\cdots,\boldsymbol{\beta}_r$ 分别为 $\boldsymbol{V}$ 的基，$\boldsymbol{X}=(x_1,x_2,\cdots,x_r)^{\mathrm{T}}$ 和 $\boldsymbol{Y}=(y_1,y_2,\cdots,y_r)^{\mathrm{T}}$ 分别是向量 $\boldsymbol{\alpha}$ 在基 $\boldsymbol{\alpha}_1,\boldsymbol{\alpha}_2,\cdots,\boldsymbol{\alpha}_r$ 和 $\boldsymbol{\beta}_1,\boldsymbol{\beta}_2,\cdots,\boldsymbol{\beta}_r$ 下的坐标，则有

$$\boldsymbol{X}=\boldsymbol{PY} \text{ 或 } \boldsymbol{Y}=\boldsymbol{P}^{-1}\boldsymbol{X} \tag{6.3.6}$$

其中矩阵 $\boldsymbol{P}$ 是由基 $\boldsymbol{\alpha}_1,\boldsymbol{\alpha}_2,\cdots,\boldsymbol{\alpha}_r$ 到基 $\boldsymbol{\beta}_1,\boldsymbol{\beta}_2,\cdots,\boldsymbol{\beta}_r$ 的过渡矩阵. 公式(6.3.6)称为**坐标变换公式**.

例 3　设 $\mathbf{R}^4$ 中两组基

$$(\text{Ⅰ}):\boldsymbol{\alpha}_1,\boldsymbol{\alpha}_2,\boldsymbol{\alpha}_3,\boldsymbol{\alpha}_4 \text{ 与}(\text{Ⅱ}):\boldsymbol{\alpha}_1+\boldsymbol{\alpha}_2,\boldsymbol{\alpha}_2+\boldsymbol{\alpha}_3,\boldsymbol{\alpha}_3+\boldsymbol{\alpha}_4,\boldsymbol{\alpha}_4.$$

(1) 求由基(Ⅰ)到基(Ⅱ)的过渡矩阵 $\boldsymbol{P}$;

(2) 设 $\boldsymbol{\alpha}$ 在基(Ⅰ)下的坐标为 $\boldsymbol{x}=(1,1,1,1)^{\mathrm{T}}$，求 $\boldsymbol{\alpha}$ 在基(Ⅱ)下的坐标 $\boldsymbol{y}$.

解 (1) 因为

$$(\boldsymbol{\alpha}_1+\boldsymbol{\alpha}_2,\boldsymbol{\alpha}_2+\boldsymbol{\alpha}_3,\boldsymbol{\alpha}_3+\boldsymbol{\alpha}_4,\boldsymbol{\alpha}_4)=(\boldsymbol{\alpha}_1,\boldsymbol{\alpha}_2,\boldsymbol{\alpha}_3,\boldsymbol{\alpha}_4)\begin{pmatrix}1&0&0&0\\1&1&0&0\\0&1&1&0\\0&0&1&1\end{pmatrix}=(\boldsymbol{\alpha}_1,\boldsymbol{\alpha}_2,\boldsymbol{\alpha}_3,\boldsymbol{\alpha}_4)\boldsymbol{P}$$

所以由基(Ⅰ)到基(Ⅱ)的过渡矩阵

$$\boldsymbol{P}=\begin{pmatrix}1&0&0&0\\1&1&0&0\\0&1&1&0\\0&0&1&1\end{pmatrix}$$

(2) 由坐标变换公式,得 $\boldsymbol{\alpha}$ 在基(Ⅱ)下的坐标 $\boldsymbol{y}=\boldsymbol{P}^{-1}\boldsymbol{x}$. 因为

$$\boldsymbol{P}^{-1}=\begin{pmatrix}1&0&0&0\\-1&1&0&0\\1&-1&1&0\\0&0&1&1\end{pmatrix}$$

所以

$$\boldsymbol{y}=\boldsymbol{P}^{-1}\boldsymbol{x}=\begin{pmatrix}1&0&0&0\\-1&1&0&0\\1&-1&1&0\\0&0&1&1\end{pmatrix}\begin{pmatrix}1\\1\\1\\1\end{pmatrix}=\begin{pmatrix}1\\0\\1\\2\end{pmatrix}.$$

习题六

1. 设 $\boldsymbol{V}_1=\{\boldsymbol{\alpha}=(x_1,x_2,x_3)^{\mathrm{T}}\mid x_1+x_2+x_3=0\}$,$\boldsymbol{V}_2=\{\boldsymbol{\beta}=(x_1,x_2,x_3)^{\mathrm{T}}\mid x_1+x_2+x_3=1\}$. 问 $\mathbf{R}^3$ 的这两个子集是否为向量空间,为什么?

2. 验证 $\mathbf{R}^4$ 的子集 $\boldsymbol{V}_1=\{\boldsymbol{\alpha}=(x_1,x_2,x_3,0)^{\mathrm{T}}\mid x_i\in\mathbf{R},i=1,2,3\}$是向量空间.

3. 在向量空间 $\mathbf{R}^3$ 中,设向量 $\boldsymbol{\alpha}=(5,2,-2)^{\mathrm{T}}$.

(1) 求 $\boldsymbol{\alpha}$ 在 $\mathbf{R}^3$ 的基 $\boldsymbol{\varepsilon}_1=(1,0,0)^{\mathrm{T}}$,$\boldsymbol{\varepsilon}_2=(0,1,0)^{\mathrm{T}}$,$\boldsymbol{\varepsilon}_3=(0,0,1)^{\mathrm{T}}$ 下的坐标;

(2) 设 $\boldsymbol{\alpha}_1=(1,0,0)^{\mathrm{T}}$,$\boldsymbol{\alpha}_2=(1,1,0)^{\mathrm{T}}$,$\boldsymbol{\alpha}_3=(1,1,1)^{\mathrm{T}}$,证明:$\boldsymbol{\alpha}_1,\boldsymbol{\alpha}_2,\boldsymbol{\alpha}_3$ 是 $\mathbf{R}^3$ 的一组基,且求出 $\boldsymbol{\alpha}$ 在基 $\boldsymbol{\alpha}_1,\boldsymbol{\alpha}_2,\boldsymbol{\alpha}_3$ 下的坐标.

4. 验证向量组 $\boldsymbol{\alpha}_1=(1,1,3)^{\mathrm{T}}$,$\boldsymbol{\alpha}_2=(-1,-2,-1)^{\mathrm{T}}$,$\boldsymbol{\alpha}_3=(1,-1,6)^{\mathrm{T}}$ 是 $\mathbf{R}^3$ 的一组基,并求向量 $\boldsymbol{\alpha}=(1,2,3)^{\mathrm{T}}$ 在此基下的坐标.

5. 证明向量组

$$\boldsymbol{\alpha}_1=(1,2,3,2)^{\mathrm{T}},\boldsymbol{\alpha}_2=(2,-1,2,-3)^{\mathrm{T}},$$
$$\boldsymbol{\alpha}_3=(3,-2,-1,2)^{\mathrm{T}},\boldsymbol{\alpha}_4=(-2,-3,2,1)^{\mathrm{T}}$$

是 $\boldsymbol{R}^4$ 的一组基,并求向量 $\boldsymbol{\beta}=(6,8,4,-8)^{\mathrm{T}}$ 在此基下的坐标.

6. 在 $\boldsymbol{R}^4$ 中,求向量 $\boldsymbol{\alpha}_1,\boldsymbol{\alpha}_2,\boldsymbol{\alpha}_3,\boldsymbol{\alpha}_4$ 生成子空间的维数和一组基,其中

$$\boldsymbol{\alpha}_1=(2,1,3,-1)^{\mathrm{T}},\boldsymbol{\alpha}_2=(3,-1,2,0)^{\mathrm{T}},$$
$$\boldsymbol{\alpha}_3=(1,3,4,-2)^{\mathrm{T}},\boldsymbol{\alpha}_4=(4,-3,1,1)^{\mathrm{T}}.$$

7. 在向量空间 $\mathbf{R}^3$ 中,取定两组基 $\boldsymbol{\alpha}_1=(1,0,-1)^{\mathrm{T}},\boldsymbol{\alpha}_2=(2,1,1)^{\mathrm{T}},\boldsymbol{\alpha}_3=(1,1,1)^{\mathrm{T}}$ 与 $\boldsymbol{\beta}_1=(0,1,1)^{\mathrm{T}},\boldsymbol{\beta}_2=(-1,1,0)^{\mathrm{T}},\boldsymbol{\beta}_2=(1,2,1)^{\mathrm{T}}$,

(1) 求由基 $\boldsymbol{\alpha}_1,\boldsymbol{\alpha}_2,\boldsymbol{\alpha}_3$ 到基 $\boldsymbol{\beta}_1,\boldsymbol{\beta}_2,\boldsymbol{\beta}_3$ 的过渡矩阵;

(2) 设向量 $\boldsymbol{\alpha}$ 在基 $\boldsymbol{\alpha}_1,\boldsymbol{\alpha}_2,\boldsymbol{\alpha}_3$ 下的坐标为 $(3,2,1)^{\mathrm{T}}$,求 $\boldsymbol{\alpha}$ 在基 $\boldsymbol{\beta}_1,\boldsymbol{\beta}_2,\boldsymbol{\beta}_3$ 下的坐标 $\begin{pmatrix}x_1\\x_2\\x_3\end{pmatrix}$.

8. 向量空间 $\boldsymbol{R}^3$ 中,设有两组基:(Ⅰ) $\boldsymbol{\alpha}_1=(1,2,1)^{\mathrm{T}},\boldsymbol{\alpha}_2=(2,3,3)^{\mathrm{T}},\boldsymbol{\alpha}_3=(3,7,1)^{\mathrm{T}}$;(Ⅱ) $\boldsymbol{\beta}_1=(9,24,1)^{\mathrm{T}},\boldsymbol{\beta}_2=(8,22,-2)^{\mathrm{T}},\boldsymbol{\beta}_3=(12,28,4)^{\mathrm{T}}$.

(1) 求由基(Ⅰ)到基(Ⅱ)的过渡矩阵;

(2) 若向量 $\boldsymbol{\alpha}$ 在基(Ⅰ)下的坐标为 $\boldsymbol{x}=(0,1,-1)^{\mathrm{T}}$,求 $\boldsymbol{\alpha}$ 在基(Ⅱ)下的坐标 $\boldsymbol{y}$.

9. 设在向量空间 $\mathbf{R}^3$ 中有两组基

(Ⅰ):$\boldsymbol{\alpha}_1,\boldsymbol{\alpha}_2,\boldsymbol{\alpha}_3$;(Ⅱ):$\boldsymbol{\alpha}_1+2\boldsymbol{\alpha}_2+2\boldsymbol{\alpha}_3,2\boldsymbol{\alpha}_1+\boldsymbol{\alpha}_2-2\boldsymbol{\alpha}_3,2\boldsymbol{\alpha}_1-2\boldsymbol{\alpha}_2+\boldsymbol{\alpha}_3$.

(1) 求由基(Ⅰ)到基(Ⅱ)的过渡矩阵;

(2) 若向量 $\boldsymbol{\alpha}$ 在基(Ⅰ)下的坐标为 $\boldsymbol{x}=(1,0,1)^{\mathrm{T}}$,求 $\boldsymbol{\alpha}$ 在基(Ⅱ)下的坐标 $\boldsymbol{y}$.

习题答案

习题一

1. (1) 18;(2) 13;(3) $3ab-a^2-b^2-c^2$;(4) $(a-b)(b-c)(c-a)$.

2. (1) 5;(2) 9;(3) $\frac{n(n-1)}{2}$.

3. $-a_{11}a_{23}a_{32}a_{44}$、$a_{11}a_{24}a_{32}a_{43}$.

4. (1) $-$;(2) $-$.

5. (1) $4abcdef$;(2) 192;(3) $4ax^3+x^4$;(4) 26;(5) $(n+1)a_1a_2\cdots a_n$.

6. 0,24.

8. (1) $(1,2,3,-1)$;(2) $(1,0,2,-1)$.

9. $\lambda=1$ 或 -2.

10. $\lambda=1$ 或 $\mu=0$.

习题二

1. (1) $\begin{pmatrix}10 & 4 & -1\\ 4 & -3 & -1\end{pmatrix}$;(2) $\begin{pmatrix}8\\6\\6\end{pmatrix}$;(3) $\begin{pmatrix}3 & 2 & 1\\ 6 & 4 & 2\\ 9 & 6 & 3\end{pmatrix}$;(4) 10;(5) $x_1^2+4x_2^2+7x_3^2+4x_1x_2+6x_1x_3+10x_2x_3$;(6) $\mathrm{diag}(2,6,\cdots n(n+1))$.

2. (1) $\begin{pmatrix}10 & 0 & 3\\ 3 & 4 & 3\\ 3 & 0 & 1\end{pmatrix}$, $\begin{pmatrix}1 & 0 & 3\\ 0 & 4 & 3\\ 3 & 0 & 10\end{pmatrix}$;(2) $\begin{pmatrix}-9 & 0 & 6\\ -6 & 0 & 0\\ -6 & 0 & 9\end{pmatrix}$, $\begin{pmatrix}0 & 0 & 6\\ -3 & 0 & 0\\ -6 & 0 & 0\end{pmatrix}$.

3. $\begin{pmatrix}a & b\\ o & a\end{pmatrix}$,其中 a,b 为任意实数.

4. 27.

5. (1) $\begin{pmatrix}\cos k\theta & \sin k\theta\\ -\sin k\theta & \cos k\theta\end{pmatrix}$;(2) $\begin{pmatrix}1 & k & \frac{k(k-1)}{2}\\ 0 & 1 & k\\ 0 & 0 & 1\end{pmatrix}$.

7. (1) $\begin{pmatrix} 1 & 0 & 0 \\ -\frac{1}{2} & \frac{1}{2} & 0 \\ 0 & -\frac{1}{3} & \frac{1}{3} \end{pmatrix}$;(2) $\begin{pmatrix} \frac{9}{10} & -\frac{1}{5} & \frac{1}{5} \\ -\frac{1}{5} & \frac{3}{5} & \frac{2}{5} \\ \frac{1}{5} & \frac{2}{5} & \frac{3}{5} \end{pmatrix}$.

8. (1) $\begin{pmatrix} 4 & -8 & 3 \\ -2 & 5 & -1 \end{pmatrix}$;(2) $\begin{pmatrix} 1 & 1 \\ \frac{1}{4} & 0 \end{pmatrix}$;(3) $\begin{pmatrix} 3 & -1 \\ 2 & 0 \\ 1 & -1 \end{pmatrix}$.

9. (1) $\frac{1}{81}$;(2) -9;(3) 9;(4) $\frac{1}{3}\boldsymbol{A}$.

10. $\boldsymbol{A}=\begin{pmatrix} -1 & 1 & 3 \\ -4 & 3 & 4 \\ -2 & 1 & 4 \end{pmatrix}$, $\boldsymbol{A}^k=\begin{pmatrix} 1+2\cdot 2^k-2\cdot 3^k & -2^k+3^k & -1-2^k+2\cdot 3^k \\ 2-2\cdot 3^k & 3^k & -2+2\cdot 3^k \\ 2\cdot 2^k-2\cdot 3^k & -2^k+3^k & -2^k+2\cdot 3^k \end{pmatrix}$.

11. 略

12. 略

13. $\begin{pmatrix} -3 & 2 & 0 & 0 \\ 2 & -1 & 0 & 0 \\ 0 & 0 & 3 & -2 \\ 0 & 0 & -4 & 3 \end{pmatrix}$.

14. (1) $\begin{pmatrix} 1 & 0 & 0 \\ 0 & 1 & 0 \\ 0 & 0 & 1 \end{pmatrix}$;(2) $\begin{pmatrix} 1 & 0 & 0 & 0 \\ 0 & 0 & 1 & 0 \\ 0 & 0 & 0 & 1 \end{pmatrix}$;(3) $\begin{pmatrix} 1 & 0 & 0 & 0 \\ 0 & 1 & 0 & 0 \\ 0 & 0 & 0 & 0 \\ 0 & 0 & 0 & 0 \end{pmatrix}$.

15. (1) 不可逆;(2) $\begin{pmatrix} \frac{1}{4} & \frac{1}{4} & 0 \\ \frac{1}{3} & 0 & -\frac{1}{3} \\ -\frac{1}{12} & \frac{1}{4} & -\frac{2}{3} \end{pmatrix}$.

16. (1) 2;(2) 2;(3) 2.

17. $\lambda\neq 3$.

18. (1) $k=1$ (2) k 不存在 (3) $k=-3$ (4) $k\neq 3$ 且 $k\neq 1$.

19. 略

20. 略

习题三

1. (1) $\begin{pmatrix}0\\0\\0\end{pmatrix}$;(2) $\begin{pmatrix}3\\-4\\-1\\1\end{pmatrix}$;(3) $\begin{pmatrix}2c_1-c_2\\c_1\\c_2\\1\end{pmatrix}$;(4) 无解;(5) $\begin{pmatrix}-c_2-\frac{3c_1}{2}\\\frac{7c_1-4c_2}{2}\\c_1\\c_2\end{pmatrix}$;

(6) $\begin{pmatrix}-3c_1-6c_2+3\\6c_1+7c_2-2\\c_1\\c_2\end{pmatrix}$.

2. (1) $k\neq1$ 且 $k\neq-2$;(2) $k=-2$;(3) $k=1$, $\begin{pmatrix}1-c_1-c_2\\c_1\\c_2\end{pmatrix}$.

3. $a\neq1$ 或 $b\neq-1$ 无解;$a=1$ 且 $b=-1$ 有无穷多解,$\begin{cases}x_1= & -4k_2\\x_2=1+k_1+ & k_2\\x_3= k_1 & \\x_4= & k_2\end{cases}$,$k_1,k_2$ 为常数.

4. (1) $\boldsymbol{\beta}=-11\boldsymbol{a}_1+14\boldsymbol{a}_2+9\boldsymbol{a}_3$;(2) $\boldsymbol{\beta}=3\boldsymbol{\alpha}_1+\boldsymbol{\alpha}_2+\boldsymbol{\alpha}_3$;(3) $\boldsymbol{\beta}=2\boldsymbol{\alpha}_1-\boldsymbol{\alpha}_2$.

5. (1) 线性无关;(2) 线性相关;(3) 线性相关;(4) 线性无关.

6. 略

7. 略

8. 当 $k=3$ 或 $k=-2$ 时,$\boldsymbol{\alpha}_1,\boldsymbol{\alpha}_2,\boldsymbol{\alpha}_3$ 线性相关;当 $k\neq3$ 且 $k\neq-2$ 时,$\boldsymbol{\alpha}_1,\boldsymbol{\alpha}_2,\boldsymbol{\alpha}_3$ 线性无关.

9. 当 $m\neq2n-n^2$ 时,$\boldsymbol{\beta}_1,\boldsymbol{\beta}_2,\boldsymbol{\beta}_3$ 线性无关;当 $m=2n-n^2$ 时,$\boldsymbol{\beta}_1,\boldsymbol{\beta}_2,\boldsymbol{\beta}_3$ 线性相关.

10. (1) $r=2$;$\boldsymbol{\alpha}_1,\boldsymbol{\alpha}_2$;$\boldsymbol{\alpha}_3=\boldsymbol{\alpha}_1+2\boldsymbol{\alpha}_2$;(2) $r=3$;$\boldsymbol{\alpha}_1,\boldsymbol{\alpha}_2,\boldsymbol{\alpha}_3$;$\boldsymbol{\alpha}_4=\boldsymbol{\alpha}_1+2\boldsymbol{\alpha}_2+\boldsymbol{\alpha}_3$;(3) $r=3$;$\boldsymbol{\alpha}_1,\boldsymbol{\alpha}_2,\boldsymbol{\alpha}_3$;(4) $r=2$;$\boldsymbol{\alpha}_1,\boldsymbol{\alpha}_2$;$\boldsymbol{\alpha}_3=2\boldsymbol{\alpha}_1-\boldsymbol{\alpha}_2$,$\boldsymbol{\alpha}_4=\boldsymbol{\alpha}_1+\boldsymbol{\alpha}_2$,$\boldsymbol{\alpha}_5=\boldsymbol{\alpha}_1-3\boldsymbol{\alpha}_2$.

11. $t=3$.

12. $a=3,b=5$.

13. 略

14. (1) 基础解系为 $\boldsymbol{\xi}=(5,7,-3,4)^{\mathrm{T}}$;通解为 $c\boldsymbol{\xi}$,其中 c 为任意常数.

(2) 基础解系为 $\boldsymbol{\xi}_1=(-3,7,2,0)^{\mathrm{T}}$,$\boldsymbol{\xi}_2=(-1,-2,0,1)^{\mathrm{T}}$;通解为 $c_1\boldsymbol{\xi}_1+c_2\boldsymbol{\xi}_2$,其中 c_1,c_2 为任意常数.

(3) 基础解系为 $\boldsymbol{\xi}_1=(2,1,0,0)^{\mathrm{T}}$,$\boldsymbol{\xi}_2=(2,0,-5,7)^{\mathrm{T}}$;通解为 $c_1\boldsymbol{\xi}_1+c_2\boldsymbol{\xi}_2$,其中 c_1,c_2

为任意常数.

15. (1) $(0,0,0,1)^T+c_1(2,1,0,0)^T+c_2(-,0,1,0)^T$,其中 c_1,c_2 为任意常数;

(2) $(-8,3,6,0)^T+c(0,1,2,1)^T$,其中 c 为任意常数;

(3) $(-2,3,0,0,0)^T+c_1(1,-2,1,0,0)^T+c_2(1,-2,0,1,0)^T+c_3(5,-6,0,0,1)^T$,其中 c_1,c_2,c_3 为任意常数.

16. $\lambda\neq 0$ 且 $\lambda\neq 2$ 时,有唯一解 $\begin{cases}x_1=-\dfrac{1}{\lambda}\\ x_2=\dfrac{1}{\lambda}\\ x_3=0\end{cases}$;当 $\lambda=2$ 时有无穷多解,通解为 $\begin{pmatrix}-\dfrac{1}{2}\\ \dfrac{1}{2}\\ 0\end{pmatrix}+c\begin{pmatrix}-\dfrac{21}{8}\\ \dfrac{1}{8}\\ 1\end{pmatrix}$($c$ 为任意常数).

17. 略

18. 略

习题四

1. (1) 特征值 $\lambda_1=1,\lambda_2=-2$;属于 $\lambda_1=1$ 的全部特征向量为 $k_1\begin{pmatrix}4\\1\end{pmatrix}(k_1\neq 0)$;属于 $\lambda_2=-2$ 的全部特征向量 $k_2\begin{pmatrix}1\\1\end{pmatrix}(k_2\neq 0)$.

(2) 特征值 $\lambda_1=-1,\lambda_2=0,\lambda_3=9$;属于 $\lambda_1=-1$ 的全部特征向量为 $k_1\begin{pmatrix}-1\\1\\0\end{pmatrix}(k_1\neq 0)$;属于 $\lambda_2=0$ 的全部特征向量 $k_2\begin{pmatrix}-1\\-1\\1\end{pmatrix}(k_2\neq 0)$;属于 $\lambda_3=9$ 的全部特征向量 $k_3\begin{pmatrix}1\\1\\2\end{pmatrix}(k_3\neq 0)$.

(3) 特征值 $\lambda_1=\lambda_2=1,\lambda_3=3$;当 $\lambda_1=\lambda_2=1$ 时,对应特征向量 $k_1\begin{pmatrix}-1\\0\\1\end{pmatrix}(k_1\neq 0)$,当 $\lambda_3=3$ 时,对应特征向量为 $k_2\begin{pmatrix}-5\\-2\\3\end{pmatrix}(k_2\neq 0)$.

(4) 特征值 $\lambda_1=\lambda_2=1,\lambda_3=-2$;属于 $\lambda_1=\lambda_2=1$ 的全部特征向量为 $k_1\begin{pmatrix}-2\\1\\0\end{pmatrix}+k_2\begin{pmatrix}0\\0\\1\end{pmatrix}$

(k_1,k_2 不全为零);属于 $\lambda_3=-2$ 的全部特征向量 $k_3\begin{pmatrix}-1\\1\\1\end{pmatrix}$ ($k_3\neq0$).

2. $6,\frac{1}{2},1,4$.

3. $\lambda_1=3,\lambda_2=2,\lambda_3=3,|\boldsymbol{B}|=18$.

4. (1) $a=4$;(2) 属于 $\lambda_1=\lambda_2=3$ 的全部特征向量为 $k_1\begin{pmatrix}-1\\1\\0\end{pmatrix}+k_2\begin{pmatrix}1\\0\\4\end{pmatrix}$ (k_1,k_2 不全为零);属于 $\lambda_3=12$ 的全部特征向量 $k_3\begin{pmatrix}-1\\-1\\1\end{pmatrix}$ ($k_3\neq0$).

5. 略

6. (1) 可以. 存在 $\boldsymbol{P}=\begin{pmatrix}4&1\\1&1\end{pmatrix}$,使得 $\boldsymbol{P}^{-1}\boldsymbol{AP}=\begin{pmatrix}1&\\&-2\end{pmatrix}$.

(2) 可以. 存在 $\boldsymbol{P}=\begin{pmatrix}0&-2&-1\\-1&1&0\\1&0&1\end{pmatrix}$,使得 $\boldsymbol{P}^{-1}\boldsymbol{AP}=\begin{pmatrix}0&&\\&-2&\\&&-3\end{pmatrix}$.

(3) 不可以.

(4) 可以. 存在 $\boldsymbol{P}=\begin{pmatrix}-2&0&-1\\1&0&1\\0&1&1\end{pmatrix}$,使得 $\boldsymbol{P}^{-1}\boldsymbol{AP}=\begin{pmatrix}1&&\\&1&\\&&-2\end{pmatrix}$.

(5) 可以. 存在 $\boldsymbol{P}=\begin{pmatrix}2&-1&3\\1&0&5\\0&1&6\end{pmatrix}$,使得 $\boldsymbol{P}^{-1}\boldsymbol{AP}=\begin{pmatrix}1&&\\&1&\\&&-1\end{pmatrix}$.

7. $a=0$.

8. $a=0,b=1$.

9. (1) $\boldsymbol{\alpha}^{\mathrm{T}}\boldsymbol{\beta}=-4$;(2) $\boldsymbol{\alpha}^{\mathrm{T}}\boldsymbol{\beta}=16$.

10. $a=1$.

11. (1) $\boldsymbol{\eta}_1=(1,0),\boldsymbol{\eta}_2=(0,1)$;

(2) $\boldsymbol{\eta}_1=(1,0,0),\boldsymbol{\eta}_2=\left(0,\frac{1}{\sqrt{2}},-\frac{1}{\sqrt{2}}\right),\boldsymbol{\eta}_3=\left(0,\frac{1}{\sqrt{2}},\frac{1}{\sqrt{2}}\right)$;

(3) $\boldsymbol{\eta}_1=\left(\frac{1}{\sqrt{2}},\frac{1}{\sqrt{2}},0,0\right)^{\mathrm{T}},\boldsymbol{\eta}_2=\left(0,0,\frac{1}{\sqrt{2}},\frac{1}{\sqrt{2}}\right)^{\mathrm{T}}$,

$\boldsymbol{\eta}_3=\left(\frac{1}{2},-\frac{1}{2},\frac{1}{2},-\frac{1}{2}\right)^{\mathrm{T}},\boldsymbol{\eta}_4=\left(\frac{1}{2},-\frac{1}{2},-\frac{1}{2},\frac{1}{2}\right)^{\mathrm{T}}$.

12. (1) 否;(2) 是;(3) 否;(4) 是.

13. 略

14. 略

15. (1) $\boldsymbol{U}=\begin{pmatrix}\frac{2}{3} & -\frac{2}{3} & \frac{1}{3}\\ \frac{2}{3} & \frac{1}{3} & -\frac{2}{3}\\ \frac{1}{3} & \frac{2}{3} & \frac{2}{3}\end{pmatrix}$, $\boldsymbol{U}^{\mathrm{T}}\boldsymbol{A}\boldsymbol{U}=\begin{pmatrix}-1 & & \\ & 2 & \\ & & 5\end{pmatrix}$.

(2) $\boldsymbol{U}=\begin{pmatrix}-\frac{1}{\sqrt{2}} & -\frac{1}{\sqrt{6}} & \frac{1}{\sqrt{3}}\\ \frac{1}{\sqrt{2}} & -\frac{1}{\sqrt{6}} & \frac{1}{\sqrt{3}}\\ 0 & \frac{2}{\sqrt{6}} & \frac{1}{\sqrt{3}}\end{pmatrix}$, $\boldsymbol{U}^{\mathrm{T}}\boldsymbol{A}\boldsymbol{U}=\begin{pmatrix}2 & & \\ & 2 & \\ & & 8\end{pmatrix}$.

(3) $\boldsymbol{U}=\begin{bmatrix}\frac{1}{\sqrt{2}} & \frac{1}{\sqrt{6}} & -\frac{1}{\sqrt{12}} & \frac{1}{2}\\ \frac{1}{\sqrt{2}} & -\frac{1}{\sqrt{6}} & \frac{1}{\sqrt{12}} & -\frac{1}{2}\\ 0 & \frac{2}{\sqrt{6}} & \frac{1}{\sqrt{12}} & -\frac{1}{2}\\ 0 & 0 & \frac{3}{\sqrt{12}} & \frac{1}{2}\end{bmatrix}$, $\boldsymbol{U}^{\mathrm{T}}\boldsymbol{A}\boldsymbol{U}=\begin{pmatrix}1 & & & \\ & 1 & & \\ & & 1 & \\ & & & -3\end{pmatrix}$.

16. $\boldsymbol{A}^{10}=\frac{1}{3}\begin{pmatrix}2+5^{10} & -1+5^{10} & -1+5^{10}\\ -1+5^{10} & 2+5^{10} & -1+5^{10}\\ -1+5^{10} & -1+5^{10} & 2+5^{10}\end{pmatrix}$.

17. $k_1(1,1,0)^{\mathrm{T}}+k_2(-1,0,1)^{\mathrm{T}}$,其中 k_1,k_2 不全为 0.

18. (1) $\boldsymbol{\xi}_3=k(1,0,1)^{\mathrm{T}}$ 其中 k 为任意非零常数;(2) $\boldsymbol{A}=\frac{1}{6}\begin{pmatrix}13 & -2 & 5\\ -2 & 10 & 2\\ 5 & 2 & 13\end{pmatrix}$.

习题五

1. (1) $\boldsymbol{A}=\begin{pmatrix}2 & -3 & 2\\ -3 & 3 & -1\\ 2 & -1 & -1\end{pmatrix}$;(2) $\boldsymbol{A}=\begin{pmatrix}2 & 1 & 7\\ 9 & 4 & -4\\ 5 & -3 & 1\end{pmatrix}$;(3) $\boldsymbol{A}=\begin{pmatrix}3 & -1 & 0 & 2\\ -1 & 2 & 4 & 0\\ 0 & 4 & 6 & 3\\ 2 & 0 & 3 & 1\end{pmatrix}$.

2. (1) $f(x_1,x_2,x_3)=2x_1^2+3x_3^2-2x_1x_2+8x_1x_3+4x_2x_3$;

(2) $f(x_1,x_2,x_3,x_4)=x_1^2+3x_2^2-x_3^2-3x_4^2+4x_1x_2+6x_1x_3+8x_1x_4+8x_2x_3-2x_2x_4-4x_3x_4$.

3. $r=3$.

4. (1) 标准形为$-y_1^2+2y_2^2+5y_3^2$,可逆线性变换$\begin{cases}x_1=\frac{2}{3}y_1-\frac{2}{3}y_2+\frac{1}{3}y_3\\x_2=\frac{2}{3}y_1+\frac{1}{3}y_2-\frac{2}{3}y_3\\x_3=\frac{1}{3}y_1+\frac{2}{3}y_2+\frac{2}{3}y_3\end{cases}$;

(2) 标准形为 $2y_1^2+2y_2^2+8y_3^2$,可逆线性变换$\begin{cases}x_1=-\frac{1}{\sqrt{2}}y_1-\frac{1}{\sqrt{6}}y_2+\frac{1}{\sqrt{3}}y_3\\x_2=\frac{1}{\sqrt{2}}y_1-\frac{1}{\sqrt{6}}y_2+\frac{1}{\sqrt{3}}y_3\\x_3=+\frac{2}{\sqrt{6}}y_2+\frac{1}{\sqrt{3}}y_3\end{cases}$.

5. (1) 标准形为 $y_1^2+y_2^2-124y_3^2$,可逆线性变换$\begin{cases}x_1=y_1+2y_2+25y_3\\x_2=y_2+11y_3\\x_3=y_3\end{cases}$;

(2) 标准形为 $2z_1^2-2z_2^2$,可逆线性变换$\begin{cases}x_1=z_1+z_2\\x_2=z_1-z_2-2z_3\\x_3=z_3\end{cases}$.

6. (1) $p=1,q=1,r=2$;(2) $p=2,q=0,r=2$;(3) $p=2,q=1,r=3$.

7. $a=-2$.

8. (1) 正定;(2) 负定;(3) 正定.

9. (1) $-1<k<2$;(2) $k>2$.

10. 略

习题六

1. $\boldsymbol{V}_1$ 是向量空间,$\boldsymbol{V}_2$ 不是向量空间.

2. 略

3. $(5,2,-2)^{\mathrm{T}}$.

4. $(6,3,-2)^{\mathrm{T}}$.

5. $(1,2,-1,-2)^{\mathrm{T}}$.

6. 维数 2,它的一组基为 $\boldsymbol{\alpha}_1,\boldsymbol{\alpha}_2$.

7. (1) $\begin{pmatrix}0&1&1\\-1&-3&-2\\2&4&4\end{pmatrix}$;(2) $\frac{1}{2}(-11,-5,11)^{\mathrm{T}}$.

8. (1) $\begin{pmatrix} 11 & 0 & 0 \\ -4 & -2 & 0 \\ 2 & 4 & 4 \end{pmatrix}$;(2) $\begin{pmatrix} 0 \\ -\frac{1}{2} \\ \frac{1}{4} \end{pmatrix}$.

9. (1) $\boldsymbol{P}=\begin{pmatrix} 1 & 2 & 2 \\ 2 & 1 & -2 \\ 2 & -2 & 1 \end{pmatrix}$;(2) $\boldsymbol{y}=\left(\frac{1}{3},0,\frac{1}{3}\right)^{\mathrm{T}}$.

参考文献

[1] 苏德矿，裘哲勇. 线性代数[M]. 北京：高等教育出版社.

[2] 同济大学数学系. 线性代数[M]. 北京：高等教育出版社.

[3] 王萼芳. 线性代数[M]. 北京：清华大学出版社.

[4] 王希云. 线性代数[M]. 北京：高等教育出版社.

[5] 赵树嫄. 线性代数[M]. 北京：中国人民大学出版社

[6] 蔡光兴，李逢高. 线性代数[M]. 北京：科学出版社.

[7] 上海交通大学数学系. 线性代数[M]. 上海：上海交通大学出版社.

[8] 任功全，封建湖. 线性代数[M]. 北京：科学出版社.

[9] 卢刚. 线性代数[M]. 北京：高等教育出版社.

[10] 陈建龙，周建华，等. 线性代数[M]. 北京：科学出版社.

[11] 张天德，吕洪波. 线性代数习题精选精解[M]. 北京：机械工业出版社.

[12] 陈维新. 线性代数简明教程[M]. 北京：科学出版社.

[13] 张顺燕. 数学的思想、方法和应用[M]. 北京：北京大学出版社.

图书在版编目(CIP)数据

线性代数 / 袁中阳，张云霞主编. -- 南京：南京大学出版社，2015.8

21世纪应用型本科院校规划教材

ISBN 978-7-305-15464-5

Ⅰ. ①线… Ⅱ. ①袁… ②张… Ⅲ. ①线性代数—高等学校—教材 Ⅳ. ①O151.2

中国版本图书馆CIP数据核字(2015)第144244号

出版发行 南京大学出版社
社　　址 南京市汉口路22号　　　邮　编 210093
出 版 人 金鑫荣

丛 书 名 21世纪应用型本科院校规划教材
书　　名 线性代数
主　　编 袁中阳 张云霞
责任编辑 刘亚丽 苗庆松　　　编辑热线 025-83592146

照　　排 南京南琳图文制作有限公司
印　　刷 南京理工大学资产经营有限公司
开　　本 787×960 1/16 印张 10.75 字数 176千
版　　次 2015年8月第1版 2015年8月第1次印刷
ISBN 978-7-305-15464-5
定　　价 24.00元

网址：http://www.njupco.com
官方微博：http://weibo.com/njupco
官方微信号：njupress
销售咨询热线：(025) 83594756
